Power BI
Copilot × ChatGPT
商業報表設計入門

業界的實戰經驗
實用的技巧心法

報表共享
資料清理
資料視覺化
資料模型

戴士寶 著

Taiwan Power BI User Group 共同版主
Master Power BI 社群創辦人

範例檔與附錄下載網址

https://www.flag.com.tw/bk/st/F4014

旗標

FLAG

感謝您購買旗標書,
記得到旗標網站
www.flag.com.tw
更多的加值內容等著您…

● FB 官方粉絲專頁:旗標知識講堂

● 旗標「線上購買」專區:您不用出門就可選購旗標書!

● 如您對本書內容有不明瞭或建議改進之處,請連上旗標網站,點選首頁的 聯絡我們 專區。

若需線上即時詢問問題,可點選旗標官方粉絲專頁留言詢問,小編客服隨時待命,盡速回覆。

若是寄信聯絡旗標客服email,我們收到您的訊息後,將由專業客服人員為您解答。

我們所提供的售後服務範圍僅限於書籍本身或內容表達不清楚的地方,至於軟硬體的問題,請直接連絡廠商。

學生團體　訂購專線:(02)2396-3257 轉 362
　　　　　傳真專線:(02)2321-2545

經銷商　　服務專線:(02)2396-3257 轉 331
　　　　　將派專人拜訪
　　　　　傳真專線:(02)2321-2545

作　　者／戴士寶

發行所／旗標科技股份有限公司

台北市杭州南路一段 15-1 號 19 樓

電　　話／(02)2396-3257 (代表號)

傳　　真／(02)2321-2545

劃撥帳號／1332727-9

帳　　戶／旗標科技股份有限公司

監　　督／陳彥發

執行企劃／孫立德

執行編輯／孫立德

美術編輯／陳慧如

封面圖案／林愛苓

封面設計／陳慧如 · 戴士寶 · 孫立德

校　　對／孫立德

新台幣售價:630 元

西元 2024 年 6 月 初版 2 刷

行政院新聞局核准登記-局版台業字第 4512 號

ISBN 978-986-312-778-9

國家圖書館出版品預行編目資料

Power BI × Copilot× ChatGPT 商業報表設計入門 -
資料清理、資料模型、資料視覺化到報表共享建立全局觀念

戴士寶作 . --

臺北市:旗標科技股份有限公司 , 2024.02　面; 公分

ISBN 978-986-312-778-9 (平裝)

1.CST: 資料探勘　2.CST: 商業資料處理

312.74　　　　　　　　　　　　　112022409

序

第一次接觸 Power BI 是在 2020 年 5 月，當時任職於前雇主的資訊部門，為整個組織推行數位轉型專案。猶記得當時身為零基礎新手的我，在兩週內認識 Power BI 非常基本的功能以後，便進行了第一個資料視覺化專案。但其實，資料視覺化是一個非常使用者需求導向的專業，每種需求就像是一幅拼圖畫，有簡單、也有困難的。因此，在開發報表的過程中不免是各種踩坑與填坑的輪迴。

正是在這一連串的摸索和學習中，我發現了 Power BI 的潛力和挑戰：這是一款易於入門但需要深入研究才能精通的工具。新手完全可以以不寫程式碼的方式快速完成一份報表。但針對較複雜的需求，尤其是當涉及到 DAX 函數時，學習曲線便陡峭許多。我發現，對於新手而言，一個完善的學習框架是極其必要的，這也是我決定寫這本書的原因。

在 2023 年初，幸獲旗標公司的邀約撰寫此書，將我對 Power BI 的知識和見解凝聚成這本書。我們的目標是創造一個與眾不同的學習體驗，從資料流的角度出發，逐步引導讀者熟悉資料清理、資料模型、資料視覺化和報表共享。這本書不僅涵蓋了 Power BI 的三大核心功能，還將這些工具放入資料流的各個階段，幫助讀者理解每項功能的應用情境。

書籍含有大量的實作案例，每一個都盡量貼近實際工作情境，讓讀者能夠邊做邊學，直接將所學應用於工作中。此外，在書籍中也穿插著「Stark 無私分享」與「Stark 無私小撇步」分享我近四年來基於實戰經驗的心法與技法，旨在幫助讀者少走冤枉路，更快地掌握 Power BI。

Power BI 是微軟當前力推的軟體之一。因此，每月幾乎都會有例行性的更新。雖然書籍撰寫速度比不上官方的更新速度，但是您可以藉由追蹤我的 Instagram 帳號 i_master_power_bi 以關注更多 Power BI 消息。此外，我也有經營一份個人電子報，每週分享 Power BI 技法與資訊。歡迎您加入我們 700+ 的訂閱者行列（內含讀者專屬的見面禮），您可以前往 https://convertkit.imasterpowerbi.com/newsletter-book 網站或掃描以下 QR Code 進入網站，輸入姓名與電子信箱即可訂閱。

在此，感謝編輯孫立德先生在撰寫書籍的過程中給予專業的建議以及美術編輯陳慧如女士幫忙把書呈現出最美觀的一面，沒有他們的協助，本書絕不會成功出版。也感謝我的女友，在我寫書的各種焦頭爛額過程時，給予我支持。最後，謝謝我的母親，是她一手栽培了我、看著我成長，僅將此書獻給她。

2024 年 01 月

Stark

本書補充資源

為幫助讀者學習並理解內容，包括書附資料檔與 Power BI 範例檔，以及附錄 A、B、C 的電子檔，皆放在下面的補充資源網頁供您下載。請您依照網頁的指示輸入通關密語即可取得。

https://www.flag.com.tw/bk/st/F4014

若有因 Power BI Desktop 軟體版本更新而做不出來的情況，可至作者的勘誤網址查看：

https://imasterpowerbi.com/category/ 書籍勘誤 /

目錄

〈第一篇〉
Power BI 基本認識

第 1 章　揭開 Power BI 面紗：背景與專有名詞介紹

第 2 章　Power BI Desktop 初識與實作：銷售報表

〈第二篇〉
Power Query：資料清理的厲害工具

第 3 章　Power Query 基本操作

第 4 章 Power Query 進階操作 (1)

第 5 章 Power Query 進階操作 (2)

〈第三篇〉
資料模型 — 模型建得好，製表沒煩惱

第 6 章 初識資料模型，善用 ChatGPT 協助正規化

第 7 章　初識 DAX 函數：
提升 Power BI 實力的必學招式

第 9 章 利用 Copilot 與範本自動產生量值

〈第四篇〉
資料視覺化－製作吸引人的互動式報表

第 10 章 製作 HR 監控報表之基本功能

第 11 章　善用 Power BI 進階技巧升級 HR 報表 (1)

第 12 章 善用 Power BI 進階技巧升級 HR 報表 (2)

〈第五篇〉
Power BI Service – 共享報表的雲端工具

第 13 章 Power BI Service 基礎功能

第 14 章 Power BI Service 進階實踐

〈第一篇〉
Power BI 基本認識

在第一篇，我們將一起認識 Power BI 的基本知識與進行簡單的報表實作。

第 1 章會帶領您進入 Power BI 的世界，認識 Power BI 這個名詞背後所包含的軟體以及軟體服務。在認識完它們以後，會介紹「資料流」的概念。藉由資料流，我們可以瞭解資料的四個階段：

第 2 章將以一份銷售報表做為案例，以手把手的方式帶領讀者快速體驗 Power BI 製作報表的樂趣與強大之處。基本上都是以選擇或拖曳的方式就可以完成一份具有互動性的報表。

第 **1** 章

揭開 Power BI 面紗：
背景與專有名詞介紹

- 理解為何需要使用 Power BI。
- 認識 Power BI 家族各項產品。
- 挑選最適合的 Power BI 解決方案。
- 理解資料流與 Power BI 產品之間的關係。

1.1 為什麼需要 Power BI？

在資料數量爆炸的時代，企業和組織越來越依賴數據來做出重要的商業決策。而**商業智慧（Business Intelligence，簡稱 BI）**便是這之中的關鍵概念，指的是**通過資料收集、轉化和分析，將資料轉化為有價值的資訊，從而提供各級人員見解和洞察**。例如探討客戶行為模式、市場趨勢、業績指標等關鍵資訊，進而幫助組織制定明智的策略和行動計劃。

然而，面對不斷增長的資料量和複雜性，僅依靠傳統的電子表格和報表已不再足夠。這就是為什麼 Power BI 的出現如此重要。Power BI 為微軟公司的產品，提供了一個全面的商業智慧解決方案，將資料視覺化為圖表，讓業務使用者和決策者能夠更深入地理解和分析數據，並基於這些洞察做出準確和即時的決策。

另外，Power BI 還有的優勢為：它是一個**自助式 BI** 軟體。顧名思義，自助式便是指儘管是新手，都能夠輕鬆地利用 Power BI 從各種資料來源中提取資料、清理資料、建立資料模型，並以各種視覺化圖表展示。對比於傳統的方式，製作報表或儀表板的工作通常都由公司的專職人員完成，如 IT 單位。藉由專職單位最大的缺點便是曠日廢時，從提供需求到實作出結果並交付給使用者，短則數小時長則幾週。

1.2 初識 Power BI 家族的系列產品

Power BI 生態系是由多個相互關聯的軟體或軟體服務組成，都在不同的面向提供獨特的功能和價值。釐清並熟悉各項專有名詞，有助於選擇正確的解決方案。以下是一些在學習 Power BI 前應該熟悉的軟體或軟體服務：

1. Power BI Desktop

Power BI Desktop 為一款安裝於**本機電腦**上的軟體，不需要額外購買授權即可**免費使用**。Power BI Desktop 最主要的功能為讓使用者**製作報表**，一切報表的製作均可以在 Power BI Desktop 上完成。

需要注意的是：由於報表製作是在本機端完成，因此若需要**在網頁上共享**給其他人查看報表或執行多人協作，便會需要接下來要介紹的軟體服務：「Power BI Service」。

2. Power BI Service

Power BI Service 為 Power BI 系列家族中的**雲端軟體服務**，所有的操作均可以藉由微軟提供的**網頁介面**完成。若想要使用 Power BI Service，則需要註冊一組帳號，方可以免費使用部分功能。若要使用完整功能，則需要購買對應的授權。另外，用來註冊 Power BI Service 的帳號需要是企業或組織的電子信箱，一般的免費信箱如 Google 的 gmail.com 則無法用來註冊。詳細可查閱附錄：「註冊 Power BI 帳號」。

當開發者在 Power BI Desktop 完成報表以後，便可以「發行（英文：Publish）」到 Power BI Service 上。其他與報表有關的人員，便可以藉由**純網頁的方式**訪問 Power BI Service 上的報表。同時，報表的資料自動更新與權限控管也都可以在 Power BI Service 上完成。

由於報表上傳到 Power BI Service 以後，一般狀況下，等同於將資料上傳至微軟的雲端。部分企業基於資訊安全考量，並不同意將資料上傳到外部系統，因此，便有了接下來要介紹的 Power BI Report Server。

3. Power BI Report Server

Power BI Report Server 為一款能夠安裝於**企業內部網路**的報表伺服器。其提供的功能與 Power BI Service 相似，包含提供來自 Power BI Desktop 報表的發布環境、權限控管、報表查看 ... 等等。

只不過 Power BI Report Server 相對於 Power BI Service 功能較不齊全,通常新功能都是先體現在 Power BI Service,後續才會慢慢地更新至 Power BI Report Server。

4. Power BI Mobile Apps

Power BI Mobile Apps 最主要的功能便是以**手機 APP** 的方式提供使用者一個介面查看報表。至於手機版報表的設計則同樣可以在 Power BI Desktop 上完成。在報表製作完成後,可以選擇發布至 Power BI Service 或 Power BI Report Server。在手機端均可以查看自以上兩個來源的報表。

5. Power BI Embedded

Power BI Embedded 提供開發者將 Power BI Service 上的報表鑲嵌到其他額外開發的應用程式中。例如:公司已有一套系統,但其中一部分需有報表顯示相關的成效,則可以利用 Power BI Embedded 將 Power BI Service 上的報表內嵌至系統中。

以下表格總結 Power BI 家族的各項軟體與服務。熟悉這些解決方案對於開發者而言至關重要,這樣才能針對需求找到對的工具使用。

項目	功能性	報表存放位置	報表查看方式
Power BI Desktop	製作報表	地端	地端開啟
Power BI Service	查看報表、分享報表、協作報表	雲端(微軟內)	網頁開啟
Power BI Report Server	查看報表、分享報表	地端(企業內)	網頁開啟
Power BI Mobile Apps	查看報表、分享報表	雲端(微軟內)或地端(企業內)	手機開啟
Power BI Embedded	查看報表、分享報表	雲端(微軟內)或地端(企業內)	網頁開啟或手機開啟

1.3　如何挑選最適合的 Power BI 產品做為最佳解決方案

儘管 Power BI 家族的軟體與軟體服務種類繁多，但目前企業中最常見的配置是「Power BI Desktop」＋「Power BI Service」＋「Power BI Mobile Apps」。這三大組合可以說是 Power BI 的黃金三角平台，依次涵蓋了**地端**、**雲端**、**行動裝置**的解決方案，如圖 1-1：

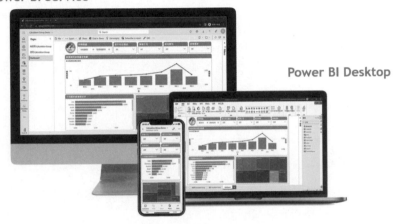

Power BI Service

Power BI Desktop

Power BI Mobile Apps

圖 1-1　Power BI 三大解決方案

在本書後續的內容，將聚焦介紹 Power BI Desktop 與 Power BI Service。至於其它 Power BI 家族的產品則不在本書的討論範圍。以下列出其它 Power BI 產品的微軟官方文件。

● Power BI Mobile Apps：
https://learn.microsoft.com/
zh-tw/power-bi/consumer/
mobile/

● Power BI Report Server：
https://learn.microsoft.com/
zh-tw/power-bi/report-server/

● Power BI Embedded：
https://learn.microsoft.com/
en-us/power-bi/developer/
embedded/

1.4 資料流：理解報表數字背後的歷程

在認識 Power BI 家族各個產品以後，你可能已經迫不及待想要使用 Power BI Desktop 來製作報表。但先讓我們緩緩，為什麼呢？先試著模擬一個情境：「現在你眼前有一張銷售報表，上面有琳琅滿目的數字。可能有銷售額、可能有業績指標 KPI。這些數字背後究竟是怎麼來的呢？」

從資料的角度來說，一筆資料從原始被記錄下來的當下，到最後呈現在網頁上成為報表的一部分，通常會經歷以下四個過程：**資料蒐集、資料清理、資料模型、資料視覺化**。可以發現資料視覺化其實是最後的階段，在將資料透過圖像與表格具象化以前，還有前面三個重要的步驟（資料蒐集、資料清理、資料模型）。以下將就這完整的四步驟分別解說。

1.4.1 資料蒐集

首先，依據要分析的目標，我們需要定義「**哪些資料要被蒐集**」。例如：銷售數據、客戶資訊、產品庫存、網站流量等等。

接下來，我們還需要考慮「**資料蒐集的頻率**」。這取決於資料的更新速度和我們的分析需求。有些資料需要實時或每小時更新；有些資料或只需每天或每週更新。根據資料的重要性和實際情況，來設定合適的蒐集頻率。

然後，我們需要決定「**如何蒐集這些資料**」。這個步驟大多是利用 API 接口來記錄需要的資料。

最後，我們還需要考慮「**如何儲存蒐集的資料**」。我們可以將資料儲存在公司內部資料庫、雲端儲存服務或其他儲存媒介上。選擇一個可靠且安全的儲存方式很重要，以確保數據的可用性和保密性。

資料蒐集是整個資料分析過程的基礎，如果沒有適當地蒐集資料，就無法進行後續的資料清理、資料模型和資料視覺化。

1.4.2　資料清理

資料蒐集後，需要對資料進行清理和轉換，以確保資料的質量和一致性。這個階段稱為資料清理。在 Power BI 中，我們可以用內建的 Power Query 來執行清理數據、合併數據、處理缺失值和去除重複記錄等操作。例如，我們可能需要清理銷售數據中的空值、標準化日期格式，並根據需要將多個月份的銷售資料表合併成一張大表。

1.4.3　資料模型

資料模型是 Power BI 讓我們深入分析和探索數據的關鍵。在 Power BI 中，我們可以使用 **Power Pivot 來建立資料模型**：把經由前一個步驟整理後的多個資料表，透過索引鍵彼此關聯起來。如此，就能進行資料間的交叉分析。同時，我們還可以基於現有的資料表來計算新的指標或是衍生資料欄位，進一步豐富資料模型。完成資料模型建置後，我們就能基於模型進行資料視覺化。

1.4.4　資料視覺化

最後一個階段是資料視覺化，我們可以通過圖表、圖形和表格等方式將資料以直觀的方式呈現出來。在 Power BI 中，我們可以使用各種「視覺效果」（英文：Visual）來創建具互動性的報表和儀表板，以幫助我們理解資料並提取觀點。

將以上步驟以流程圖呈現，便會如圖 1-2 所示：

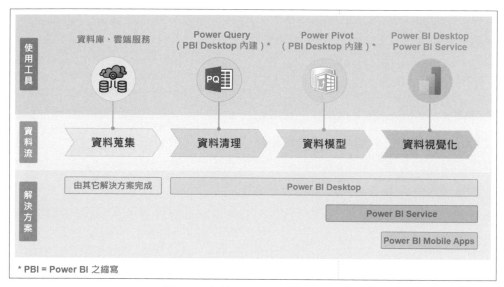

圖 1-2　資料流與 Power BI 的關係

圖 1-2 總共分做三大區塊，分別是：

- **最中間黃色底區塊：**代表資料流，由左至右代表資料的各個階段。
- **最下面綠色底區塊：**代表資料流各階段中可以使用 Power BI 家族哪一個解決方案。
- **最上方藍色底區塊：**代表資料流各階段中可以使用 Power BI 中哪一個工具（資料蒐集除外），主要功能均可以在 Power BI Desktop 中完成。

除了以上四步驟，在完成資料視覺化以後，便可以將報表分享給其他人觀看。而本書的主軸將聚焦於資料清理、資料模型、資料視覺化與報表共享，分別對應書籍的第二、三、四、五篇。我們將循序漸進以資料流的角度學習各階段會使用的工具。因此，請務必將此圖**資料流的概念牢記**在腦海裡，對建立全局觀念會有很大的幫助。

第 2 章

Power BI Desktop
初識與實作：銷售報表

★★★ 學習目標 ★★★

- 下載並安裝 Power BI Desktop。
- 初步熟悉 Power BI Desktop 介面。
- 認識視覺效果與其種類。
- 藉由簡單實作學會使用 Power BI Desktop 內的功能。

在正式開始本章的實作以前，請先參照附錄「下載並安裝 Power BI Desktop」將 Power BI Desktop 安裝至您的本機電腦中。完成以後，便可以開始實作囉！

2.1 Power BI 報表實作：銷售成效追蹤報表

在這個小節，我們要實作本書的第一個報表：銷售成效追蹤報表（圖 2-1）。您可以先開啟已完成的範例檔 `Chapter2_finished.pbix` 作為參照：

篩選條件

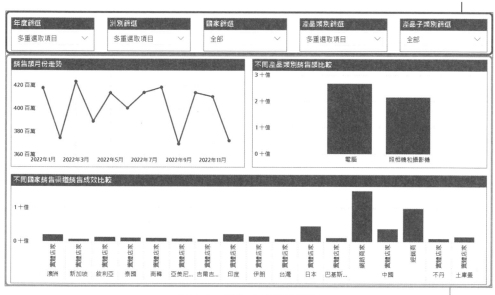

圖 2-1 銷售成效追蹤報表

各種視覺效果

如上圖所示，本報表主要由兩個區塊組成：上方橘色字的「篩選條件」以及下方綠色字的「各種視覺效果」。篩選條件為「查看資料的維度」，代表可以藉由改變「年度」、「洲別」、「國家」、「產品類別」、「產品子類別」以篩選出想要觀看的資料。視覺效果為「根據篩選條件所計算出的各項數值」。在視覺效果的區域，我們需要查看以下三個銷售指標：

1. 銷售額依據月份走勢

2. 不同產品類別之銷售額比較

3. 不同國家之銷售通路比較

這三個指標剛好對應了報表中由左至右、由上至下的三張圖。接下來，我們就要開始實作了。

2.2 匯入資料源

實作檔案參照

■ 原始資料檔：`Chapter2_raw_data_01.csv`

您可以在本節的附件中找到檔名為 `Chapter2_raw_data_01.csv` 的檔案，此為 `.csv` 格式的資料源。圖 2-2 與圖 2-3 的操作是演示如何將上述檔案匯入 **Power BI Desktop** 中。

請打開空白的 **Power BI Desktop**，進入到歡迎畫面以後，選擇「取得資料」：

圖 2-2　從歡迎畫面點選取得資料

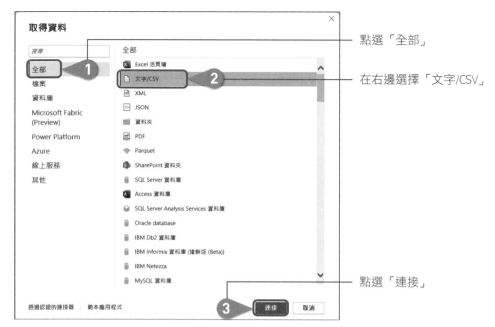

圖 2-3 選取文字/CSV 資料來源匯入

點完連接後，會跳出一個視窗要我們選擇資料檔來源，請在書附檔案資料夾中
選擇 `Chapter2_raw_data_01.csv` 即可看到檔案的內容，請依下列步驟載入
Power BI Desktop 中：

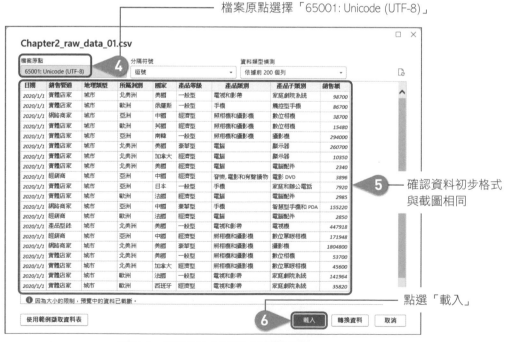

圖 2-4 即將匯入的資料之預覽畫面

在資料成功載入以後，應就能在畫面右邊的「資料」窗格看到我們剛才導入的
資料表，以及其下的每一個資料行（圖 2-5）：

圖 2-5 資料匯入後在 Power BI 中顯示的資料行名稱

Stark

無私小撇步

我們在此匯入資料的方式是由軟體開啟後的「歡迎畫面」。除了此種方式外，
亦可以從 Ribbon 上匯入。如圖 2-6，在「常用」下，有一區都是跟匯入資料
有關的選項。可以依據自身需求來匯入不同來源的資料：

圖 2-6 從「常用」匯入資料

然後，資料就匯入 Power BI Desktop 中了：

點擊「資料表檢視」。此時會
切換到可以檢視資料的頁面。

在這個頁面可以查看方才
匯入檔案詳細的資料。

圖 2-7　從資料表檢視查看資料樣態

最下方會顯示這張資料表的總列數。

我們可以由上圖觀察到：這張資料表為記錄銷售的資料表，欄位由左至右包含
九個欄位：

●日期　　　　　　　　●銷售管道　　　　　　　●地理類型

●所屬洲別　　　　　　●國家　　　　　　　　　●產品等級

●產品類別　　　　　　●產品子類別　　　　　　●銷售額

2.3 啟用新版功能：物件專屬互動 (On-object Interaction)

實作檔案參照

■ 您可以透過以下的附檔開啟操作，或是接續上一小節的檔案來延續操作。

■ **Power BI** 起始操作檔：`Chapter2_starter.pbix`

■ 註：在本書中，部分章節附有檔案給讀者，方便作為起始操作使用。您可以透過以下三種方式開啟：

1. 直接以滑鼠左鍵點擊兩下附件 `.pbix` 檔案。

2. 啟用空白 **Power BI Desktop** 後，在歡迎畫面點選「開啟其他報表」選擇報表 `.pbix` 檔。

3. 啟用空白 **Power BI Desktop** 後，於 Ribbon 處依次點選「檔案」➔「開啟報表」➔「瀏覽報表」後，選擇報表 `.pbix` 檔。

物件專屬互動（英文：On-object Interaction）為 **Power BI Desktop** 的預覽功能（Preview Feature），預設是未開啟。這是微軟於 2023 年 3 月剛開放的功能，截至本書出版時（2024 年 2 月）該功能還需要使用者選擇性開啟它。然而，可以預見的是在不久後的將來，物件專屬互動很有可能將取代舊版介面成為預設的功能。因此，本書所有的範例將以物件專屬互動的方式實作。而舊版的介面操作起來其實差異不大，讀者可以先學會物件專屬互動的介面。

圖 2-8 顯示是開啟物件專屬互動後的示意圖。點擊任何視覺效果以後，再點選旁邊的 圖示，即可以開啟「建立視覺效果」面板。該面板可以針對當前的視覺效果做一系列設定，包含：要用哪個欄位當作 X 軸與 Y 軸 ... 等等。如果您是 Excel 使用者，這方式對您來說應該算是熟悉。

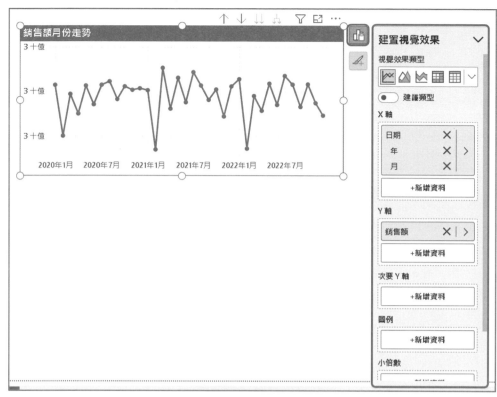

圖 2-8　物件專屬互動的介面

我們可以通過以下的步驟來開啟 On-object Interaction 的功能：

自 Ribbon 處點選「檔案」。

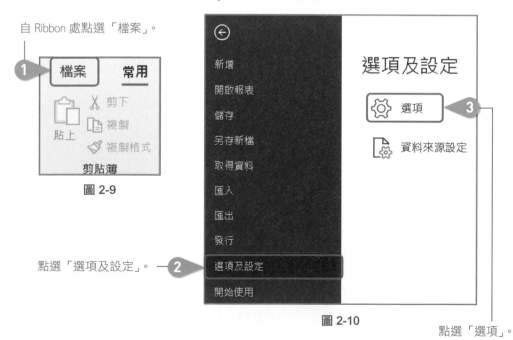

點選「選項及設定」。

圖 2-9

圖 2-10

點選「選項」。

圖 2-11

點選「預覽功能」。　　　　勾選「物件專屬互動」。　　　　點選「確定」按鈕。

這時系統會跳出視窗要求重新啟動 Power BI Desktop，請點擊「確定」按鈕。接下來請至視窗右上角按「X」關閉當前檔案，系統會詢問是否要儲存檔案，請將檔案儲存到電腦中。完成以後再重新開啟該檔案，即可觀察到已套用新版介面。

將物件專屬互動開啟以後，**會更改 Power BI 全域設定**。接下來開啟任何其它 Power BI 檔案都**不需要再重新設定**。

2.4 認識視覺效果

在 Power BI 中，各種圖型與表格都統稱為視覺效果（英文：Visual）。在預設中，已有多款視覺效果可使用。於 Ribbon 的「常用」下有一區塊包含各種小圖示，就是各類的視覺效果，如圖 2-12 所示。

圖 2-12　視覺效果圖示

按右邊的 ⌄ 展開所有視覺效果，可以看到分為以下幾種：

列和欄

線條和區域

瀑布、漏斗圖、散佈圖

圓形圖、環圈圖和樹狀圖

地圖服務

圖 2-13

量測計、卡片和 KPI

交叉分析篩選器

資料表與矩陣

AI 視覺效果

其他

R　Py

圖 2-14

在本書接下來的範例中，我們會依據範例需求來使用各種視覺效果。當然，因為種類繁多，不可能在一本書中把所有的視覺效果介紹完畢，讀者可以依據專案實際的需求使用適合的視覺效果。

2.5 建立篩選：使用「交叉分析篩選器」視覺效果

在匯入資料、開啟物件專屬互動、認識視覺效果以後，我們第一個要建立的視覺效果就是「交叉分析篩選器」。在本書中，若看到筆者寫「篩選器」就是指「交叉分析篩選器」。

在這節中，我們將製作圖 2-15 的五個篩選器，分別是：年度篩選器、洲別篩選器、國家篩選器、產品類別篩選器、產品子類別篩選器：

圖 2-15 實作的五個篩選器

2.5.1 製作年度篩選器

請接續您自 2.3 節完成的檔案作為此小節的操作檔。

建立篩選器的方式很簡單，只需要從視覺效果中找到 [图] 圖示，並用滑鼠左鍵點擊一下，如圖 2-16 紅框中所示：

圖 2-16 從視覺效果圖示中新增篩選器

點選完畢以後，在畫面上便會出現該視覺效果，如圖 2-17，同時物件專屬互動的功能也跟著開啟。該視覺效果目前都還是空白的，後續我們將加入對應的欄位。

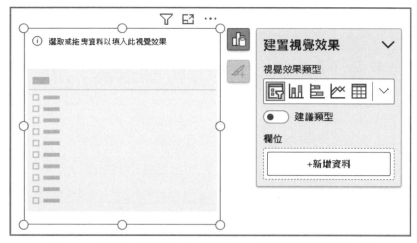

圖 2-17 還未加上欄位的空白篩選器，並已開啟物件專屬互動

我們第一個要實作的是「年度篩選器」，此篩選器主要提供使用者選擇不同年度來檢視報表，實作方式如圖 2-18：

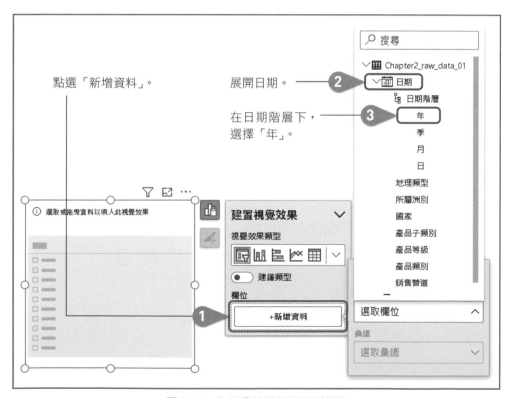

圖 2-18 為視覺效果新增資料欄位

完成以上步驟以後，可以發現篩選器預設會把「年」這個欄位的最大與最小值取出，並以滑桿的形式呈現，如圖 2-19 左邊，這種篩選器樣式的名字叫做「之間」。在這個例子中，起始為 2020；結束為 2022。使用者可以有兩種方式自行改變篩選的條件：

1. 在起始或結束的格子輸入年份

2. 利用下方的滑桿自行拉取範圍

如果不喜歡預設的篩選樣式，也可以更改為下拉式清單。點擊左邊的視覺效果後，於選取的視覺效果右上方點擊 ⌧ 圖示，再點選「更多選項」，如圖 2-19 所示：

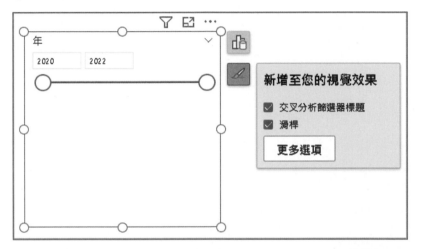

圖 2-19　開啟更多選項來改變樣式

這時候在整個畫面的最右邊就可以叫出「格式」窗格，如圖 2-20 所示。這個窗格**提供與當前所選視覺效果有關的格式調整**功能：

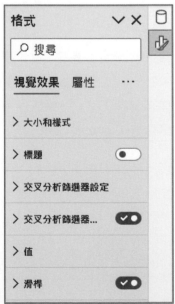

圖 2-20、視覺效果的格式窗格

接下來請點選,「交叉分析篩選器設定」,將樣式從「之間」改為「下拉式清單」,如圖 2-21 所示:

圖 2-21　更改樣式為下拉式清單

更改完畢以後,篩選器的樣式會變得如圖 2-22。並且預設所選取的選項是「全部」:

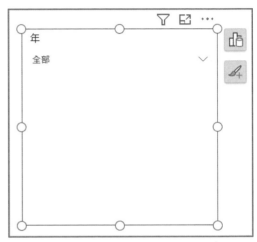

圖 2-22　更改為下拉式清單後的篩選器的樣子

點選該下拉式清單,會出現 2020、2021、2022 的選項,如圖 2-23。這是來自「年」這個欄位中的所有**相異值(unique values)**結果:

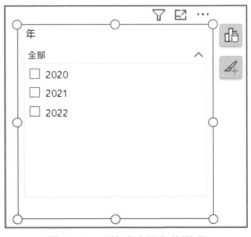

圖 2-23　下拉式清單內的選項

Stark
無私小撇步

● **篩選器的樣式**

篩選器樣式除了目前介紹的「之間」與「下拉式清單」以外，還有「垂直清單」、「磚」、「小於或等於」、「大於或等於」可供選擇。樣式的挑選並沒有一定的規範，讀者可以依據終端使用者的需求與喜好以選擇適合的呈現樣式。

● **適合作為篩選器的資料來源**

任何資料欄位拖曳進交叉分析篩選器後，Power BI 都會使用該欄位的**相異值**作為欄位選項。換句話說，**只有資料欄位可以拿來給篩選器使用**，本書第 7 章會介紹的「量值」則不行。這點非常重要，要謹記。

預設的視覺效果樣式非常陽春，我們可以將其樣式美化。改變樣式的方法，同樣是到前面介紹的**格式窗格**中更改。我們需為此視覺效果命名標題，請到格式窗格中找到「標題」區塊，並做下列的更動：

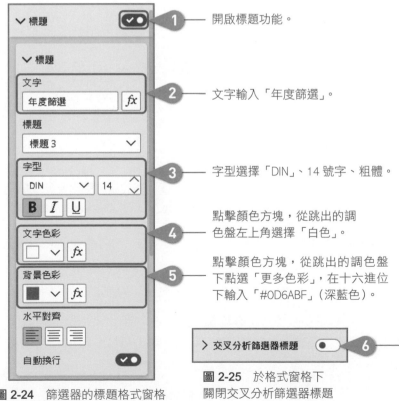

① —— 開啟標題功能。

② —— 文字輸入「年度篩選」。

③ —— 字型選擇「DIN」、14 號字、粗體。

④ —— 點擊顏色方塊，從跳出的調色盤左上角選擇「白色」。

⑤ —— 點擊顏色方塊，從跳出的調色盤下點選「更多色彩」，在十六進位下輸入「#0D6ABF」（深藍色）。

⑥ —— 同時，在格式窗格下方找到「交叉分析篩選器標題」，並將其關閉。此時圖框標題下方的「年」會消失。

圖 2-24 篩選器的標題格式窗格

圖 2-25 於格式窗格下關閉交叉分析篩選器標題

再來，我們可以替這個視覺效果加一些邊框：

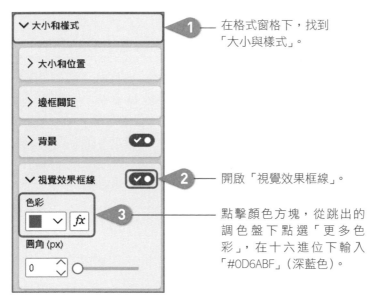

在格式窗格下，找到
「大小與樣式」。

開啟「視覺效果框線」。

點擊顏色方塊，從跳出的
調色盤下點選「更多色
彩」，在十六進位下輸入
「#0D6ABF」（深藍色）。

圖 2-26　於格式窗格下增加視覺效果框線

截至此步驟，最後的年度篩選器應該會長成如圖 2-27 一樣：

圖 2-27　製作完成的年度篩選器

2.5.2　完成剩餘的篩選器

請接續自 2.5.1 節完成的檔案作為此小節的操作檔。

當第一個篩選器完成以後，我們還剩下四個要完成。您可能會想：「該不會要我
手動重複以上的所有步驟吧？」其實不然，我們可以很簡單地使用複製（Ctrl
+ C）與貼上（Ctrl + V）製作一模一樣的篩選器。唯一需要更改的項目只有
作為篩選選項的**欄位以及標題**而已。以下表格列出其餘四個篩選器所使用的欄
位名稱，讀者僅需要將對應的欄位依次取代原本舊欄位即可：

篩選器名稱	使用欄位
洲別篩選	所屬洲別
國家篩選	國家
產品類別篩選	產品類別
產品子類別篩選	產品子類別

完成所有設置以後，篩選器可能排列很凌亂。這時您可以框選所有篩選器，並且對齊它們，詳細步驟如圖 2-28 標示：

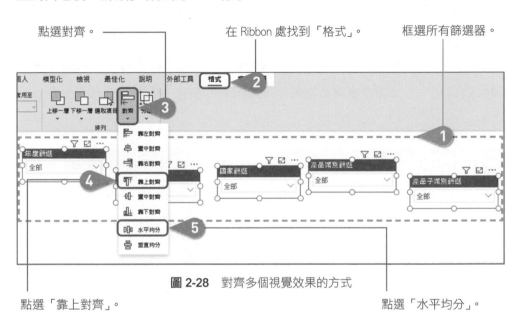

圖 **2-28** 對齊多個視覺效果的方式

當您對齊完畢以後，五個篩選器應該會如圖 2-29 非常整齊地排在一列了：

圖 **2-29** 對齊多個視覺效果的方式

2.6 銷售額對月份走勢：使用「折線圖」視覺效果

請接續您自 2.5.2 節完成的檔案作為此小節的操作檔。

做完五個篩選器以後，我們就可以來實作各種圖型。在製作各種圖表之前，我們**必須先了解想要分析的目標**，當釐清了分析目標後，才可以選擇適合的視覺效果。

例如：此處我們將分析「銷售額在不同月份的走勢」，便可以先想到**時間是連續性的資訊**，因此**適合使用折線圖來呈現趨勢的變化**。最終的結果會呈現如圖 2-30：

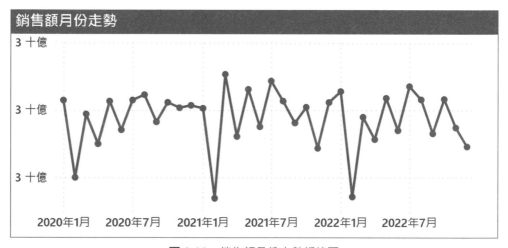

圖 2-30 銷售額月份走勢折線圖

2.6.1 為折線圖新增欄位

在視覺效果中，我們可以選擇 📈 圖示以叫出折線圖。並且先選擇「年與月」至 X 軸；再選擇「銷售額」至 Y 軸。如圖 2-31 所示：

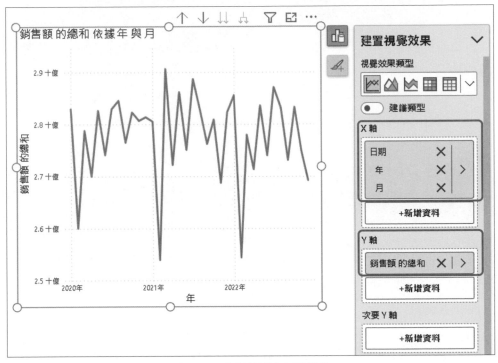

圖 2-31 在折線圖中新增欄位

這時您會發現，Y 軸顯示的是「銷售額 **的總和**」而不是「銷售額」。若再點擊旁邊的 > 展開選項，會發現在「彙總」的下拉式選單有許多選項，包含：加總、平均、最大值、最小值…等等，如圖 2-32：

圖 2-32 彙總的種類

那麼，這些功能是做什麼用的呢？

這些彙總的選項最主要的功能便是：「**提供 X 軸上的每一個點，計算 Y 軸數值的依據**。」例如：在 2022 年 1 月僅有兩筆銷售紀錄，分別是 100 與 200 元。那麼，在彙總選擇是「總和」的狀況下，便會將兩個數字加起來並在圖上顯示 300。此處由於我們是要計算每月的銷售「總額」，因此選擇加總。

Stark
無私小撇步

彙總的選項有非常多，雖然預設是「加總」，但實際上卻是需要依據需求而選出正確的計算依據。例如：若想要得知月平均銷售額，則就要使用「平均」。

2.6.2　修改欄位的格式

將資料欄位帶入視覺效果以後，我們就可以開始對其格式進行修改。方式與修改篩選器時很類似。

點選 ✏ 後會展開一個格式選單，可以勾選想要加入的項目，如圖 2-33。在這些選項中，標題、X 軸、Y 軸、次要 Y 軸為已勾選的預設項目，此處我們需要再勾選「標記」，為了是在圖上增加資料的小圓點：

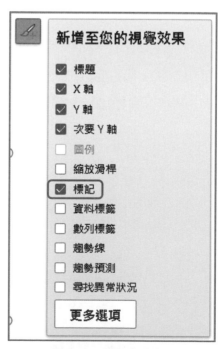

圖 2-33　新增資料標記

剩下其他的格式需要點選「更多選項」來修改，步驟說明如下圖 2-34 至 2-37：

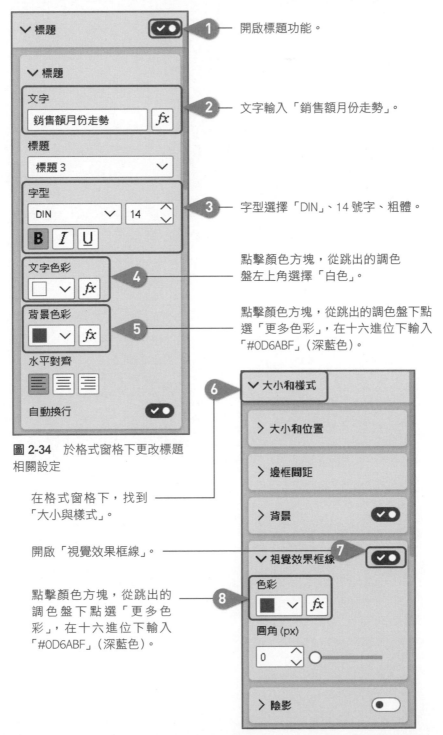

1 開啟標題功能。

2 文字輸入「銷售額月份走勢」。

3 字型選擇「DIN」、14 號字、粗體。

點擊顏色方塊，從跳出的調色
盤左上角選擇「白色」。

點擊顏色方塊，從跳出的調色盤下點
選「更多色彩」，在十六進位下輸入
「#0D6ABF」（深藍色）。

圖 2-34 於格式窗格下更改標題
相關設定

在格式窗格下，找到
「大小與樣式」。

開啟「視覺效果框線」。

點擊顏色方塊，從跳出的
調色盤下點選「更多色
彩」，在十六進位下輸入
「#0D6ABF」（深藍色）。

圖 2-35 於格式窗格下更改框線設定

點擊顏色方塊，從跳出的調色盤下
點選「更多色彩」，在十六進位下
輸入「#0D6ABF」（深藍色）。

圖 2-36　於格式窗格下更改標記色彩

點擊顏色方塊，從跳出的調色盤下
點選「更多色彩」，在十六進位下
輸入「#0D6ABF」（深藍色）。

圖 2-37　於格式窗格下更改行色彩

當以上步驟做完以後，調整一下視覺效果的位置，便可完成如圖 2-30 的折線
圖。

2.7 不同產品類別銷售額比較：利用「群組直條圖」視覺效果

請接續您自 2.6 節完成的檔案作為這小節的操作檔。

在此節，我們將實作「不同產品類別的銷售額比較」。由於**產品類別之間並不具備連續性**，因此選用「**群組直條圖**」。最後成品的樣子如圖 2-38 所示：

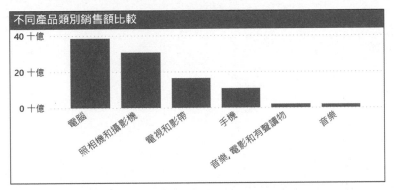

圖 2-38 不同產品類別的銷售額比較直條圖

2.7.1 為群組直條圖增加欄位

在視覺效果中，我們可以選擇 ┃┃┃ 圖示以叫出群組直條圖。並且先選擇「產品類別」至 X 軸；接著選擇「銷售額」至 Y 軸。如圖 2-39 所示：

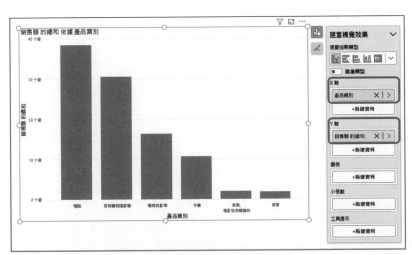

圖 2-39 在群組直條圖加入欄位的方式

2.7.2 修改欄位的格式

將資料欄位放入以後，我們接下來要對視覺效果進行格式調整，請點選 ▵ 後再
點選「更多選項」來修改，步驟說明如下：

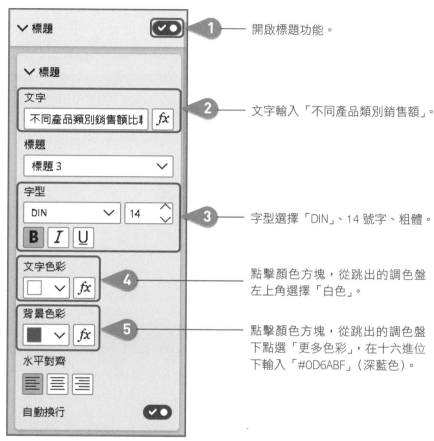

① —— 開啟標題功能。

② —— 文字輸入「不同產品類別銷售額」。

③ —— 字型選擇「DIN」、14 號字、粗體。

④ —— 點擊顏色方塊，從跳出的調色盤
左上角選擇「白色」。

⑤ —— 點擊顏色方塊，從跳出的調色盤
下點選「更多色彩」，在十六進位
下輸入「#0D6ABF」（深藍色）。

圖 2-40 於格式窗格下更改標題相關設定

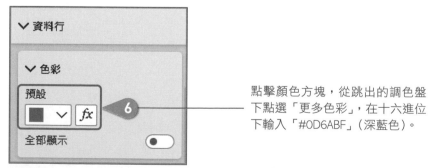

⑥ —— 點擊顏色方塊，從跳出的調色盤
下點選「更多色彩」，在十六進位
下輸入「#0D6ABF」（深藍色）。

圖 2-41 於格式窗格下更改資料行色彩

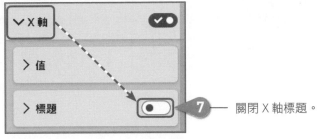

7 ── 關閉 X 軸標題。

圖 2-42　於格式窗格下關閉 X 軸標題

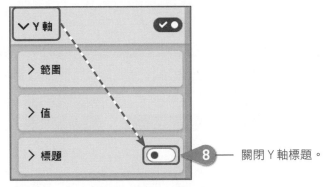

8 ── 關閉 Y 軸標題。

圖 2-43　於格式窗格下關閉 Y 軸標題

9 ── 點擊顏色方塊，從跳出的調色盤
下點選「更多色彩」，在十六進位
下輸入「#0D6ABF」（深藍色）。

調整完以上的格式以後，可以再將視覺
效果調整一下位置，就可以完成如圖
2-38 了。

圖 2-44　於格式窗格下更改框線色彩

2.8 不同國家銷售渠道銷售成效比較：利用「群組直條圖」視覺效果

請接續您自 2.7 節完成的檔案作為這小節的操作檔。

接下來我們要分析「不同國家的銷售渠道成效比較」。如圖 2-45 所示，一個國家可能會有多種銷售渠道，例如在我們的資料中顯示：中國有實體店家、網路商家與經銷商；而日本只有實體店家：

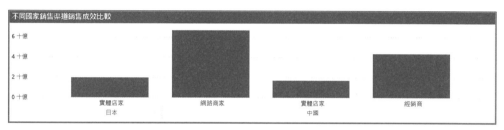

圖 2-45 不同國家的銷售渠道成效比較直條圖

由於此視覺效果也是使用**群組直條圖**，我們可以**複製**前一個「不同產品類別銷售額比較」的群組直條圖來使用。選取「不同產品類別銷售額比較」的群組直條圖後按 Ctrl + C 再按 Ctrl + V。接下來請把 X 軸改成使用「國家」與「銷售管道」，標題改為「不同國家銷售渠道銷售成效比較」。完成以後應會如圖 2-46 所示：

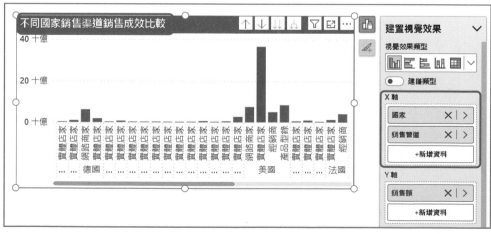

圖 2-46 在群組直條圖加入欄位的方式

2.9 檢視我們完成的第一個 Power BI 專案

請接續您自 2.8 節完成的檔案作為這小節的操作檔。

將以上的視覺效果做簡單的排列以後，最後的成品應該會長得如圖 2-47 一樣。頁面的最上方有五個篩選器，下方有一個折線圖並搭配兩個直條圖：

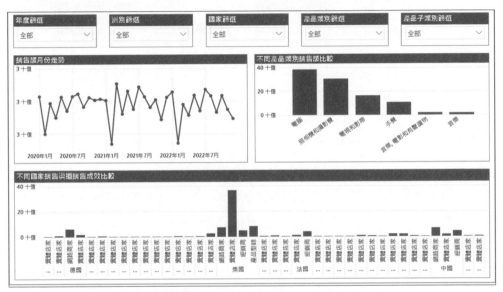

圖 2-47 銷售成效追蹤報表之最終樣貌

做完以後，我們可以針對當前報表做一些操作。請將年度、洲別、國家、產品類別四個篩選器內的選項選取如圖 2-48，來看看圖表的變化：

圖 2-48 改變篩選條件

改完以後，可以發現下方三張圖的數值也跟著變動如圖 2-49：

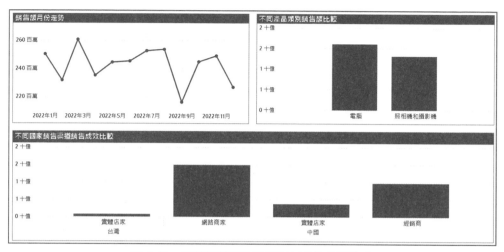

圖 2-49 跟著篩選器連動更新以後的視覺效果

這便是 Power BI 最強大的功能之一：**每一個視覺效果之間都具有很高的互動性，會隨著當前的篩選條件而改變。**

改變篩選不僅可以從篩選器來更改，也可以點擊圖上的任一處來改變。例如圖 2-50 中，我們可以點擊「不同產品類別銷售額比較」這張視覺效果中的「電腦」類別，所有其他視覺效果這時候除了會根據上方的篩選器的條件以外，還會加上「**產品類別 = 電腦**」這個條件來突出標示（highlight）電腦這個類別貢獻的數值：

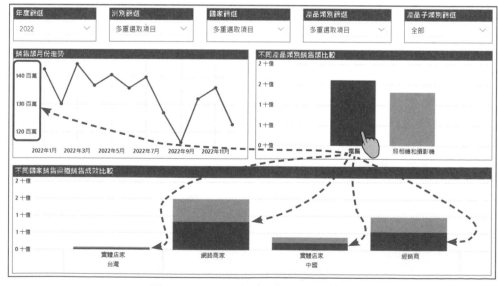

圖 2-50 利用滑鼠點選來 highlight 資料

在國家篩選器取消選取「中國」與「日本」以外的國家選項時，您是否覺得一個一個取消太麻煩呢？其實，Power BI 提供我們**一鍵全選**與**一鍵取消全選**的功能。實際的操作步驟如下：

1 針對交叉篩選器開啟「全選」。 ----→ **2** 點擊「全選」。

圖 2-51　於格式窗格下開啟顯示〔全選〕選項

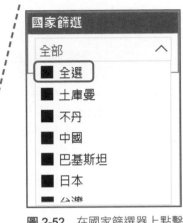

圖 2-52　在國家篩選器上點擊全選

3 此時雖每個選項為空白方格，但其意義等同於「全選」，所以圖還是有數值。 ----→ **4** 以 Ctrl + 左鍵選取「中國」與「台灣」。

國家篩選

全部	∧
☐ 全選	
☐ 土庫曼	
☐ 不丹	
☐ 中國	
☐ 巴基斯坦	
☐ 日本	
☐ 台灣	

圖 2-53　點擊全選後，所有核取方塊都變成白色

國家篩選

多重選取項目	∧
☐ 不丹	
■ 中國	
☐ 巴基斯坦	
☐ 日本	
■ 台灣	
☐ 伊朗	

圖 2-54　利用 Ctrl + 滑鼠左鍵多選

Stark
無私小撇步

上面步驟 4 我們需要點選「Ctrl + 左鍵」才能多選，有些人可能覺得很多餘。在 Power BI Desktop 中，您可以開啟篩選器的「格式」窗格，在「交叉分析篩選器設定」下將「以 CTRL 進行多重選取」取消。取消以後，篩選器內選項的核取方塊，若有被選中就會變成 ✅ 符號。如此一來，就不需要按 Ctrl，只需要點選滑鼠左鍵就可以進行多選了」。

圖 2-55 於格式窗格下關閉以 CTRL 進行多重選取

圖 2-56 直接點擊滑鼠左鍵即可進行多選

MEMO

〈第二篇〉
Power Query：
資料清理的厲害工具

我們在第一篇的第 2 章實作了一個銷售報表。但不知道您有沒有發現：我們用來製作圖表的資料似乎是已經整理得很乾淨，所有資料都已適合用來視覺化與分析。

但是，**在真實的世界裡，資料最初始的樣態時常是雜亂無章的**。因此，我們需要將這些混亂的資料整理成適合製作報表的資料。

Stark
無私分享

一般來說，開發一份報表的流程中，「資料清理」與後續章節會提到的「資料模型」佔到 50~80% 開發時程是很常見的。若將開發報表比喻為蓋房子，那麼這兩個階段就像是打地基與建骨架。這兩個基礎做好之後，在後續的視覺化階段便是水到渠成般簡單。這也是為什麼在第 2 章中，當所有資料都準備好的狀況下，製作報表會是如此地快速與容易。

一份報表的資料可能來自於多元的來源，這些資料可能包含**錯誤、不一致、缺失值、重複值和其他問題**。資料質量的問題可能會阻礙準確的分析並導致誤導性的結論。

資料清理是資料分析和視覺化過程中的基本步驟。它涉及對原始資料進行清理、轉換和準備，使其適合進行分析和視覺化。資料的品質直接影響著後續資料的準確性和可靠性，因此資料清理是任何資料驅動類型專案中至關重要的一環。

透過資料清理，我們可以確保資料是乾淨、一致和有意義的，從而獲得更準確的洞察力並做出明智的決策。在接下來的章節中，我們將學習 Power BI 中的 Power Query 工具，以準備資料進行分析和視覺化。

Power Query 基本操作

★★★ 學 習 目 標 ★★★

● 學會使用 Power Query 匯入 CSV 檔案。
● 學會使用 Power Query 執行常用的資料處理方式。

此章內的操作範例具有連貫性,建議讀者閱讀並跟著操作完每節以後,可以養成存檔的好習慣,以便隨時回頭察看檔案。

3.1 用 Power Query 匯入資料

實作檔案參照

■ Power BI 起始操作檔：`Chapter3_3.1_starter.pbix`

要從 Power BI 開啟 Power Query 有兩種方法：

一、建立 **Power BI** 新專案，然後匯入資料來源檔，本書用到的是 CSV、Excel 檔案，並於匯入時將資料轉換進 Power Query，就會開啟 Power Query 視窗。使用這種方法請直接從 3.1.2 節開始。

二、您也可以選擇開啟本章的起始檔（`Chapter3_3.1_starter.pbix`），然後從 **Power BI** 最上方的 Ribbon，先點擊「常用」，再點擊「轉換資料」，就會開啟 **Power Query** 視窗。

請注意：此時會出現「找不到檔案來源」的錯誤，常見原因如下：

1. 檔案從原本的資料夾移到別的資料夾。

2. 開啟他人分享的檔案，但他人的檔案路徑不存在您的電腦中。

這是因為 **Power Query** 讀取檔案是採用**絕對路徑**，所以只要修正檔案來源存放的路徑就可以解決。請看 3.1.1 節的說明。

本書後面各章附的 **Power BI** 起始檔若發生找不到檔案來源的錯誤，也都需要修正來源檔的路徑，因此特別放在 3.1.1 節，方便您爾後隨時回來參考。

3.1.1 Power Query 找不到檔案怎麼辦？

當從 **Power BI** 的 Ribbon 點擊「常用」，再點擊「轉換資料」進入 **Power Query** 後，就會出現如圖 3-1 找不到資料檔案的錯誤：

圖 3-1 找不到資料來源檔案的錯誤

由於每個人存放檔案的路徑可能不同，第一次開啟時出現這個錯誤是正常現象。解決的方式很簡單，只要更新檔案路徑即可，請如下操作：

點選「常用」頁籤。　　　　　　　　　點擊「資料來源設定」。

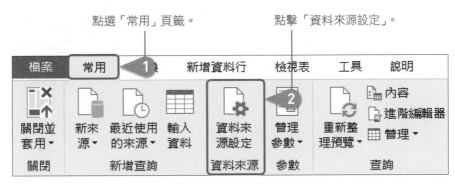

圖 3-2　查看資料來源

點選舊的資料來源路徑。

圖 3-3　變更來源路徑

點擊「變更來源…」。

利用瀏覽功能更新為新的路徑。

圖 3-4 修正資料來源路徑　　　點擊「確定」。

確認路徑已更新為新路徑。

圖 3-5 確認資料來源路徑

點擊「關閉」。

點選「常用」。

圖 3-6 重新整理

點擊「重新整理預覽」。

完成以上步驟以後，資料表就可以重新被載入，如圖 3-7：

1²³ 產品編號		A^B_C 產品名稱		A^B_C 產品類別		1²³ 單價	
● 有效	100%	● 有效	100%	● 有效	100%	● 有效	100%
● 錯誤	0%	● 錯誤	0%	● 錯誤	0%	● 錯誤	0%
● 空白	0%	● 空白	0%	● 空白	0%	● 空白	0%
1	1001	筆記型電腦		電子產品			800
2	1002	智慧型手機		電子產品			400
3	1003	印表機		電子產品			250
4	1004	列印機		電子產品			300
5	1005	耳機		電子產品			50

圖 3-7　資料成功被載入後的結果

圖 3-7 中，在每一個資料行內有出現有效、錯誤、空白的百分比，該功能預設是關閉，您可以選擇開啟。開啟方式為從 Ribbon 處切換到「檢視表」，再把「資料行品質」打勾。

3.1.2　匯入檔案到 Power Query，以 CSV 為例

在正式介紹 **Power Query** 編輯器各部分的功能前，請先打開新的 **Power BI** 並匯入本節所附之 `Chapter3_raw_data_01.csv` 作為資料來源（資料可以來自不同的來源，此處以 .csv 文字檔為例），匯入的方式如下所述：

打開空白的 **Power BI** 檔案以後，
到上方 Ribbon 處點選「取得資料」。

圖 3-8　自 Ribbon 處取得資料以匯入 Power BI

選擇「全部」。　　　選擇「文字/CSV」。

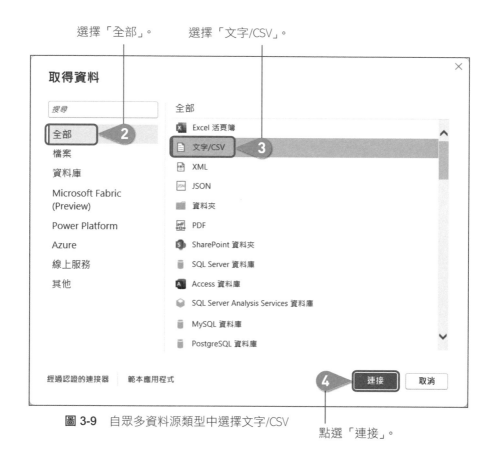

圖 3-9 自眾多資料源類型中選擇文字/CSV

點選「連接」。

左鍵點一下目標開啟的檔案「**Chapter3_raw_data_01.csv**」。

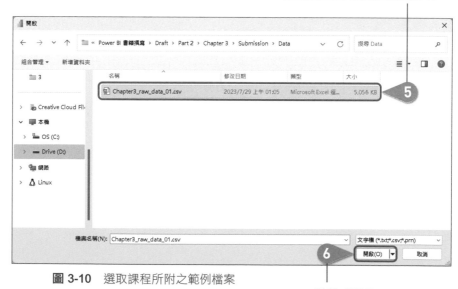

圖 3-10 選取課程所附之範例檔案

點擊「開啟」。

圖 3-11 載入檔案之前的預覽畫面

這時 Power BI 會呈現檔案的預覽畫面，請點選「轉換資料」，就可將資料匯入 Power Query 中了。

3.1.3 Power Query 的工作區塊

圖 3-12 是匯入資料後的 **Power Query** 介面。這時，除了 Ribbon 以外還有三大區塊，分別是：「查詢面板」、「資料面板」以及「查詢設定」。這三個區塊可説是 Power Query 的主架構：

圖 3-12 Power Query 介面説明

● **查詢面板**

在 Power Query 中，**一張資料表可以視為一個查詢（Query）的結果**。因此，在匯入我們的範例資料以後，在查詢面板中就可以看到該資料表的名稱。預設名稱會使用原始資料的檔案名。另外，若使用者匯入越多資料表，就代表有更多的查詢，也就會在查詢面板中生成更多不同的資料表。

● **資料面板**

當在查詢面板處選定了某一個資料表後，在資料面版的範圍內就會顯示該資料表所有的資料，如圖 3-13：

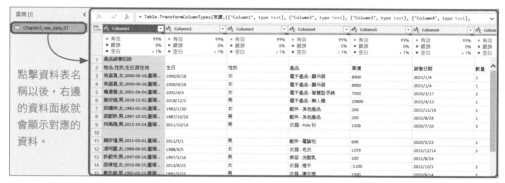

圖 **3-13** 資料面板

● **查詢設定面板**

這裡會記錄我們的操作過程。

Stark

無私小撇步

在正式深入介紹資料面板的功能以前，我們需要先了解何謂「資料行」與「資料列」。以圖 3-14 為例，橫的橘色框稱為一列（row）資料；直的藍色框稱為一行（column）資料，也可以稱為資料欄位。

圖 **3-14** 資料行與資料列

請注意！此時 Power BI 會有兩個視窗，一個是 Power BI Desktop 視窗，另一個是 Power Query 編輯器視窗，等我們在 Power Query 編輯器將資料清理完成之後，才會回到 Power BI Desktop 視窗。

3.2 常用操作 (1)

Power Query 是幫助我們清理資料很好用的工具，一些基本且常用的操作方法一定要先學會，才能正確將匯入的資料做清理，之後才適合做為分析之用。您可接續前面的檔案繼續操作。

3.2.1 變更資料表名稱

要將匯入的資料表重新命名的方式有兩種：第一種是以滑鼠左鍵雙擊「查詢面板」的資料表名稱，就可以進入文字反白的編輯狀態，如圖 3-15：

圖 3-15 從查詢面板更改資料表名稱

第二種重新命名方式可以在畫面右邊的「查詢設定」下，內容的名稱處重新命名，如圖 3-16：

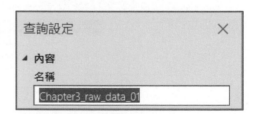

圖 3-16 從查詢設定處更改資料表名稱

我們在此將資料表名稱改成 RAW_DATA。更改的方式可以參照上面兩種方式任選一種來更改。改完以後應如圖 3-17 所示：

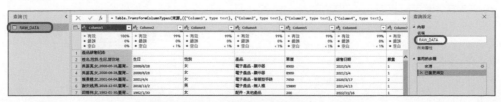

圖 3-17 更改為資料表名稱為 RAW_DATA

▶ 3.2.2 移除頂端資料列

仔細觀察匯入的資料表，可以發現第一列（也就是頂端資料列）僅在第一行出現「產品銷售紀錄」，其後幾行的內容皆是空白，如圖 3-18：

	A^B_C Column1	A^B_C Column2	A^B_C Column3	A^B_C Column4	A^B_C Column5	A^B_C Column6	A^B_C Column7
	● 有效 100% ● 錯誤 0% ● 空白 0%	● 有效 99% ● 錯誤 0% ● 空白 0%	● 有效 99% ● 錯誤 0% ● 空白 < 1%	● 有效 99% ● 錯誤 0% ● 空白 < 1%	● 有效 99% ● 錯誤 0% ● 空白 < 1%	● 有效 99% ● 錯誤 0% ● 空白 < 1%	● 有效 99% ● 錯誤 0% ● 空白 < 1%
1	產品銷售紀錄						
2	姓名,性別,生日,居住地	生日	性別	產品	單價	銷售日期	數量
3	吳器真,女,2000-06-28,臺灣...	2000/6/28	女	電子產品 - 顯示器	8900	2021/1/4	1
4	吳器真,女,2000-06-28,臺灣...	2000/6/28	女	電子產品 - 顯示器	8900	2021/1/4	1
5	賴景聰,女,2001-04-04,臺灣...	2001/4/4	女	電子產品 - 智慧型手錶	7650	2020/3/17	2

圖 3-18 第一列為不重要的資料列

這是因為此範例 CSV 檔案中包括「產品銷售紀錄」這個標頭，用來提醒我們此檔存放的是什麼內容，當匯入 Power Query 後就不需要了，我們可將其移除。操作方式如下：

點擊「常用」頁籤。　　　　　　　　　　　　　選擇「移除資料列」。

圖 3-19 移除第一列的步驟

點選「移除頂端資料列」。

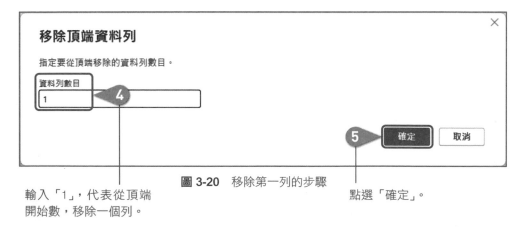

圖 3-20 移除第一列的步驟

輸入「1」，代表從頂端開始數，移除一個列。　　　　　　　　　點選「確定」。

上述步驟完成以後，資料表便會如圖 3-21 所示，原本的第二列就會被提升至第
一列：

ABC Column1	ABC Column2	ABC Column3	ABC Column4	ABC Column5	ABC Column6	ABC Column7
● 有效 100% ● 錯誤 0% ● 空白 0%	● 有效 100% ● 錯誤 0% ● 空白 0%	● 有效 100% ● 錯誤 0% ● 空白 0%	● 有效 100% ● 錯誤 0% ● 空白 0%	● 有效 100% ● 錯誤 0% ● 空白 0%	● 有效 100% ● 錯誤 0% ● 空白 0%	● 有效 ● 錯誤 ● 空白
1 姓名,性別,生日,居住地	生日	性別	產品	單價	銷售日期	數量
2 吳盈真,女,2000-06-28,臺灣...	2000/6/28	女	電子產品 - 顯示器	8900	2021/1/4	1
3 吳盈真,女,2000-06-28,臺灣...	2000/6/28	女	電子產品 - 顯示器	8900	2021/1/4	1
4 賴景龍,女,2001-04-04,臺灣...	2001/4/4	女	電子產品 - 智慧型手錶	7650	2020/3/17	2
5 謝安越,男,2018-12-02,臺灣...	2018/12/2	男	電子產品 - 無人機	19800	2021/4/13	1

圖 3-21　刪除第一列以後的資料表

3.2.3　使用第一個資料列作為標頭

接著仔細觀察，可以發現每一個資料行的標頭都以 Column 開頭並加上阿拉伯數
字編號，從 Column1、Column2、...、Column7。造成這特殊序列式命名的原因是
原始資料中的第一列僅有「產品銷售紀錄」，造成 **Power Query** 無法識別正確的
標題名稱。不過沒關係，圖 3-21 的第一列（橘色框選處）即是需要的標題列。
因此，只要將其提升至標頭即可：

點擊「常用」頁籤。　　　　　　　　　　點擊「使用第一個資料列作為標頭」。

圖 3-22　使用第一個資料列作為標頭

上述步驟完成以後，便如圖 3-23 所示，資料行的標頭便會被原本的第一列取
代：

ABC 姓名,性別,生日,居...	生日	ABC 性別	ABC 產品	ABC 單價	銷售日期	1²₃ 數量
● 有效 100% ● 錯誤 0% ● 空白 0%	● 有效 100% ● 錯誤 0% ● 空白 0%	● 有效 100% ● 錯誤 0% ● 空白 0%	● 有效 100% ● 錯誤 0% ● 空白 0%	● 有效 100% ● 錯誤 0% ● 空白 0%	● 有效 100% ● 錯誤 0% ● 空白 0%	● 有效 ● 錯誤 ● 空白
1 吳盈真,女,2000-06-28,臺灣...	2000/6/28	女	電子產品 - 顯示器	8900	2021/1/4	
2 吳盈真,女,2000-06-28,臺灣...	2000/6/28	女	電子產品 - 顯示器	8900	2021/1/4	
3 賴景聰,女,2001-04-04,臺灣...	2001/4/4	女	電子產品 - 智慧型手錶	7650	2020/3/17	
4 謝安越,男,2018-12-02,臺灣...	2018/12/2	男	電子產品 - 無人機	19800	2021/4/13	
5 邱婧梓,女,1962-01-30,臺灣...	1962/1/30	女	配件 - 其他產品	200	2022/11/16	

圖 3-23　使用第一個資料列作為標頭後的結果

3.2.4 移除重複的資料列

觀察目前的資料表，可以發現第一列以及第二列完全重複，如圖 3-24。對於資料中有重複項目的狀況，通常可以選擇僅保留其中一筆即可：

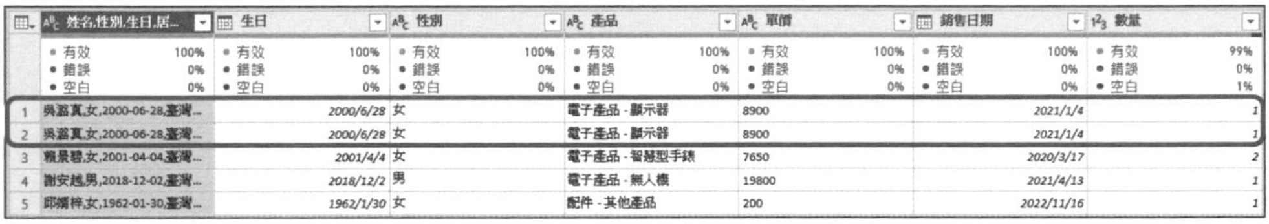

圖 3-24 第一列與第二列資料完全重複

在 Power Query 內可以單選或多選欄位，**而被選取的欄位的標頭底色會呈現綠色，資料行底色會呈現灰色**，如圖 3-25 橘色框處：

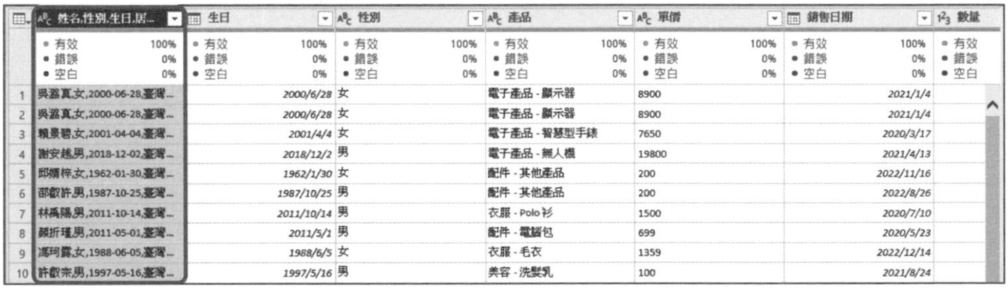

圖 3-25 被選取的欄位呈現綠色標頭與灰色底資料行

以「滑鼠左鍵」點擊資料行的標頭即可「單選」該資料行；若需要選取多個資料行，則可用「 Ctrl + 滑鼠左鍵」依次點擊各資料行標頭。如圖 3-26，便多選了三個資料行：

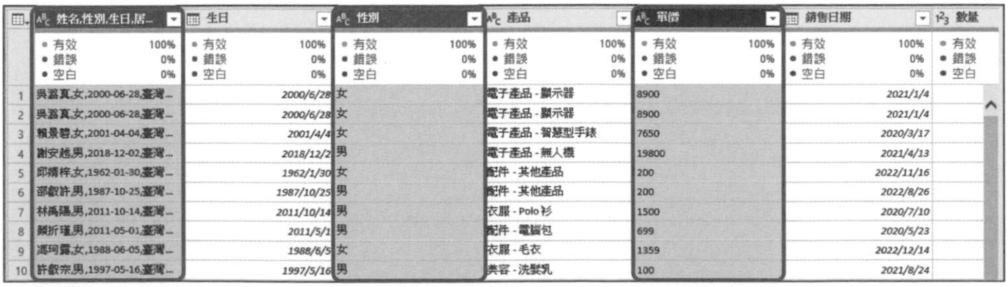

圖 3-26 被選取的欄位呈現綠色標頭與灰色底資料行

回歸到一開始提及的重複列問題，由於第一列與第二列是完全重複的兩列，因此需要全選所有資料行：

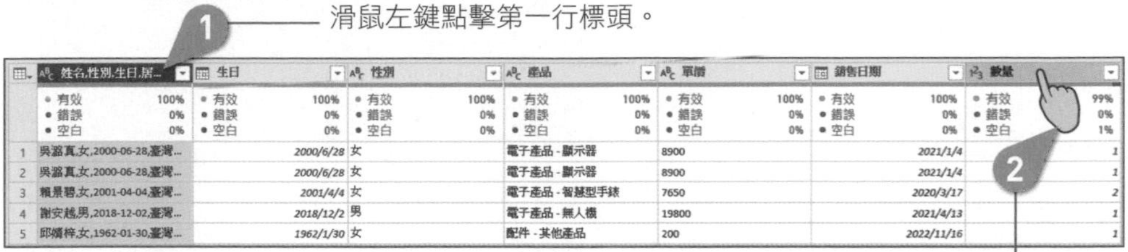

滑鼠左鍵點擊第一行標頭。

圖 3-27　全選資料行的步驟

將滑鼠移到最後一行「數量」，按住「Shift」並以左鍵點擊標頭。

完成以上步驟後，所有資料行便會被選取起來，如圖 3-28：

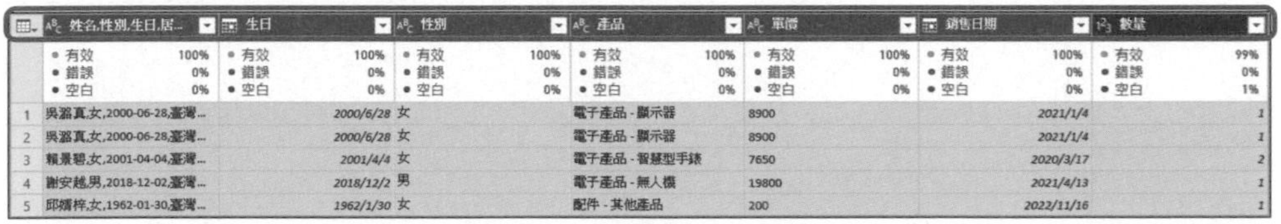

圖 3-28　全選資料行的結果

接下來，我們就要將重複出現的資料列（也就是該資料列中的所有資料行內容都相同）只保留一個，就可以將重複的移除：

點擊「常用」頁籤。

點擊「移除資料列」。

點擊「移除重複項目」。

圖 3-29　移除重複資料列步驟

完成以後，原本重複的資料列項目便會只留下一筆，如圖 3-30：

姓名,性別,生日,居...	生日	性別	產品	單價	銷售日期	數量
● 有效 100% ● 錯誤 0% ● 空白 0%	● 有效 100% ● 錯誤 0% ● 空白 0%	● 有效 100% ● 錯誤 0% ● 空白 0%	● 有效 100% ● 錯誤 0% ● 空白 0%	● 有效 100% ● 錯誤 0% ● 空白 0%	● 有效 100% ● 錯誤 0% ● 空白 0%	● 有效 99% ● 錯誤 0% ● 空白 1%
1 吳嘉真,女,2000-06-28,臺灣...	2000/6/28	女	電子產品 - 顯示器	8900	2021/1/4	1
2 賴景碧,女,2001-04-04,臺灣...	2001/4/4	女	電子產品 - 智慧型手錶	7650	2020/3/17	2
3 謝安越,男,2018-12-02,臺灣...	2018/12/2	男	電子產品 - 無人機	19800	2021/4/13	1
4 邱婧梓,女,1962-01-30,臺灣...	1962/1/30	女	配件 - 其他產品	200	2022/11/16	1
5 鄧叡許,男,1987-10-25,臺灣...	1987/10/25	男	配件 - 其他產品	200	2022/8/26	1

圖 3-30 移除重複資料行後的結果

3.2.5 移除空白的資料列

仔細觀察當前資料表，在第七列處（圖 3-31 橘框處）唯一全空白的列。這類型的資料列也屬於非有效的資料列，因此需要被移除：

姓名,性別,生日,居...	生日	性別	產品	單價	銷售日期	數量
● 有效 99% ● 錯誤 0% ● 空白 <1%	● 有效 99% ● 錯誤 0% ● 空白 <1%	● 有效 99% ● 錯誤 0% ● 空白 <1%	● 有效 99% ● 錯誤 0% ● 空白 <1%	● 有效 99% ● 錯誤 0% ● 空白 <1%	● 有效 99% ● 錯誤 0% ● 空白 <1%	● 有效 99% ● 錯誤 0% ● 空白 1%
1 吳嘉真,女,2000-06-28,臺灣...	2000/6/28	女	電子產品 - 顯示器	8900	2021/1/4	1
2 賴景碧,女,2001-04-04,臺灣...	2001/4/4	女	電子產品 - 智慧型手錶	7650	2020/3/17	2
3 謝安越,男,2018-12-02,臺灣...	2018/12/2	男	電子產品 - 無人機	19800	2021/4/13	1
4 邱婧梓,女,1962-01-30,臺灣...	1962/1/30	女	配件 - 其他產品	200	2022/11/16	1
5 鄧叡許,男,1987-10-25,臺灣...	1987/10/25	男	配件 - 其他產品	200	2022/8/26	1
6 林馬隱,男,2011-10-14,臺灣...	2011/10/14	男	衣服 - Polo衫	1500	2020/7/10	1
7					null	null

圖 3-31 具有全空白資料列的資料表

請依照下面的步驟將空白資料列移除：

圖 3-32 移除空白資料列的步驟

完成上述步驟以後，原本第七列的空白列便會消失，下方的資料列則依序往上提升一列，如圖 3-33：

姓名,性別,生日,居...	生日	性別	產品	單價	銷售日期	數量
● 有效 100% ● 錯誤 0% ● 空白 0%	● 有效 100% ● 錯誤 0% ● 空白 0%	● 有效 100% ● 錯誤 0% ● 空白 0%	● 有效 100% ● 錯誤 0% ● 空白 0%	● 有效 100% ● 錯誤 0% ● 空白 0%	● 有效 100% ● 錯誤 0% ● 空白 0%	● 有效 99% ● 錯誤 0% ● 空白 1%
1 吳潞真,女,2000-06-28,臺灣...	2000/6/28	女	電子產品 - 顯示器	8900	2021/1/4	1
2 賴景碧,女,2001-04-04,臺灣...	2001/4/4	女	電子產品 - 智慧型手錶	7650	2020/3/17	2
3 謝安越,男,2018-12-02,臺灣...	2018/12/2	男	電子產品 - 無人機	19800	2021/4/13	1
4 邱婧梓,女,1962-01-30,臺灣...	1962/1/30	女	配件 - 其他產品	200	2022/11/16	1
5 邵叡許,男,1987-10-25,臺灣...	1987/10/25	男	配件 - 其他產品	200	2022/8/26	1
6 林高陽,男,2011-10-14,臺灣...	2011/10/14	男	衣服 - Polo衫	1500	2020/7/10	3
7 蘇折瑤,男,2011-05-01,臺灣...	2011/5/1	男	配件 - 電腦包	699	2020/5/23	2
8 連珂露,女,1988-06-05,臺灣...	1988/6/5	女	衣服 - 毛衣	1359	2022/12/14	3

圖 **3-33** 移除空白資料列後的資料表

3.2.6 分割資料行（依分隔符號）

接下來，觀察第一個資料行，發現該資料行儲存著顧客的許多資訊：姓名、性別、生日與居住地，但這些不同的資訊卻都儲存在一個欄位，且以「,」逗點分隔，如圖 3-34：

姓名,性別,生日,居住地
● 有效 100% ● 錯誤 0% ● 空白 0%
1 吳潞真,女,2000-06-28,臺灣高雄市鳳山區
2 賴景碧,女,2001-04-04,臺灣雲林縣北港鎮
3 謝安越,男,2018-12-02,臺灣臺中市西屯區
4 邱婧梓,女,1962-01-30,臺灣高雄市橋頭區
5 邵叡許,男,1987-10-25,臺灣新竹縣湖口鄉

圖 **3-34** 第一行資料

一般而言，**清理資料時會希望一個資料行僅包含一種資訊**。因此，針對目前的資料行，我們需要將每一項資訊拆解開成一個一個獨立的資料行。請依照以下步驟操作：

點擊「常用」頁籤。　　　　　選取第一個資料行。　　　　點擊「分割資料行」。

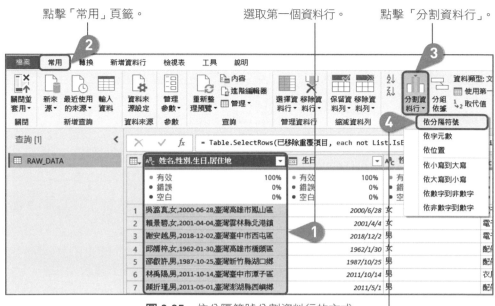

圖 3-35　依分隔符號分割資料行的方式

點擊「依分隔符號」。

選擇「逗號」。　　選擇「每個出現的分隔符號」。

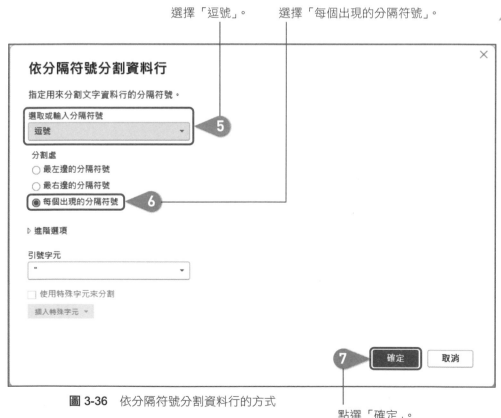

圖 3-36　依分隔符號分割資料行的方式

點選「確定」。

完成上述步驟以後，原本第一行的資料便會被分割成四個獨立的資料行，如圖
3-37：

姓名,性別,生日,居…	姓名,性別,生日,居…	姓名,性別,居…	姓名,性別,生日,居…
● 有效　100% ● 錯誤　0% ● 空白　0%	● 有效　100% ● 錯誤　0% ● 空白　0%	● 有效　100% ● 錯誤　0% ● 空白　0%	● 有效　100% ● 錯誤　0% ● 空白　0%
1　吳潞真	女		2000/6/28　臺灣高雄市鳳山區
2　賴景碧	女		2001/4/4　臺灣雲林縣北港鎮
3　謝安越	男		2018/12/2　臺灣臺中市西屯區
4　邱婧梓	女		1962/1/30　臺灣高雄市橋頭區
5　邵叡許	男		1987/10/25　臺灣新竹縣湖口鄉

圖 3-37　分割資料行後的結果

3.2.7　分割資料行（依字元數）

觀察圖 3-37 的第四個資料行，該行記錄了每一位顧客的居住地。居住地的格式
為「臺灣」＋「縣市名」＋「鄉鎮區域名」。還記得我們前面說的嗎？**清理資料
時會希望一個資料行僅包含一種資訊**。因此，我們也需要將這三項資訊分離成
為三個獨立欄位。請如下操作：

點擊「分割資料行」。　　　點擊「依字元數」。

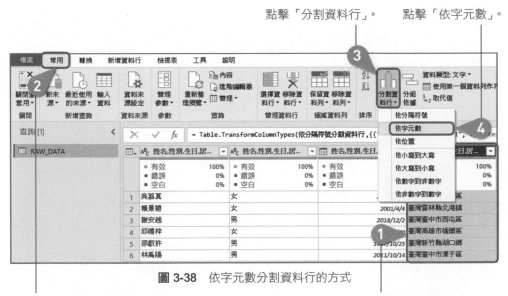

圖 3-38　依字元數分割資料行的方式

點擊「常用」頁籤。　　　　　　　　　　　選取第四個資料行。

輸入「2」。　　　選擇「最左邊一次」。

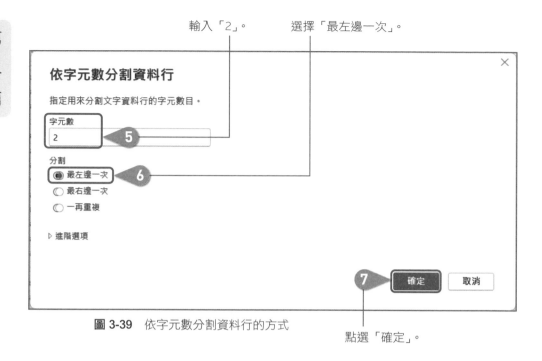

依字元數分割資料行

指定用來分割文字資料行的字元數目。

字元數

2 ◀ **5**

分割

◉ 最左邊一次 ◀ **6**

○ 最右邊一次

○ 一再重複

▷ 進階選項

7 確定 | 取消

圖 **3-39** 依字元數分割資料行的方式

點選「確定」。

完成上述步驟以後，原本「臺灣」與「縣市名＋鄉政區域名」便會被分割成兩個獨立的資料行，如圖 3-40：

ᴬᴮ𝒸 姓名,性別,生日,居… ▼	ᴬᴮ𝒸 姓名,性別,生日,居… ▼
● 有效 100% ● 錯誤 0% ● 空白 0%	● 有效 100% ● 錯誤 0% ● 空白 0%
臺灣	高雄市鳳山區
臺灣	雲林縣北港鎮
臺灣	臺中市西屯區
臺灣	高雄市橋頭區
臺灣	新竹縣湖口鄉

圖 **3-40** 依字元數分割資料行的結果

同樣的方式也可套用在分割「縣市名」與「鄉政區域名」，讀者可以自行嘗試一樣的操作，惟分割的字元數需要改為 3。完成以後結果便會如圖 3-41：。

$^{AB}_C$ 姓名,性別,生日,居... ▼	$^{AB}_C$ 姓名,性別,生日,居... ▼	$^{AB}_C$ 姓名,性別,居住... ▼
● 有效 100%	● 有效 100%	● 有效 100%
● 錯誤 0%	● 錯誤 0%	● 錯誤 0%
● 空白 0%	● 空白 0%	● 空白 0%
臺灣	高雄市	鳳山區
臺灣	雲林縣	北港鎮
臺灣	臺中市	西屯區
臺灣	高雄市	橋頭區
臺灣	新竹縣	湖口鄉

圖 3-41　依字元數分割資料行的結果

3.2.8　移除資料行

繼續觀察目前的資料表，有兩個欄位都記錄了性別的資訊，如下圖的兩個橘框；也有兩個欄位都記錄了生日的資訊，如下圖的兩個藍框。一個是分割出來的欄位；一個是原本存在於原始資料中的欄位：

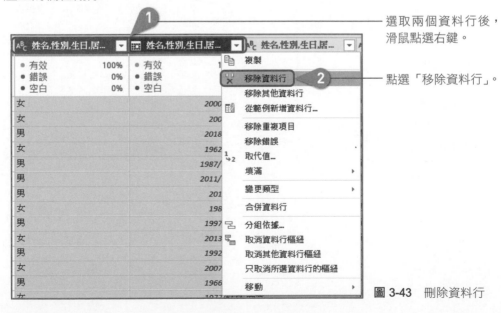

圖 3-42　重複記錄性別與生日的資料行

由於是重複性的資訊，僅需保留其中一個即可。此處可以選擇將從分割資料行產生的欄位刪除：

選取兩個資料行後，滑鼠點選右鍵。

點選「移除資料行」。

圖 3-43　刪除資料行

3.3 常用操作 (2)

3.3.1 重新命名資料行標頭

依據前述小節分割完資料行後，其產生的資料行標頭需要被重新命名，如圖 3-44：

ABC 姓名,性別,生日,居... ▼	ABC 姓名,性別,居... ▼	ABC 姓名,性別,生日,居住... ▼	ABC 姓名,性別,生日,居住... ▼
● 有效 100% ● 錯誤 0% ● 空白 0%	● 有效 100% ● 錯誤 0% ● 空白 0%	● 有效 100% ● 錯誤 0% ● 空白 0%	● 有效 100% ● 錯誤 0% ● 空白 0%
1 吳潞真	臺灣	高雄市	鳳山區
2 賴景碧	臺灣	雲林縣	北港鎮
3 謝安越	臺灣	臺中市	西屯區
4 邱婧梓	臺灣	高雄市	橋頭區
5 邵叡許	臺灣	新竹縣	湖口鄉

圖 3-44 需要被重新命名的資料行標頭

滑鼠左鍵雙擊資料行標頭後呈現反白可編輯狀態。

輸入「姓名」後按「[Enter]」完成編輯。

圖 3-45 編輯標頭　　　　　**圖 3-46** 輸入新標頭

在圖 3-44 的其餘三個資料行標頭可以套用一樣的方式重新命名，讀者可以將這些資料行標頭依序重新命名為「國家」、「縣市」與「鄉鎮區域」。最後的結果如圖 3-47：

	ᴬᴮC 姓名 ▼	ᴬᴮC 國家 ▼	ᴬᴮC 縣市 ▼	ᴬᴮC 鄉鎮區域 ▼
	● 有效 100% ● 錯誤 0% ● 空白 0%	● 有效 100% ● 錯誤 0% ● 空白 0%	● 有效 100% ● 錯誤 0% ● 空白 0%	● 有效 100% ● 錯誤 0% ● 空白 0%
1	吳潞真	臺灣	高雄市	鳳山區
2	賴景碧	臺灣	雲林縣	北港鎮
3	謝安越	臺灣	臺中市	西屯區
4	邱婧梓	臺灣	高雄市	橋頭區
5	邵叡許	臺灣	新竹縣	湖口鄉

圖 3-47　重新命名後的資料行標頭

3.3.2　取代值

仔細觀察單價的欄位，點擊欄位標頭右邊的 ▼ 圖示，會出現該欄位所有的相異值。可以發現到這些數值中，有些是負數（-1100、-24900、-3650）、有些是包含單位（1500NTD、1900NTD），如圖 3-48：

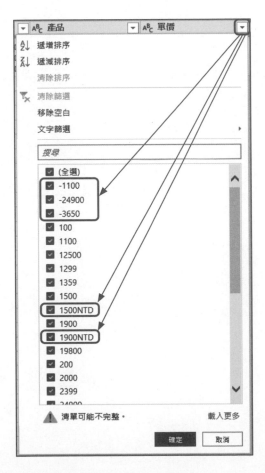

圖 3-48　待取代的錯誤值

由於此表是記錄銷售資料，單價欄位的數值都應該是正數，且不包含單位，因此我們需要**將負數轉為正數**以及**將單位去除**：

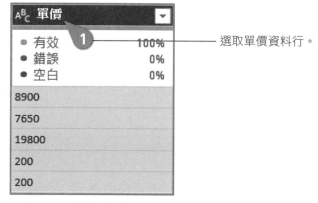

選取單價資料行。

圖 3-49　選取單價資料行

點擊「常用」頁籤。　　　　　　　　　　　　　　　　點擊「取代值」。

圖 3-50　取代值的操作方式

輸入「-」。　不輸入任何文字。

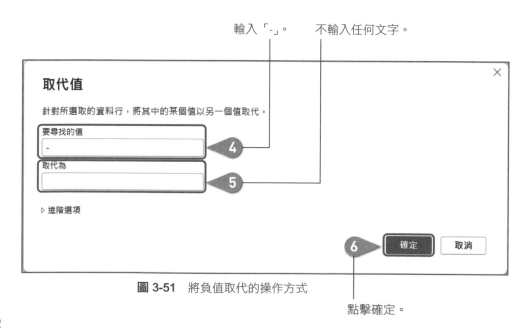

圖 3-51　將負值取代的操作方式

點擊確定。

透過以上步驟，就可以將「-」取代為空字串「」。讀者可以重複以上步驟，將「NTD」同樣取代為空字串。最後的結果應如圖 3-52，相異值都只剩下純數字：

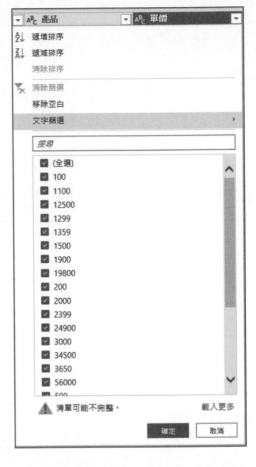

圖 3-52　取代值後的結果

3.3.3　修改資料行之資料型態

在 3.3.2 小節將單價欄位的負數與單位取代為空白字串以後，該欄位的資料型態目前仍然還是字串，如圖 3-53 左上角顯示為 $^{AB}_C$：

$^{AB}_C$ 單價	▼
● 有效	100%
● 錯誤	0%
● 空白	0%
8900	
7650	
19800	
200	
200	

圖 3-53　文字型態的資料行

因此，還需要將該欄位的資料型態做調整。由於此處是記錄臺灣的銷售，因此幣值為新台幣且不存在小數點。故可以將單位改為整數 1^2_3。請如下操作：

點擊標題左邊的圖示 A^B_C。 **1**

點擊 1^2_3 整數。 **2**

圖 **3-54** 更改資料型態

3.3.4 排序

觀察圖 3-55，若以銷售日期來看，每一筆資料其實是處於未排序的狀態：

姓名		國家		勤市		產品		單價		銷售日期		數量	
● 有效	100%	● 有效	100%	● 有效	100%	● 有效	100%	● 有效	100%	● 有效	100%	● 有效	99%
● 錯誤	0%	● 錯誤	0%	● 錯誤	0%	● 錯誤	0%	● 錯誤	0%	● 錯誤	0%	● 錯誤	0%
● 空白	0%	● 空白	0%	● 空白	0%	● 空白	0%	● 空白	0%	● 空白	0%	● 空白	1%
1 吳恩真		臺灣		高雄市		電子產品-顯示器		8900		2021/1/4		1	
2 熊景聰		臺灣		雲林縣		電子產品-智慧型手錶		7650		2020/3/17		2	
3 謝安婕		臺灣		臺中市		電子產品-無人機		19800		2021/4/13		1	
4 邱楷梓		臺灣		高雄市		配件-其他產品		200		2022/11/16		1	
5 鄧宸妤		臺灣		新竹縣		配件-其他產品		200		2022/8/26		1	
6 林羽璿		臺灣		臺中市		衣服-Polo衫		1500		2020/7/10		3	
7 顏圻瑾		臺灣		澎湖縣		配件-電腦包		699		2020/5/23		2	
8 馮珂露		臺灣		基隆市		衣服-毛衣		1359		2022/12/14		3	
9 許叡宸		臺灣		新竹縣		美容-洗髮乳		100		2021/8/24		null	
10 鄧倩窈		臺灣		新竹市		衣服-裙子		1100		2022/10/3		2	

圖 **3-55** 未被排序的資料表

因此，我們可以對這張資料表，依據「銷售日期」進行排序：

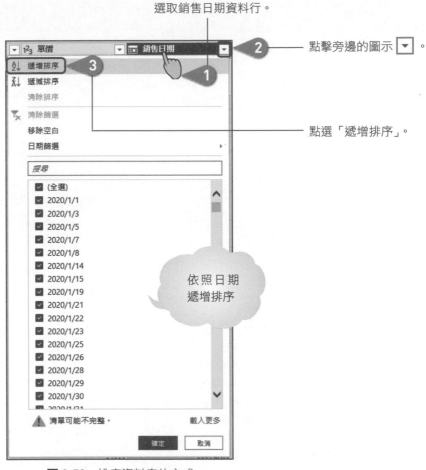

圖 3-56　排序資料表的方式

完成以上步驟以後，資料表便會根據「銷售日期」欄位進行遞增排序，如圖
3-57：

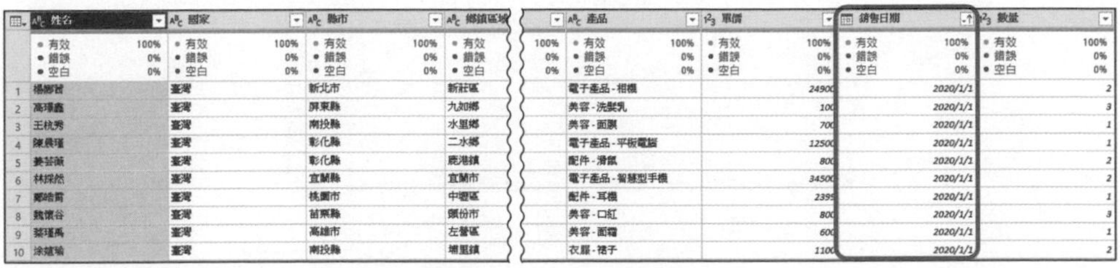

圖 3-57　排序資料表的方式

3.3.5 檢視查詢所套用的步驟

這個章節到目前為止，我們利用 Power Query 對原始資料進行了清理。觀察右邊「查詢設定」的面板，在「套用的步驟」會顯示所有我們進行的操作，由上而下代表所有新增的步驟，如圖 3-58。讀者可以自行以滑鼠左鍵點擊任何一個步驟觀察資料面板的變化。

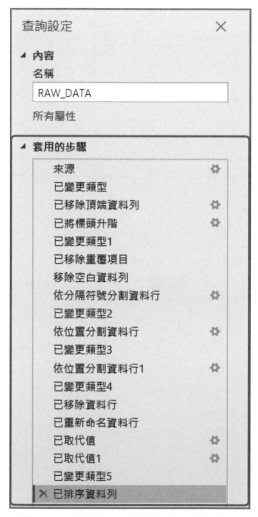

圖 3-58 針對單一資料表操作的所有步驟

3.3.6　參考資料表

在 Power Query 中，若想要**基於當前資料表的結果再另外產生一個新的資料表**，可以使用「參考」的功能（也就是參考現有的資料表）。若參考的來源有變動，則新的參考資料表也會跟著變動。

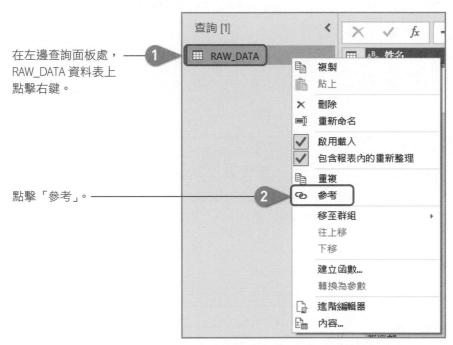

在左邊查詢面板處，RAW_DATA 資料表上點擊右鍵。

點擊「參考」。

圖 **3-59**　以參考的方式新增資料表

完成以上步驟後，參照圖 3-60，會在查詢面板中產生名為 RAW_DATA (2) 的新資料表。觀察右邊查詢設定面板的套用步驟，有一個「來源」步驟。從上方也可以由公式處確認（= RAW_DATA）：

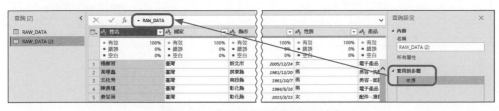

圖 **3-60**　以參考方式新增的資料表

3.3.7 分組依據

「分組依據」顧名思義就是針對資料進行分組,並且依據分出來的組進行對應的計算。例如:若我們想要獲得一張表,單純統計縣市的銷售筆數,便可以使用分組依據的功能。

接下來的步驟會依縣市分組,算出每個縣市的資料列數,請基於前一小節所新增的 RAW_DATA (2) 資料表來操作:

選擇「常用」頁籤。

點擊「分組依據」。

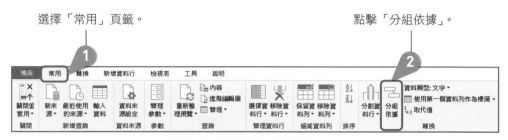

圖 3-61 對資料進行分組的方式

選擇「基本」。

選擇「縣市」。

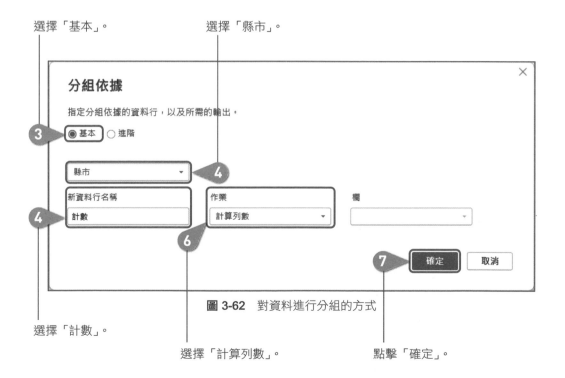

圖 3-62 對資料進行分組的方式

選擇「計數」。

選擇「計算列數」。

點擊「確定」。

完成以上步驟後，參照圖
3-63，會產生一個依據每
一個縣市所統計的銷售計
數表：

⊞	ᴬᴮ_C 縣市	▼	1²₃ 計數	▼
	● 有效	100%	● 有效	100%
	● 錯誤	0%	● 錯誤	0%
	● 空白	0%	● 空白	0%
1	高雄市			6314
2	雲林縣			1843
3	臺中市			6480
4	新竹縣			1460
5	澎湖縣			250
6	基隆市			267
7	新竹市			665
8	桃園市			4842
9	南投縣			1575
10	屏東縣			2896
11	彰化縣			4007
12	新北市			3958
13	臺東縣			780
14	臺北市			2818
15	花蓮縣			1494
16	臺南市			4232
17	嘉義縣			1408
18	苗栗縣			2021
19	宜蘭縣			1764
20	嘉義市			577
21	金門縣			336
22	南海島			3
23	連江縣			10

圖 3-63　分組過後的資料表

值得注意的是，由於我們是在 RAW_DATA (2) 資料表上執行操作，原先的 RAW_
DATA 資料表並不會跟著改變。但如果反過來，是在原本的 RAW_DATA 資料表進
行操作，那麼由於 RAW_DATA (2) 資料表是「參考」自 RAW_DATA 資料表，RAW_
DATA (2) 資料表便會跟著改變。讀者有興趣可以自行操作看看差異。

3.4 資料行的操作

> **實作檔案參照**
>
> ■ Power BI 起始操作檔：Chapter3_3.4_starter.pbix

您可以使用本節所附之檔案 Chapter3_3.4_starter.pbix 作為起始檔案。在開啟該檔案並進入 Power Query 後，正常來說會遇到「找不到檔案來源」的錯誤，請參照 3.1.1 更正檔案路徑。若您想自行操作匯入資料的過程，請依照以下步驟操作。

請先打開新的 Power BI 並匯入本章節所附之 Chapter3_raw_data_02.csv 作為資料來源。匯入的方式如同 3.1.2 小節介紹的一樣。將檔案匯入以後，打開 Power Query 編輯器，應會如圖 3-64 所示：

圖 3-64 匯入 Chapter3_raw_data_02.csv 後的 Power Query 介面

3.4.1　新增自訂資料行

觀察圖 3-64 為匯入的資料表，僅有一個欄位紀錄生日。若想要新增一個「年齡」欄位記錄歲數，則可以使用「自訂資料行」功能，如下圖所示：

點擊「自訂資料行」。　　　點擊「新增資料行」頁籤。

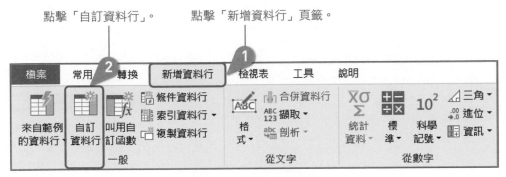

圖 3-65　新增自訂資料行

輸入「年齡」。　　　　　　　　　　輸入此段公式。

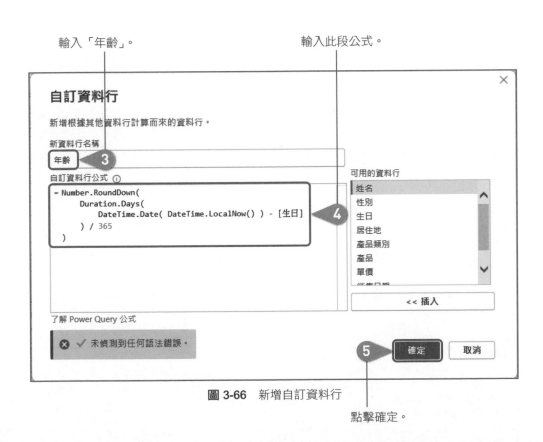

圖 3-66　新增自訂資料行

點擊確定。

圖 3-66 中的公式是在計算年齡。計算的邏輯是依據當前日期與生日欄位的天數差來換算得到，以下是詳細解釋：

1. 最內層函數 DateTime.LocalNow 會取得目前區域的日期時間，而包裹於其外的函數 DateTime.Date 會將日期時間格式轉成日期。

2. 接下來利用上述獲得的日期與 [生日] 欄位相減，再包上外層函數 Duration.Days 得到總共差距幾天。再利用這數字除以 365 獲得幾年。

3. 最後利用 Number.RoundDown 函數將數字其無條件捨去，即可得到足歲的年齡。

完成以上步驟以後，就可以得到一個年齡欄位，如圖 3-67：

圖 3-67　利用新增自訂資料行獲得的年齡欄位

3.4.2　新增條件資料行

前一個小節算出年齡以後，本小節要再新增一個依據以下年齡範圍來分組的「年齡群組」欄位：

● 0 - 6 歲：幼年　　● 7 - 17 歲：青年　　● 18 - 40 歲：壯年

● 41 - 65 歲：中年　　● 66 歲以上：老年

點擊「新增資料行」頁籤。　　點擊「條件資料行」。

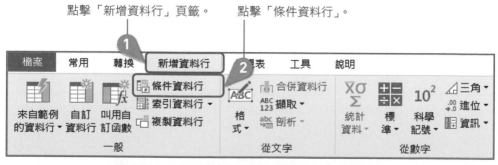

圖 3-68　利用新增條件資料行獲得的年齡群組欄位

輸入欄位名稱為「年齡群組」。　　　　　　　　　　依次輸入群組條件。

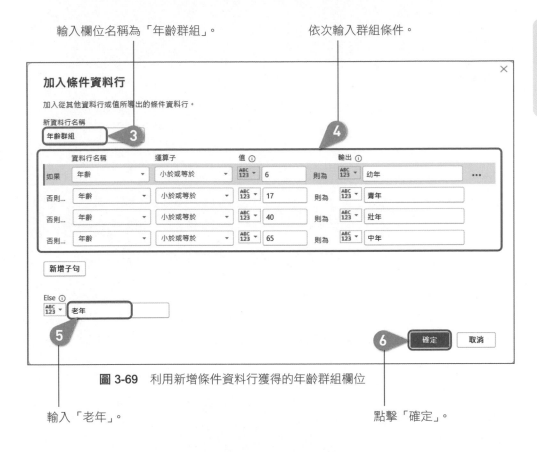

圖 3-69　利用新增條件資料行獲得的年齡群組欄位

輸入「老年」。　　　　　　　　　　　　　　　　　點擊「確定」。

上述步驟完成以後，會產生一個新資料行如圖 3-70：

圖 3-70　年齡群組欄位

Stark
無私小撇步

在實戰中，可能**因為需求的更動導致我們需要回頭修改資料處理的邏輯。**以我們的案例來說，假設當年齡群組僅需要分為未成年（0~18 歲）與成年（19 歲以上）時，我們可以利用「查詢設定」面板中的「套用的步驟」進行以下操作來修改：

修改「未成年」的判斷邏輯。　　　　　點擊要修改步驟旁的齒輪按鈕。

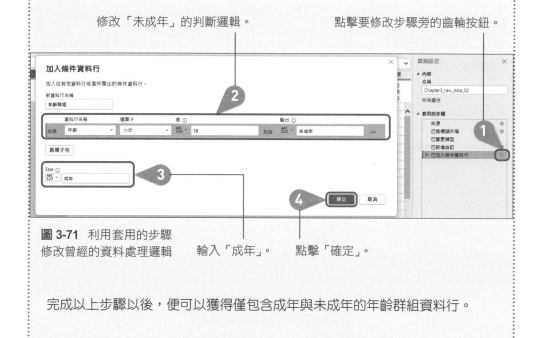

圖 3-71 利用套用的步驟修改曾經的資料處理邏輯　　輸入「成年」。　　點擊「確定」。

完成以上步驟以後，便可以獲得僅包含成年與未成年的年齡群組資料行。

3.4.3 新增索引資料行

請接續前面的範例。**Power Query** 也支援新增索引資料行，該資料行會從 0 或 1 開始（此處以從 0 開始為例）依序往下遞增（預設增量為 1）到資料表的最後一列，請依圖 3-72 的步驟操作：

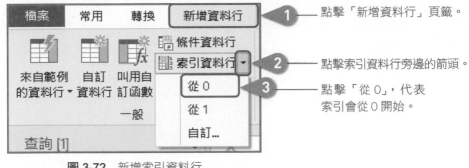

圖 3-72　新增索引資料行

完成以上步驟以後，會產生一個新的名為「索引」的資料行，如圖 3-73：

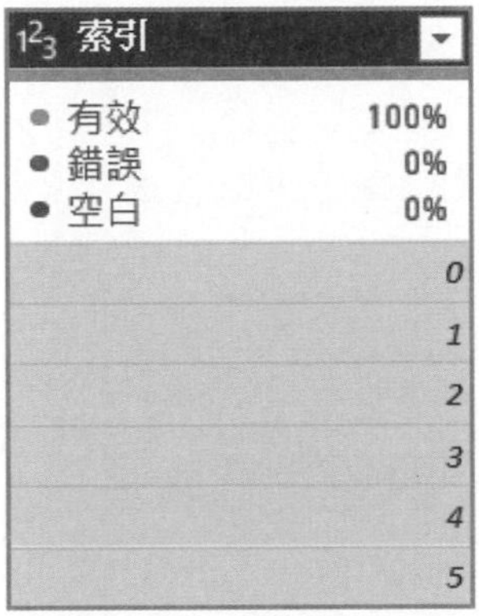

圖 3-73　索引資料行

新增的索引除了可以從 0 或 1 開始以外，也可以自訂索引的起始值與增量：

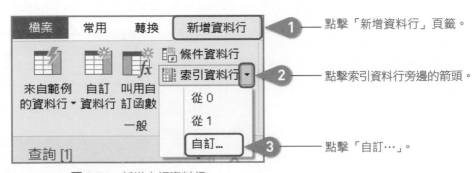

圖 3-74　新增自訂資料行

輸入 2，代表從 2 開始。　　　　輸入 2，代表每列都會依序增加 2。

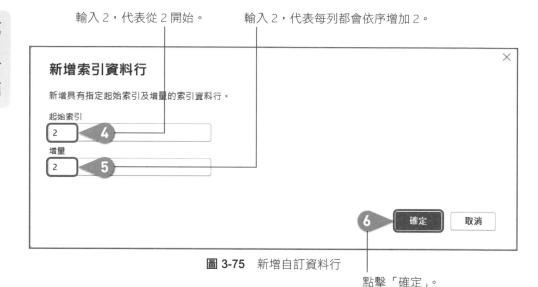

圖 3-75　新增自訂資料行

點擊「確定」。

完成以上步驟以後，新增的索引欄位會從 2 開始，
並且每次都依次增加 2，如圖 3-76：

圖 3-76　新增自訂資料行

3.4.4　新增複製資料行

複製資料行顧名思義便是針對**一個**資料行
重製出一個一模一樣的資料行。例如要將
年齡群組欄位複製，可如下步驟進行：

選取「年齡群組」。

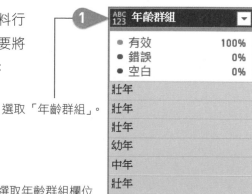

圖 3-77　選取年齡群組欄位

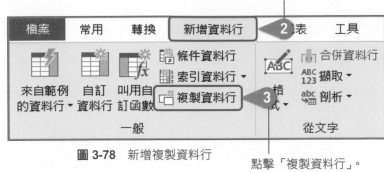

點擊「新增資料行」頁籤。

點擊「複製資料行」。

圖 3-78　新增複製資料行

完成以上步驟後，新增的資料行如圖 3-79。新增的複製資料行會跟原本的來源一樣，僅標頭尾端會加上「 - 複製」以茲區別：

ABC 123 年齡群組		1²₃ 索引		1²₃ 索引.1		ABC 123 年齡群組 - 複製	
● 有效	100%	● 有效	100%	● 有效	100%	● 有效	100%
● 錯誤	0%	● 錯誤	0%	● 錯誤	0%	● 錯誤	0%
● 空白	0%	● 空白	0%	● 空白	0%	● 空白	0%
壯年			0		2	壯年	
壯年			1		4	壯年	
壯年			2		6	壯年	
幼年			3		8	幼年	
中年			4		10	中年	

圖 3-79　新增的複製資料行

3.4.5　合併資料行

合併資料行常用於將兩個不同的欄位合併出一個新的欄位，同時將兩個欄位的值合併之後放入新的欄位中。例如以下我們要將「產品類別」與「產品」兩個欄位合併成一個新的「已合併」欄位：

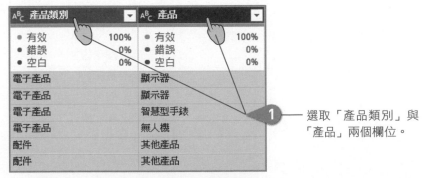

選取「產品類別」與「產品」兩個欄位。

圖 3-80　選取產品類別與產品兩個欄位

點擊「新增資料行」頁籤。

圖 3-81　合併資料行的步驟

點擊「合併資料行」。

選擇「自訂」。

圖 3-82　合併資料行的設定

輸入「-」代表兩個資料行
合併時會以這個符號分隔。

點擊「確定」。

合併完成的資料行會如圖 3-83 所示：

A^B_C 已合併	▼
● 有效	100%
● 錯誤	0%
● 空白	0%
電子產品-顯示器	
電子產品-顯示器	
電子產品-智慧型手錶	
電子產品-無人機	
配件-其他產品	
配件-其他產品	

圖 3-83　合併資料行的結果

3.5　將 Power Query 的操作套進 Power BI

第 3 章前面都是在教資料清理的各種功能，且是利用在 Power BI 中的 Power Query 工具。也就是說，我們**在 Power Query 中做的任何資料處理**，還需要套用到 Power BI 中，接下來就要藉由以下方式進行套用。

如圖 3-84，在 **Power Query** 的 Ribbon 處切換到「常用」，可以點擊  圖示，預設是「關閉並套用」。這個按鈕按下去後，會依次執行兩個操作：

1. **關閉：**關閉 Power Query 視窗。
2. **套用：**套用 Power Query 中的操作步驟進 Power BI 內。

圖 **3-84**　關閉並套用 Power Query 操作

Power Query 視窗關閉以後會回到 **Power BI** 介面，並會出現一個加載資料的暫時視窗，如圖 3-85：

圖 **3-85**　系統在加載 Power Query 的操作步驟

成功載入以後，此視窗會自動關閉。您就可以點選 **Power BI** 左側的 ⊞ 圖示，切換到「資料表檢視」頁面看到加載後的結果。

Stark
無私小撇步

在 Power Query 中，除了直接點擊  圖示來加載步驟以外，還可以點擊圖示下方的「關閉並套用」文字，如圖 3-86。此時除了預設的「關閉並套用」以外，還會出現另外兩個新選擇：「套用」、「關閉」：

圖 3-86　關閉、套用

「套用」是只套用 Power Query 中的操作但不關閉 Power Query 視窗，因為您可能還要繼續在 Power Query 操作。「關閉」則是關閉 Power Query 視窗但不套用操作步驟，也就是放棄之前在 Power Query 中的操作。

只不過在實務上，我最常還是直接點選 圖示。將 Power Query 處理好的資料直接套進 Power BI 中。

第 4 章

Power Query
進階操作 (1)

★★★ 學 習 目 標 ★★★

學會使用 Power Query 進行進階的操作，包括：

● 資料表的資料結構轉換
● 日期與時間的操作
● 文字資料行的操作

4.1 資料表的資料結構轉換

此處我們將學習如何利用 Power Query，將單張資料表的資料結構進行轉換。

4.1.1 適合用做資料視覺化的資料結構

在 3.2.6 小節「分割資料行（依分隔符號）」中我們提到過一個概念：「一張資料表的每一個資料行僅需要包含一項資訊即可。」其實，若要解釋得完整些，可以理解為「**一張資料表的每一個資料行僅需要包含一項資訊即可；相同類型的資訊則盡量合併為同一個資料行**」。

圖 4-1 是一張記錄各項運動商品在 2023 年各個季度的銷售總額：

單位：百萬元

商品總類	2023-Q1	2023-Q2	2023-Q3	2023-Q4
登山用品	1.6	58.4	61.9	65.0
游泳用品	12.7	20.2	64.0	59.0
慢跑用品	85.2	2.9	10.2	34.8
潛水用品	14.0	57.3	34.2	63.5

看起來是做過樞紐分析的表格。

圖 4-1 季度分散在各資料行的資料格式

我們可以發現季度是分為四個欄位（即資料行）中。一來季度算是相同的資訊，只需要一個欄位就夠了，不需要四個欄位；二來此種資料結構在後續資料視覺化的過程會難以使用。因此我們需要將其轉換成圖 4-2 的格式：

單位：百萬元

商品總類	季度	銷售額
登山用品	2023-Q1	1.6
登山用品	2023-Q2	58.4
登山用品	2023-Q3	61.9
登山用品	2023-Q4	65.0
游泳用品	2023-Q1	12.7
游泳用品	2023-Q2	20.2
游泳用品	2023-Q3	64
游泳用品	2023-Q4	59.0
慢跑用品	2023-Q1	85.2
慢跑用品	2023-Q2	2.9
曼跑用品	2023-Q3	10.2
慢跑用品	2023-Q4	34.8
潛水用品	2023-Q1	14
潛水用品	2023-Q2	57.3
潛水用品	2023-Q3	34.2
潛水用品	2023-Q4	63.5

每個資料行只有一項資訊。

圖 4-2 季度統一在一資料行的資料格式

圖 4-2 的格式僅包含三個欄位，其中季度已從原本的四個資料行轉為一個資料行，該行儲存 2023 年每項商品的季度名稱。並且再新增一欄「銷售額」為每一商品每一季度的銷售。在這種類型的資料結構下，**每一個資料行僅包含一項資訊**，是適合用來做資料視覺化的結構。

Stark
無私小撇步

資料結構廣義來說就是指「組織、檢索與儲存資料的專用格式」。狹義上來說，稍微有些不同。上述範例的資料結構專指「一張資料表各項資訊的行列呈現方式（代表一項資訊在一個格子中的儲存方式）」。而電腦科學中的資料結構可能是指「陣列（array）」、「鏈結串列（linked list）」、「元祖（tuple）」、「哈希表（hash table）」、「樹（tree）」、「圖（graph）」、「堆疊（stack）」、「佇列（queue）」等等儲存資料的方式。

4.1.2 樞紐與取消樞紐資料行

在 Power BI 的 Power Query 中，樞紐（pivot）和取消樞紐（unpivot）操作用於轉換和重新組織資料表。當您需要更改資料結構以滿足數據分析或製作報表時，這些操作特別有用。

圖 4-3 為一張**取消樞紐型態**的資料表，總共有三個欄位：員工編號、屬性、數值。一個屬性欄位卻紀錄四項資訊：部門、姓名、職等、薪資：

試想一下，就可以發現兩個顯而易見的問題：

1. 數值欄位中共有四個資訊，同時包含數值型態（薪資）與文字型態（部門、姓名、職等）資料，但 Power BI 針對一個資料行只能指定一種資料型態。在此例子中我們只能將資料型態改為「文字」，因為選擇「整數」將會報錯。

員工編號	屬性	數值
10000	部門	資訊部
10000	姓名	蔡君郜
10000	職等	資深工程師
10000	薪資	700000
10001	部門	行銷部
10001	姓名	孫波裕
10001	職等	專員
10001	薪資	40000
10002	部門	生產部
10002	姓名	陳利道
10002	職等	經理
10002	薪資	120000

圖 4-3 unpivot（取消樞紐）型態的資料結構

2. 若想要針對員工薪資做加總，則需要先將這張表 [屬性] = " 薪資 " 的欄位篩選出來才能進行加總。於效能上來說會比較不佳。

因此我們可將這四項資訊轉變記錄在四個不同欄位，可以使用樞紐操作實現。

樞紐操作允許我們將列（row）旋轉為行（column），本質上是根據原始資料建立矩陣表（matrix）或彙總表（summary table）。經由樞紐操作完以後的資料表，就會如圖 4-4 所示。其資料行會將部門、姓名、職等、薪資四個欄位分別儲存在四個欄位中。而此表中的欄位都會有各自適合自身的資料型態：

員工編號	部門	姓名	職等	薪資
10000	資訊部	蔡君郘	資深工程師	700000
10001	行銷部	孫波裕	專員	40000
10002	生產部	陳利道	經理	120000

圖 4-4 pivot（樞紐）型態的資料結構

需要注意的是，樞紐與取消樞紐兩種不同的資料儲存型態並沒有哪一個比較好，需要依據使用情境而定。如圖 4-4 是使用樞紐型態來儲存資料較佳。從 4.1.3 小節開始的連續三個小節，我們將聚焦於如何將資料表進行資料結構的轉換，特別是**取消樞紐**的操作。

4.1.3　轉換 1×1 資料結構

> **實作檔案參照**
>
> ■ Power BI 起始操作檔：`Chapter4_4.1_starter_01.pbix`

圖 4-5 為 1×1 的資料結構資料表，記錄不同地區的不同部門人員平均薪資。第一個 1 代表 1 列，為各部門（市場部、財務部、技術部）；第二個 1 代表 1 行，為地區（台北市、新北市、桃園市…）：

地區	市場部	財務部	技術部
台北市	50522	27289	56711
新北市	35726	53591	28597
桃園市	49988	51423	33085
台中市	53874	56997	54276
台南市	54707	33332	30597
高雄市	46691	62309	34334

圖 4-5 1×1 資料結構的資料表

在一般報告裡，我們常見這樣的資料表結構（也就是做過樞紐分析的結果）。但是第一，對於 Power BI 來說，這樣的結構並不適用於視覺化。第二，市場部、財務部、技術部屬於相似資訊（都是部門），因此我們需要**利用取消樞紐操作，將這三行轉變為一行**。

● 匯入資料來源

請使用資料附檔 `Chapter4_raw_data_01.xlsx` 作為資料來源，並跟著以下操作匯入資料。若您選擇直接使用附檔 `Chapter4_4.1_starter_01.pbix` 來操作，在開啟檔案並進入 **Power Query** 以後，正常來說會遇到「找不到檔案來源」的錯誤，請參照第 3 章的 3.1.1 節來更正路徑，便可以繼續使用。

以下請依步驟匯入 `Chapter4_raw_data_01.xlsx` 資料來源：

圖 4-6　匯入 Excel 活頁簿資料

打開空白 **Power BI** 檔案並選擇「Excel 活頁簿」來匯入資料。

選擇「`Chapter4_raw_data_01.xlsx`」檔案。

圖 4-7　選擇範例資料檔

點擊「開啟」。

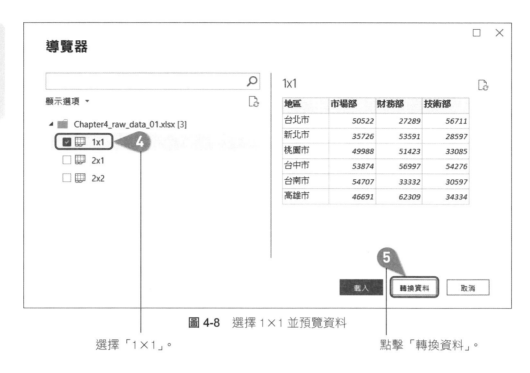

圖 4-8 選擇 1×1 並預覽資料

選擇「1×1」。　　　　　　　　　　　　　　　　點擊「轉換資料」。

成功以後,會開啟 Power Query 介面如圖 4-9,這正是圖 4-5 的 1×1 資料結構(也就是類似於圖 4-1 常見的形式):

圖 4-9 1×1 資料結構的資料

● 轉換步驟 1 - 取消樞紐

接下來要將上面的資料結構轉換為類似圖 4-2 的形式。我們以地區為準,解除其他資料行的樞紐,請如下操作:

選取「地區」資料行。

地區	市場部	財務部	技術部
● 有效　　100% ● 錯誤　　0% ● 空白　　0%	● 有效　　100% ● 錯誤　　0% ● 空白　　0%	● 有效　　100% ● 錯誤　　0% ● 空白　　0%	● 有效　　100% ● 錯誤　　0% ● 空白　　0%
1　台北市	50522	27289	56711
2　新北市	35726	53591	28597
3　桃園市	49988	51423	33085
4　台中市	53874	56997	54276
5　台南市	54707	33332	30597
6　高雄市	46691	62309	34334

圖 4-10 選取地區欄位

點擊「轉換」頁籤。

點擊取消資料行樞紐
旁邊的朝下箭頭。

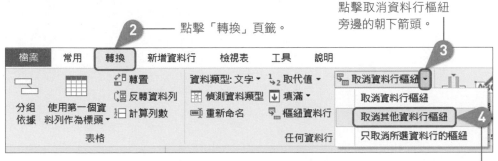

點擊「取消其他
資料行樞紐」。

圖 4-11 取消資料行樞紐步驟

完成後應如圖 4-12
所示，原本的三個
欄位（市場部、財
務部、技術部）被
解除資料行，變成
兩個欄位，分別是
「屬性」與「值」：

地區	屬性	值
● 有效　　100% ● 錯誤　　0% ● 空白　　0%	● 有效　　100% ● 錯誤　　0% ● 空白　　0%	● 有效　　100% ● 錯誤　　0% ● 空白　　0%
1　台北市	市場部	50522
2　台北市	財務部	27289
3　台北市	技術部	56711
4　新北市	市場部	35726
5　新北市	財務部	53591
6　新北市	技術部	28597
7　桃園市	市場部	49988
8　桃園市	財務部	51423
9　桃園市	技術部	33085
10　台中市	市場部	53874
11　台中市	財務部	56997
12　台中市	技術部	54276
13　台南市	市場部	54707
14　台南市	財務部	33332
15　台南市	技術部	30597
16　高雄市	市場部	46691
17　高雄市	財務部	62309
18　高雄市	技術部	34334

圖 4-12 取消資料行樞紐後的結果

您可以將「屬性」與
「值」欄位重新將標頭
命名為「部門」與「薪
資」，結果如圖 4-13 所
示：

圖 4-13 重新命名資料行標頭

4.1.4 轉換 2×1 資料結構

實作檔案參照

■ Power BI 起始操作檔：`Chapter4_4.1_starter_02.pbix`

圖 4-14 為 2×1 的資料結構資料表，記錄不同地區對應不同部門與職務類別的
人員平均薪資。第一個 2 代表 2 列，為各部門與職務類別（如：市場部、財務
部、技術部，且各部門下又分初級職務、資深職務、管理職務）；第二個 1 代表
1 行，為地區：

| 地區 | 市場部 | | | 財務部 | | | 技術部 | | |
	初級職務	資深職務	管理職務	初級職務	資深職務	管理職務	初級職務	資深職務	管理職務
台北市	34128	41193	63522	29006	38757	61902	30238	36851	58118
新北市	33379	41541	59684	29865	37560	52847	31823	39919	42024
桃園市	27452	42244	46331	32023	35450	46651	31894	41642	59324
台中市	31713	38027	42573	33058	43688	61277	31476	35741	43665
台南市	27242	41069	52728	33107	42634	35340	28677	39234	52330
高雄市	26130	40612	35856	26008	43376	50419	28321	37866	46626

圖 4-14 2×1 資料結構的資料表

在一般商業報告裡，我們常見到像圖 4-14 這樣的 2×1 資料表結構。對於 Power BI 來說，第一，這樣的結構不適合用於視覺化，第二，市場部、財務部、技術部屬於相似資訊（都是部門），再加上初級、資深、管理職務也是相似資訊（都是職務類別）因此我們需要 **利用取消樞紐操作，將這兩項資訊轉變為兩個行分別儲存**。

● 匯入資料來源

請使用附檔 `Chapter4_raw_data_01.xlsx` 作為資料來源並匯入 Power BI 內。匯入的方式可以參照 4.1.3 的作法，惟這次請匯入 Excel 檔內的「2×1」分頁。若您選擇直接使用附檔 `Chapter4_4.1_starter_02.pbix` 來操作，在開啟檔案並進入 Power Query 以後，正常來說會遇到「找不到檔案來源」的錯誤，請參照第 3 章的 3.1.1 小節更正路徑，便可以繼續使用。

匯入完成以後，進到 Power Query 內應會如圖 4-15 所示：

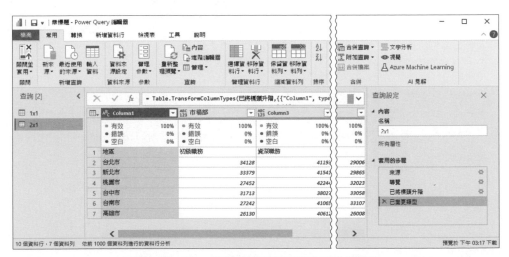

圖 4-15 2×1 資料結構資料表匯入以後的樣貌

● 轉換步驟 1 - 刪除標頭升階

原本第一列的資料（各部門名稱）被升階成各欄位的標頭，因為我們想以各部門為資料的基準（也就是將部門名稱放在第一欄），因此必須先刪除最上方的標頭升階。請在 Power Query 最右側的「查詢設定」面板「套用的步驟」中如下操作：

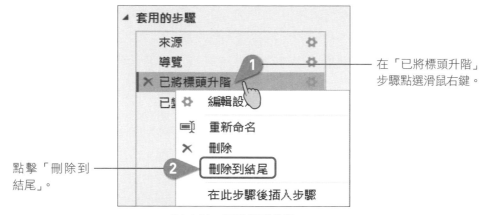

在「已將標頭升階」
步驟點選滑鼠右鍵。

點擊「刪除到
結尾」。

圖 4-16　刪除標頭升階

點擊「刪除」。

圖 4-17　刪除標頭升階

● 轉換步驟 2 － 將行與列對調，以及設定標頭

因為第一個資料行要改以部門別做基準，因此讓第一列的部門與第一行的地區
對調：

選取「轉換」頁籤。

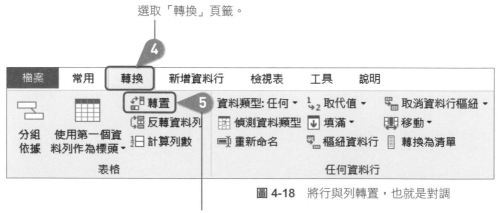

圖 4-18　將行與列轉置，也就是對調

點擊「轉置」。

此時，即可看到行與列對調，而且原本各部門的三個職務也會轉置到第二個資料行。中間的薪資資料也會自動跟著調整位置。由於第一列上方還會看到 Column1、Column2、Column3 等預設的標頭，我們希望用第一列的地區名稱做為各行的標頭，可如圖 4-19 的操作：

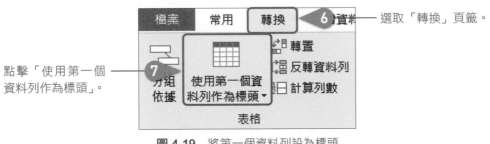

點擊「使用第一個資料列作為標頭」。

選取「轉換」頁籤。

圖 4-19 將第一個資料列設為標頭

如此就可看到如圖 4-20 的樣子。

● 轉換步驟 3 – 補滿第一行的缺失值

在 Column1 下方的各部門仍然有幾個 null，我們希望市場部下方的兩個 null 要用市場部補上。同理，財務部與技術部下方各兩個 null 也要補上各該部門名稱，就可以這麼做：

點擊「Column1」選取這一整行。

Column1	地區	台北市	新北市	桃園市	台中市	台南市	高雄市
市場部	初階職務	34128	33379	27452	31713	27242	26130
null	資深職務	41193	41541	42244	38027	41069	40612
null	管理職務	63522	59684	46331	42573	52728	35856
財務部	初階職務	29006	29865	32023	33058	33107	26008
null	資深職務	38757	37560	35450	43688	42634	43376
null	管理職務	61902	52847	46651	61277	35340	50419
技術部	初階職務	30238	31823	31894	31476	28677	28321
null	資深職務	36851	39919	41642	35741	39234	37866
null	管理職務	58118	42024	59324	43865	52330	46626

圖 4-20 選取要補滿缺失值的資料行

選取「轉換」頁籤。

點擊填滿旁的箭頭。

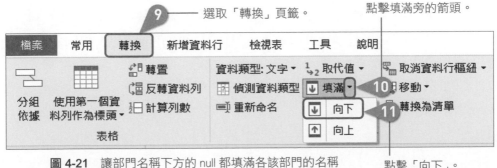

點擊「向下」。

圖 4-21 讓部門名稱下方的 null 都填滿各該部門的名稱

● 轉換步驟 4 – 取消各地區的資料行樞紐

此時，我們注意到第三到第八行都是地區，其實我們只需要一個地區資料行即可，因此要取消各地區的樞紐。其作法是先將與樞紐無關的第一與第二行選取起來，再將其他的六個資料行取消樞紐即可，作法如下所示：

以滑鼠左鍵＋ Shift 點擊選取「Column1」＋「地區」這兩個標頭。

12

圖 4-22 選取與樞紐無關的資料行

13 — 選取「轉換」頁籤。

點擊取消資料行樞紐旁的箭頭。

14

15

圖 4-23 取消其他資料行的樞紐

點擊「取消其他資料行樞紐」。

● 轉換步驟 5 – 重新命名標頭

如此即可看到原本六個地區資料行，轉換為只有一個「屬性」資料行了。我們檢查一下各資料行的標頭，發現並不正確，只要將「Column1」改為「部門」，將「地區」改為「職務」，將「屬性」改為「地區」，將「值」改為「薪資」，如此就轉換完成。圖 4-24 即為將 2×1 資料結構轉換後的結果，每一個資料行都僅儲存一項資訊：

16 —— 重新命名各個標頭即完成。

	ᴬᴮC 部門　▼	ᴬᴮC 職務　▼	ᴬᴮC 地區　▼	1²3 薪資　▼
	● 有效　100% ● 錯誤　0% ● 空白　0%	● 有效　100% ● 錯誤　0% ● 空白　0%	● 有效　100% ● 錯誤　0% ● 空白　0%	● 有效　100% ● 錯誤　0% ● 空白　0%
1	市場部	初級職務	台北市	34128
2	市場部	初級職務	新北市	33379
3	市場部	初級職務	桃園市	27452
4	市場部	初級職務	台中市	31713
5	市場部	初級職務	台南市	27242

圖 4-24　將 2×1 資料結構轉換完成

4.1.5　轉換 2×2 資料結構

實作檔案參照

■ Power BI 起始操作檔：Chapter4_4.1_starter_03.pbix

圖 4-25 為 2×2 的資料結構資料表，記錄不同地區與不同產業類別，對應不同部門與職務類別的人員平均薪資。第一個 2 代表 2 列，為各部門與職務類別；第二個 2 代表 2 行，為地區與產業類別。

		市場部			財務部			技術部		
地區	產業類別	初級職務	資深職務	管理職務	初級職務	資深職務	管理職務	初級職務	資深職務	管理職務
台北市	旅宿與餐飲業	30880	43265	47033	31943	35223	39387	27419	36355	35361
	金融業	32722	39219	53584	30644	39918	63735	27238	43999	44130
	科技業	26562	35652	40644	28928	36001	38214	29994	37285	43775
新北市	旅宿與餐飲業	32014	41985	44812	26221	42795	45522	27538	44960	63450
	金融業	26603	42920	39805	27296	40150	55874	32429	35540	51524
	科技業	28708	36110	53613	33729	43235	42250	34219	43612	43857
桃園市	旅宿與餐飲業	31003	38087	54833	32969	42126	40785	27017	40274	54875
	金融業	27843	35836	43218	31284	40755	54078	34029	42531	50075
	科技業	32937	40972	35963	34656	35124	58785	34057	38083	43375
台中市	旅宿與餐飲業	33901	43072	55760	32863	38485	41612	33734	41455	39838
	金融業	26093	36602	57072	29914	44429	42325	29553	42214	58765
	科技業	27210	42931	64559	30955	35999	58983	28481	44307	58657
台南市	旅宿與餐飲業	32932	42261	63258	28207	39736	38708	34043	39283	49477
	金融業	29799	37903	40451	33468	39105	58371	34251	40027	47765
	科技業	26498	35518	40606	31437	35602	46745	33538	40100	63654
高雄市	旅宿與餐飲業	28770	41843	47518	27334	42350	64372	32343	42989	53989
	金融業	34226	44856	50262	27639	43747	49861	26924	44528	52626
	科技業	26974	41625	56546	34232	43308	46010	27782	38393	40146

圖 4-25　2×2 資料結構的資料表

在一般商業報告裡，我們也常見到這樣的 2×2 資料表結構。同樣地，第一，對於 Power BI 來說，這樣的結構不適合用於視覺化。第二，市場部、財務部、技術部屬於相似資訊（都是部門），再加上初級、資深、管理職務也是相似資訊（都是職務類別）因此我們需要 **利用取消樞紐操作，將這兩項資訊轉變為兩行分別儲存**。

● 匯入資料來源

請使用資料附檔 `Chapter4_raw_data_01.xlsx` 作為資料來源並匯入 Power BI 內。匯入的方式可以參照 4.1.3 的作法，惟這次請匯入 Excel 內的「2×2」分頁。若您選擇直接使用附檔 `Chapter4_4.1_starter_03.pbix` 來操作，在開啟檔案並進入 Power Query 以後，正常來說會遇到「找不到檔案來源」的錯誤，請參照第 3 章 3.1.1 節更正路徑，便可以繼續使用。

匯入完成以後，進到 Power Query 內應會如圖 4-26 所示：

圖 4-26 2×2 資料結構資料表匯入以後的樣貌

● 轉換步驟 1 – 刪除標頭升階

由於第一列的市場部、財務部等名稱都升階為欄位標頭，因此我們要先將其降階為一般資料，請如下操作：

在「已將標頭升階」步驟點選右鍵。

點擊「刪除到結尾」。

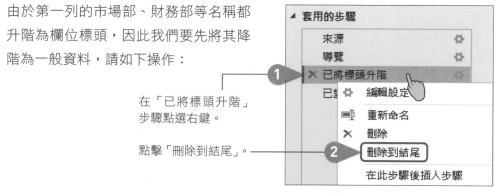

圖 4-27 刪除標頭升階

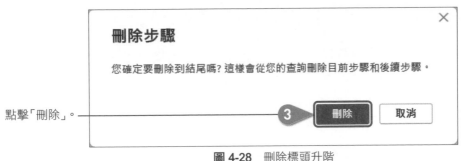

點擊「刪除」。

圖 4-28　刪除標頭升階

● 轉換步驟 2 – 填滿第一行的缺失值

因為 2×2 有兩個資料行（地區、產業類別），不能像 2×1 那樣將第一列降階後就直接將行與列對調，所以接下來要先處理這兩行。我們看到 Column1 的各地區下方會出現 null，我們要用 null 上方的地區名稱將其填滿，可以如下操作：

點擊標頭以選取「Column1」。

ABC 123 Column1		ABC 123 Column2		ABC 123 Column3		ABC 123 Column4		ABC 123 Column5	
● 有效	35%	● 有效	95%	● 有效	100%	● 有效	95%	● 有效	95%
● 錯誤	0%	● 錯誤	0%	● 錯誤	0%	● 錯誤	0%	● 錯誤	0%
● 空白	65%	● 空白	5%	● 空白	0%	● 空白	5%	● 空白	5%
1	null		null	市場部			null		null
2	地區		產業類別	初級職務		資深職務		管理職務	
3	台北市		旅宿與餐飲業		30880		43265		47033
4		null	金融業		32722		39219		53584
5		null	科技業		26562		35652		40644
6	新北市		旅宿與餐飲業		32014		41985		44812
7		null	金融業		26603		42920		39805
8		null	科技業		28708		36110		53613
9	桃園市		旅宿與餐飲業		31003		38087		54833
10		null	金融業		27843		35836		43218

圖 4-29　選取要補滿缺失值的資料行

點擊填滿旁的箭頭。

選取「轉換」頁籤。

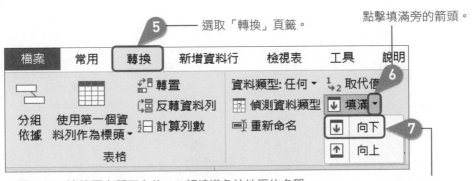

圖 4-30　讓地區名稱下方的 null 都填滿各該地區的名稱

點擊「向下」。

● 轉換步驟 3 - 合併地區與產業類別這兩個資料行

由於每個地區都有三種產業類別（旅宿與餐飲業、金融業、科技業），為了方便後面將行與列對調，我們可以先將這兩個資料行的內容合併為一個。請如下操作：

以滑鼠左鍵＋ Shift 點擊標頭選取「Column1」＋「Column2」。

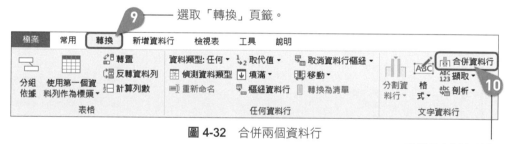

圖 4-31　合併地區與產業類別兩個資料行

選取「轉換」頁籤。

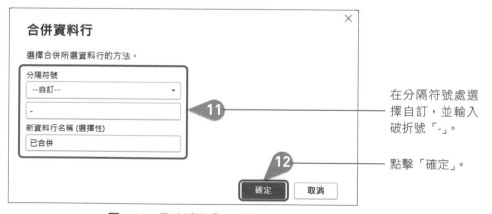

圖 4-32　合併兩個資料行

點擊「合併資料行」。

合併資料行

選擇合併所選資料行的方法。

分隔符號

--自訂--

-

新資料行名稱 (選擇性)

已合併

在分隔符號處選擇自訂，並輸入破折號「-」。

點擊「確定」。

確定　　取消

圖 4-33　用破折號「-」分隔

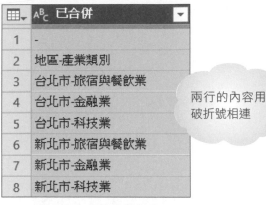

圖 4-34　內容合併完成

兩行的內容用破折號相連

● 轉換步驟 4 – 將行與列對調，以及設定標頭

接下來，我們想將各部門放到第一行，而將「地區 - 產業類別」放在第一列，也就是將行與列對調：

13 —— 選取「轉換」頁籤。

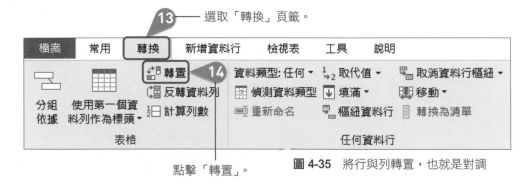

點擊「轉置」。

圖 4-35　將行與列轉置，也就是對調

15 —— 選取「轉換」頁籤。

點擊「使用第一個資料列作為標頭」。

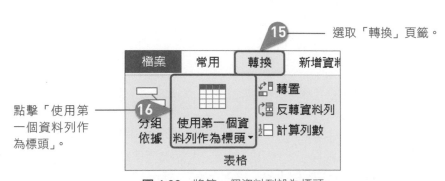

圖 4-36　將第一個資料列設為標頭

● **轉換步驟 5 - 補滿第一行的缺失值**

當部門轉置到第一行時，下方也會出現許多 null，我們也要用各部門名稱去填滿其下方的 null：

點擊第一行的標頭「-」。

ABC -	地區-產業類別	12₃ 台北市-旅宿與餐飲業	12₃ 台北市-金融業
● 有效　33% ● 錯誤　0% ● 空白　67%	● 有效　100% ● 錯誤　0% ● 空白　0%	● 有效　100% ● 錯誤　0% ● 空白　0%	● 有效　100% ● 錯誤　0% ● 空白　0%
1 市場部	初級職務	*30880*	*32722*
2 *null*	資深職務	*43265*	*39219*
3 *null*	管理職務	*47033*	*53584*
4 財務部	初級職務	*31943*	*30644*
5 *null*	資深職務	*35223*	*39918*
6 *null*	管理職務	*39387*	*63735*
7 技術部	初級職務	*27419*	*27238*
8 *null*	資深職務	*36355*	*43999*
9 *null*	管理職務	*35361*	*44130*

圖 4-37　選取要填滿的第一行

選取「轉換」頁籤。

點擊填滿旁的箭頭。

| 檔案 | 常用 | 轉換 | 新增資料行 | 檢視表 | 工具 | 說明 |

分組依據　使用第一個資料列作為標頭▼　表格

轉置　反轉資料列　計算列數

資料類型: 任何 ▼　偵測資料類型　重新命名

取代值　填滿▼

向下
向上

圖 4-38　用上方的部門名稱填滿下方 null

點擊「向下」。

● **轉換步驟 6 - 取消「地區-產業類別」的資料行樞紐**

我們看到從 Column3 到 Column20 共 18 個資料行存放的都是相似的資料，其實我們只需要一個資料行就夠了，因此要將這 18 行取消樞紐。其作法就是將少數與「地區 - 產業類別」無關的資料行選取起來，再將其他資料行取消樞紐：

以滑鼠左鍵＋ Shift 點擊標頭選取前兩個資料行。

A^B_C ▾	A^B_C 地區-產業類別 ▾	1²₃ 台北市-旅宿與餐飲業 ▾	1²₃ 台北市-金融業 ▾
● 有效　100% ● 錯誤　0% ● 空白　0%	● 有效　100% ● 錯誤　0% ● 空白　0%	● 有效　100% ● 錯誤　0% ● 空白　0%	● 有效　100% ● 錯誤　0% ● 空白　0%
1　市場部	初級職務	30880	32722
2　市場部	資深職務	43265	39219
3　市場部	管理職務	47033	53584
4　財務部	初級職務	31943	30644
5　財務部	資深職務	35223	39918
6　財務部	管理職務	39387	63735
7　技術部	初級職務	27419	27238
8　技術部	資深職務	36355	43999
9　技術部	管理職務	35361	44130

圖 4-39 選取與樞紐無關的資料行

選取「轉換」頁籤。

點擊取消資料行
樞紐旁的箭頭。

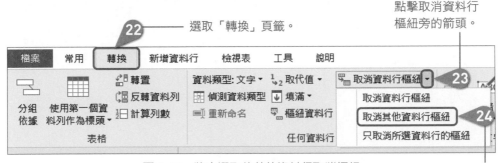

圖 4-40 將未選取的其他資料行取消樞紐

點擊「取消其他
資料行樞紐」。

如此即可將原本 18 個資料行轉換為只有 1 個名稱為「屬性」的資料行，如圖 4-41。

● **轉換步驟 7 – 將「地區-產業類別」分割成兩個資料行**

現在我們打算將已合併的「地區 - 產業類別」（標頭是「屬性」），分割回兩個資料行，可如下操作：

點擊標頭以選取「屬性」。

A^B_C ▾	A^B_C 地區-產業類別 ▾	A^B_C 屬性 ▾	1²₃ 值 ▾
● 有效　100% ● 錯誤　0% ● 空白　0%	● 有效　100% ● 錯誤　0% ● 空白　0%	● 有效　100% ● 錯誤　0% ● 空白　0%	● 有效　100% ● 錯誤　0% ● 空白　0%
1　市場部	初級職務	台北市-旅宿與餐飲業	30880
2　市場部	初級職務	台北市-金融業	32722
3　市場部	初級職務	台北市-科技業	26562
4　市場部	初級職務	新北市-旅宿與餐飲業	32014
5　市場部	初級職務	新北市-金融業	26603

圖 4-41 選取要分割的資料行

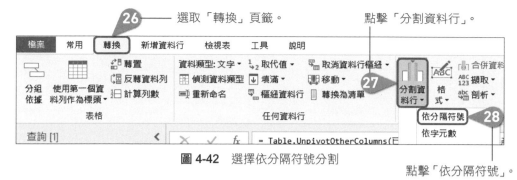

圖 4-42　選擇依分隔符號分割

圖 4-43　指定分隔符號

● 轉換步驟 8 – 重新命名標頭

因為我們做了多次的資料行合併、轉置、分割等，此時各資料行的標頭都已不符合原意，因此請重新命名標頭：

③① ———— 重新命名標頭即可完成。

A^B_C 部門		A^B_C 職務		A^B_C 地區		A^B_C 產業		1₂3 薪資	
● 有效	100%	● 有效	100%	● 有效	100%	● 有效	100%	● 有效	100%
● 錯誤	0%	● 錯誤	0%	● 錯誤	0%	● 錯誤	0%	● 錯誤	0%
● 空白	0%	● 空白	0%	● 空白	0%	● 空白	0%	● 空白	0%
1 市場部		初級職務		台北市		旅宿與餐飲業			30880
2 市場部		初級職務		台北市		金融業			32722
3 市場部		初級職務		台北市		科技業			26562
4 市場部		初級職務		新北市		旅宿與餐飲業			32014
5 市場部		初級職務		新北市		金融業			26603

圖 4-44　重新命名標頭

如此就將 2×2 資料結構轉換為想要的格式，每一個資料行都只儲存一項資訊。

4.2 日期與時間的操作

日期與時間是 Power BI 中相當常見與重要的資料型態。這一節我們將認識日期與時間型態的資料行於 Power Query 中的操作方式。

> **實作檔案參照**
>
> ■ Power BI 起始操作檔：`Chapter4_4.2_starter.pbix`

4.2.1 將日期時間拆分成日期與時間

有時候我們會遇見如圖 4-45 中 DATETIME 的欄位，同時包含日期與時間的資料型態資料。一般而言，**將日期與時間分別儲存在兩個欄位對於後續資料視覺化較好**。

請使用資料附檔 `Chapter4_raw_data_02.xlsx` 作為資料來源匯入空白 Power BI 檔案中，匯入時請選擇「Excel 活頁簿」。或是讀者也可以直接使用附檔 `Chapter4_4.2_starter.pbix` 來操作。在開啟檔案並進入 Power Query 以後，正常來說會遇到「找不到檔案來源」的錯誤，請參照第 3 章 3.1.1 小節更正路徑，便可以繼續使用。

田▾	🕘 DATETIME	▼
	● 有效	100%
	● 錯誤	0%
	● 空白	0%
1	2023/1/1 下午 11:11:15	
2	2023/1/2 下午 01:30:41	
3	2023/1/3 下午 05:12:28	
4	2023/1/4 上午 12:18:13	
5	2023/1/5 下午 07:46:47	
6	2023/1/6 上午 11:39:32	
7	2023/1/7 上午 08:36:25	
8	2023/1/8 下午 05:10:50	
9	2023/1/9 上午 12:11:48	
10	2023/1/10 上午 02:07:03	

圖 4-45 日期 / 時間資料型態欄位

接下來，要新增一個時間資料行，用來存放 DATETIME 資料行中的時間：

點選「新增資料行」頁籤。

點擊「時間」。

點擊「僅限時間」，就會在右側
增加一個只有時間的資料行。

圖 4-46　新增時間資料行

選取「DATETIME」
資料標頭。

有效	100%
錯誤	0%
空白	0%

	DATETIME
1	2023/1/1 下午 11:11:15
2	2023/1/2 下午 01:30:41
3	2023/1/3 下午 05:12:28
4	2023/1/4 上午 12:18:13
5	2023/1/5 下午 07:46:47
6	2023/1/6 上午 11:39:32
7	2023/1/7 上午 08:36:25
8	2023/1/8 下午 05:10:50
9	2023/1/9 上午 12:11:48
10	2023/1/10 上午 02:07:03

圖 4-47　選取 DATETIME 資料行

點擊「日期」。

點選「轉換」頁籤。

圖 4-48　轉換日期時間資料為日期

點擊「僅限日期」。

上述步驟完成以後,日期與時間欄位就會分別儲存在兩個資料行,如圖 4-49。

當然,您也可以把原本的 DATETIME 資料行重新命名為「日期」,以便區隔。

▦ DATETIME ▼		⧖ 時間 ▼	
● 有效	100%	● 有效	100%
● 錯誤	0%	● 錯誤	0%
● 空白	0%	● 空白	0%
1	2023/1/1		下午 11:11:15
2	2023/1/2		下午 01:30:41
3	2023/1/3		下午 05:12:28
4	2023/1/4		上午 12:18:13
5	2023/1/5		下午 07:46:47
6	2023/1/6		上午 11:39:32
7	2023/1/7		上午 08:36:25
8	2023/1/8		下午 05:10:50
9	2023/1/9		上午 12:11:48
10	2023/1/10		上午 02:07:03

圖 4-49 將日期與時間分存於兩個資料行

4.2.2 擷取年、季、月、週、星期

在某些應用場景裡,單純只有日期可能不夠用,需要從日期中再擷取出年、季、月、週、星期。

● 從 DATETIME 擷取出年份

選取「新增資料行」頁籤。

選取「DATETIME」欄位。

點擊「年」。 點擊「日期」。

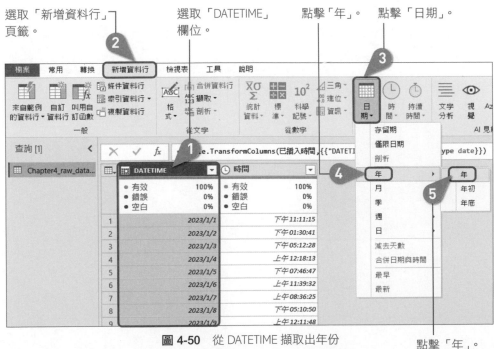

圖 4-50 從 DATETIME 擷取出年份

點擊「年」。

擷取出來的年份欄位如圖 4-51：

🏷️ DATETIME ▼	🕐 時間 ▼	1²₃ 年 ▼
● 有效　　100% ● 錯誤　　0% ● 空白　　0%	● 有效　　100% ● 錯誤　　0% ● 空白　　0%	● 有效　　100% ● 錯誤　　0% ● 空白　　0%
1　　2023/1/1	下午11:11:15	2023
2　　2023/1/2	下午01:30:41	2023
3　　2023/1/3	下午05:12:28	2023
4　　2023/1/4	上午12:18:13	2023
5　　2023/1/5	下午07:46:47	2023

圖 4-51　從 DATETIME 擷取出年份

● 從 DATETIME 擷取出季度

選取「DATETIME」欄位。

選取「新增資料行」頁籤。——**2**

點擊「日期」。

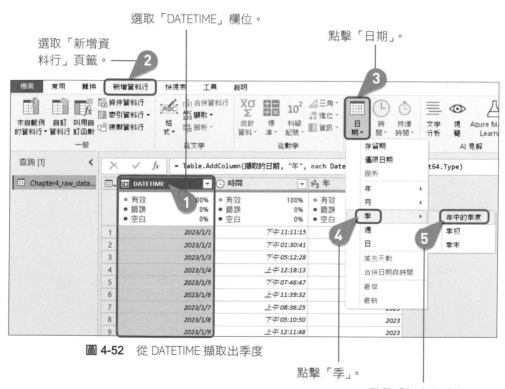

圖 4-52　從 DATETIME 擷取出季度

點擊「季」。

點擊「年中的季度」。

擷取出來的季度欄位如圖 4-53：

圖 **4-53** 從 DATETIME 擷取出季度

● 從 DATETIME 擷取出月份名稱、週與星期幾

操作步驟與上面類似，請您自行練習：

● **從 DATETIME 擷取出月份**：點擊「月」，再點擊「月份名稱」。

● **從 DATETIME 擷取出週數**：點擊「週」，再點擊「年中的週」。

● **從 DATETIME 擷取出星期幾**：點擊「日」，再點擊「星期幾名稱」。

經過以上的操作之後，即如圖 4-54 所示：

圖 **4-54** 擷取年、季、月、週、星期幾

4.2.3　將西元年轉換為民國年

除了西元日期以外，有時我們會需要將西元年轉為民國年。以下新增一個將西元年轉換為民國年的資料行。

● 自訂西元轉民國的公式

首先，要新增一個民國年的資料行，並自訂西元年轉換為民國年的公式：

選取「新增資料行」頁籤。

點擊「自訂資料行」。

圖 4-55 新增民國年資料行

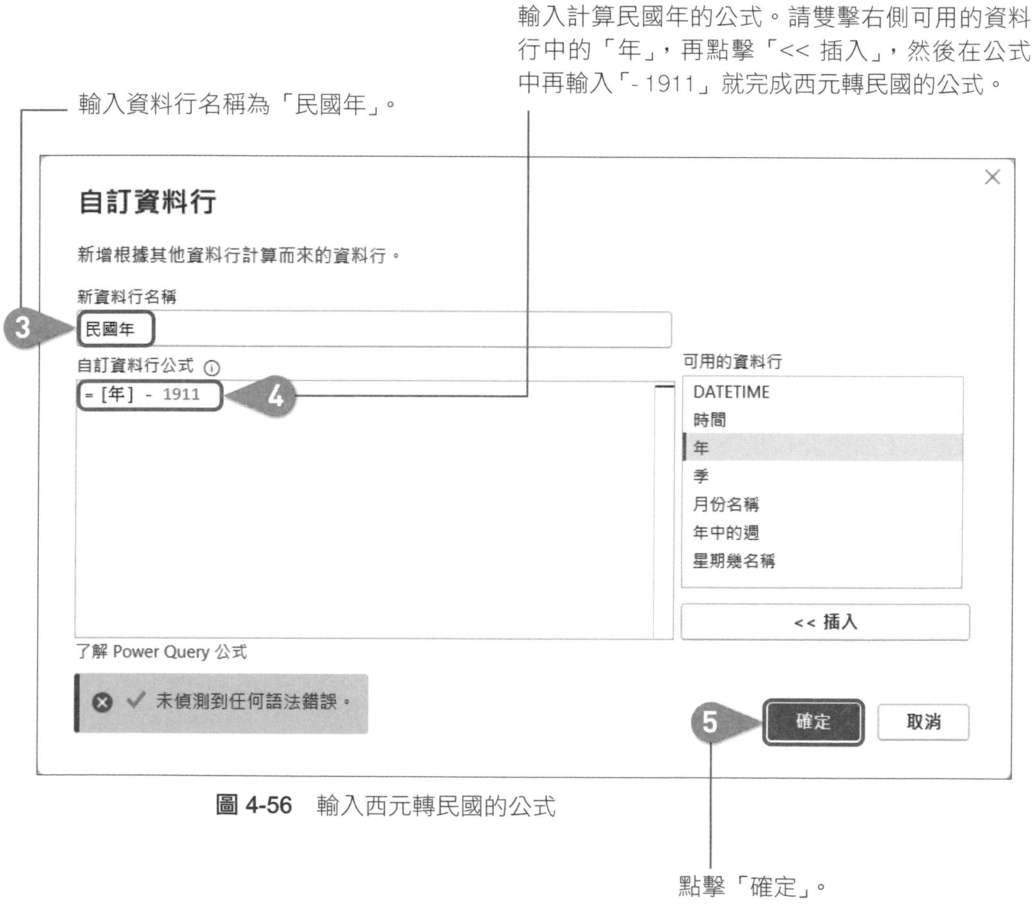

輸入計算民國年的公式。請雙擊右側可用的資料行中的「年」，再點擊「<< 插入」，然後在公式中再輸入「- 1911」就完成西元轉民國的公式。

輸入資料行名稱為「民國年」。

自訂資料行

新增根據其他資料行計算而來的資料行。

新資料行名稱

民國年

自訂資料行公式 ⓘ

= [年] - 1911

可用的資料行

DATETIME
時間
年
季
月份名稱
年中的週
星期幾名稱

<< 插入

了解 Power Query 公式

❌ ✔ 未偵測到任何語法錯誤。

確定　　取消

圖 4-56 輸入西元轉民國的公式

點擊「確定」。

● 取得民國月份與日期

接下來,要取得月份與日期,最後與民國年結合在一起:

選取「新增資料行」頁籤。　　　　選取「DATETIME」欄位。　　　　點擊「日期」。

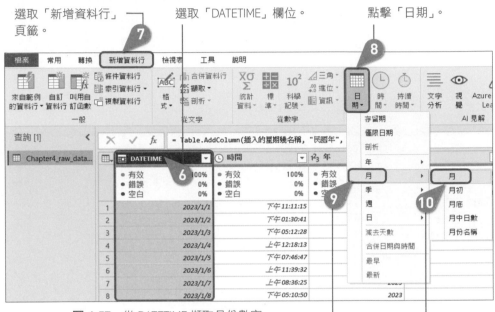

圖 4-57　從 DATETIME 擷取月份數字

點擊「月」。　　　點擊「月」。得到的月份是**數字**資料型態。

選取「新增資料行」頁籤。　　　　選取「DATETIME」欄位。　　　　點擊「日期」。

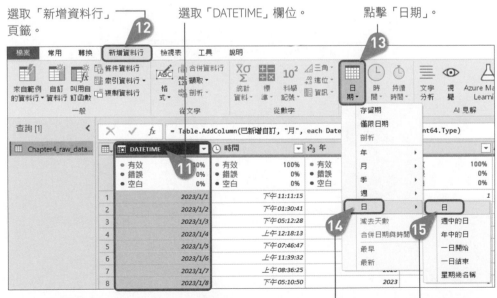

圖 4-58　從 DATETIME 擷取日期數字

點擊「日」。　　　點擊「日」。得到的日是**數字**資料型態。

● 自訂民國日期格式的公式

現在有了民國年、月、日這三個資料行，只要將三者用斜線「/」串接起來就行了。串接要使用**字串**，因此必須先將三者的資料型態從數字轉換為文字：

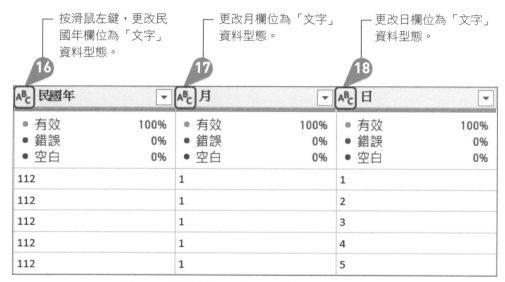

圖 4-59 將民國年、月份、日轉換為文字型態資料

圖 4-60 新增民國日期資料行

輸入資料行名稱為「民國日期」。

輸入公式以將三個欄位合併。請從右側可用的資料行中選取民國年、月、日。字串連接用「&」符號。

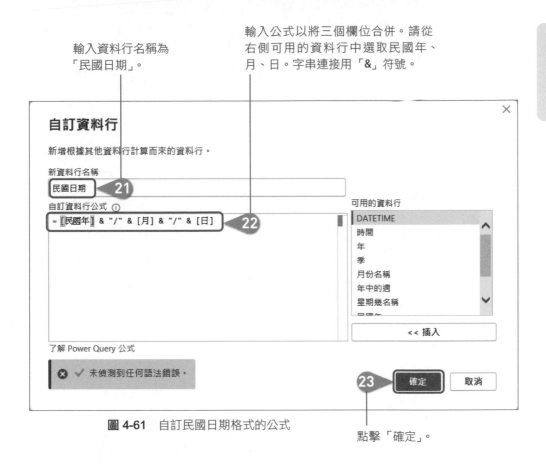

自訂資料行

新增根據其他資料行計算而來的資料行。

新資料行名稱

民國日期　21

自訂資料行公式 ⓘ

= [民國年] & "/" & [月] & "/" & [日]　22

了解 Power Query 公式

可用的資料行

DATETIME
時間
年
季
月份名稱
年中的週
星期幾名稱

<< 插入

❌ ✓ 未偵測到任何語法錯誤。

23　確定　取消

圖 4-61　自訂民國日期格式的公式

點擊「確定」。

如此即可得到民國日期資料行，如圖 4-62：

ABC 123 民國日期 ▼
● 有效　　　　100%
● 錯誤　　　　0%
● 空白　　　　0%
112/1/1
112/1/2
112/1/3
112/1/4
112/1/5

圖 4-62　民國日期資料行

4.3 文字資料行的操作

這個章節將介紹針對純文字型態資料行的操作。

請使用資料附檔 `Chapter4_raw_data_03.csv` 作為資料來源匯入空白 Power BI 檔案中，匯入時請選擇「文字/CSV」。或是讀者也可以直接使用附檔 `Chapter4_4.3_starter.pbix` 來操作。在開啟檔案並進入 Power Query 以後，正常來說會遇到「找不到檔案來源」的錯誤，請參照第 3 章 3.1.1 小節更正路徑，便可以繼續使用。

匯入或開啟檔案進到 Power Query 介面應該如圖 4-63 所示：

	A^B_C 顧客名稱	▼	A^B_C 電子信箱	▼	A^B_C 產品類別	▼	1$^2_3$ 商品貨號	▼	A^B_C 國家	▼
	● 有效　　100% ● 錯誤　　0% ● 空白　　0%		● 有效　　100% ● 錯誤　　0% ● 空白　　0%		● 有效　　100% ● 錯誤　　0% ● 空白　　0%		● 有效　　100% ● 錯誤　　0% ● 空白　　0%		● 有效　　100% ● 錯誤　　0% ● 空白　　0%	
1	jOhn DOe		joHN.DoE@EXampLe.com		電子產品			123	UnITED STaTes	
2	AlICE sMiTH		Alice.SMiTH@example.COM		服裝			789	caNaDA	
3	BOb jOhnsON		BOB.JoHNson@EXAmPLE.cOm		傢俱			456	unITED KIngDoM	
4	mARy WIlliaMs		MARY.WilIAMs@eXampIE.CO...		書籍			987	AUstraliA	
5	mIChAEl bRoWN		mIChael.bRoWn@ExAmPIE.Co...		居家裝飾			321	GERmany	
6	SaRAH DaViS		SarAH.DaviS@eXAmPIE.COm		玩具			654	FRaNCE	
7	DAVId lEe		dAVid.lEe@EXAmPLe.cOM		雜貨			987	JAPan	
8	EMIly millER		emilY.MILLER@eXAMpLe.Com		運動 器材			321	braZIL	
9	James wiLsON		jAMES.wiLsOn@eXAMPIE.COM		美妝			456	India	
10	LINDA aNDerSON		lINDA.AnDErSON@EXampIE.C...		寵物用品			987	iTaLy	

圖 4-63　範例匯入的資料

4.3.1　將英文字母改為全小寫

觀察圖 4-63 的電子信箱欄位，發現該欄位混雜著英文大小寫。一般來說，電子信箱是不分大小寫的，只是習慣上可以將其全部改成英文小寫字母：

點選「轉換」頁籤。　　　　　選取「電子信箱」欄位。　　　　　點擊「格式」。

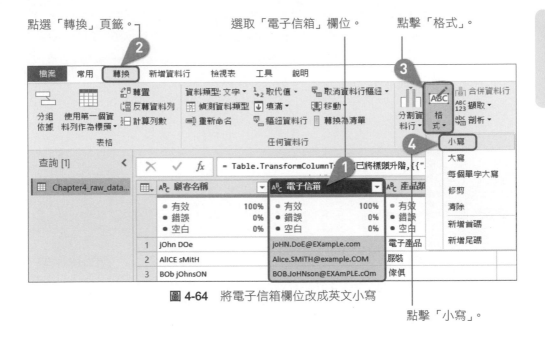

圖 4-64　將電子信箱欄位改成英文小寫

點擊「小寫」。

完成上述步驟以後，電子信箱欄位應如圖 4-65 所示：

圖 4-65　電子信箱已改為英文小寫

4.3.2　將英文字母改為全大寫

觀察圖 4-66 的國家欄位，其欄位值混雜著英文大小寫。我們可以將國家名稱改為全大寫：

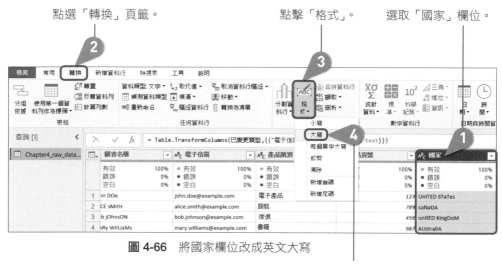

圖 4-66　將國家欄位改成英文大寫

完成上述步驟以後，國家欄位應如圖 4-67：

圖 4-67　已將國家名稱皆改成英文大寫

4.3.3 將每個英文單字字首改為大寫

觀察圖 4-68 的顧客名稱欄位，其值混雜著英文大小寫。因為英文名字通常是首字大寫，所以要將其名字與姓氏的第一個字母改為大寫，後面為小寫：

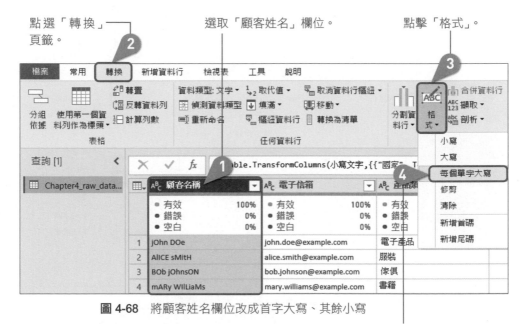

圖 4-68 將顧客姓名欄位改成首字大寫、其餘小寫

完成上述步驟以後，顧客姓名欄位應如圖 4-69：

ᴬᴮ_C 顧客名稱	▼
● 有效	100%
● 錯誤	0%
● 空白	0%
John Doe	
Alice Smith	
Bob Johnson	
Mary Williams	
Michael Brown	
Sarah Davis	
David Lee	
Emily Miller	
James Wilson	
Linda Anderson	

圖 4-69 顧客姓名欄位已改成首字大寫、其餘小寫

4.3.4 清除字串前後空白

觀察產品類別欄位，發現有些欄位值的前面出現空白字元（可能後面也有空白字元），我們可以用「修剪」功能將字串前後的空白字元都刪除：

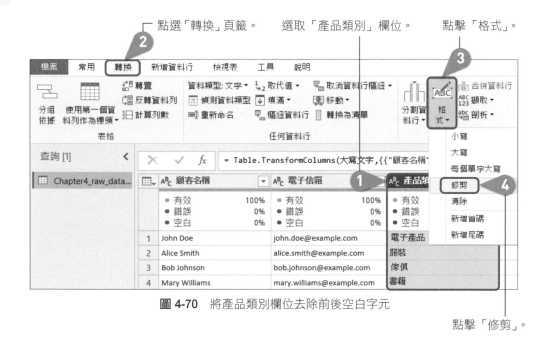

圖 4-70 將產品類別欄位去除前後空白字元

完成上述步驟以後，產品類別欄位應如圖 4-71：

A^BC 產品類別	▼
● 有效	100%
● 錯誤	0%
● 空白	0%
電子產品	
服裝	
傢俱	
書籍	
居家裝飾	
玩具	
雜貨	
運動 器材	
美妝	
寵物用品	

圖 4-71 產品類別欄位
已修剪掉前後空白字元

4.3.5　清除字串空白

若再仔細觀察產品類別欄位，可以發現「運動 器材」中間也有一個不需要的空白。因此，我們也需要將文字內的空白去除：

點選「轉換」頁籤。　　　　　點擊「取代值」。　　　　點擊取代值　　　　　選取「產品
　　　　　　　　　　　　　　　　　　　　　　旁邊的箭頭。　　　類別」欄位。

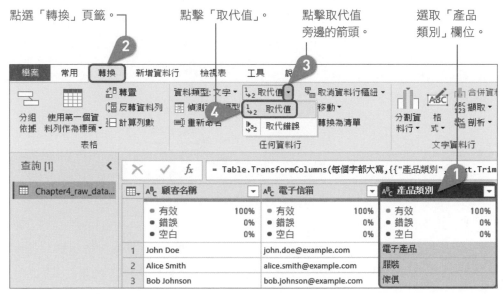

圖 4-72　將欄位值中間的空白字元去除

輸入一個空白字元。　　　　什麼都不需要輸入。

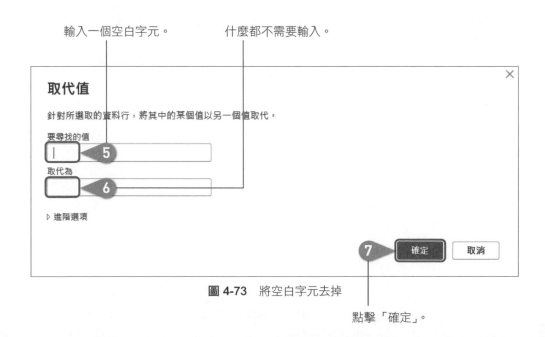

圖 4-73　將空白字元去掉

點擊「確定」。

完成上述步驟以後，產品類別欄位應如圖 4-74：

A^B_C 產品類別	▼
● 有效	100%
● 錯誤	0%
● 空白	0%
電子產品	
服裝	
傢俱	
書籍	
居家裝飾	
玩具	
雜貨	
運動器材	
美妝	
寵物用品	

圖 4-74　欄位值中間的空白字元已去除

「取代」功能同樣也適用於取代文字前後的空白，因此 4.3.4 小節的「修剪」功能也可以改用「取代」**一次去除字串中的所有空白字元**。不過，使用哪一個功能要視情況而定，例如在顧客名稱欄位就不適合去除姓與名中間的空白。

4.3.6　在字串前面新增首碼

觀察圖 4-75 的商品貨號欄位，發現是數字型態。假設我們需要在商品貨號前面加上首碼，例如「UN-」，則可如下操作：

點擊滑鼠左鍵，將商品貨號欄位改成文字型態的資料。

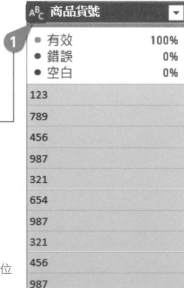

圖 4-75　將商品貨號欄位改成文字型態資料

點選「轉換」
頁籤。

點擊「格式」。

選取「商品
貨號」欄位。

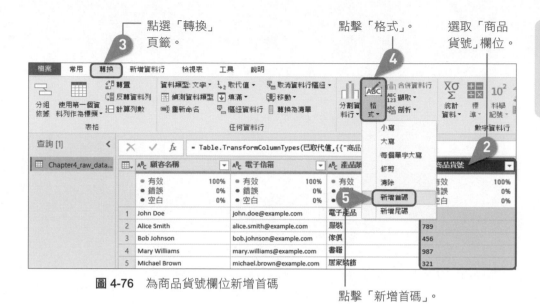

圖 4-76　為商品貨號欄位新增首碼

點擊「新增首碼」。

首碼

請輸入要加入資料行中每一個值開頭的文字值。

值

`UN-`　6

7　確定　　取消

圖 4-77　輸入首碼

輸入「UN-」。

點擊「確定」，商品貨號欄位就會加
上首碼了。同理，若想加上尾碼，
就在圖 4-76 點擊「新增尾碼」。

完成上述各操作之後，此資料表中的各欄位資料應如圖 4-78 所示，資料都整理
得很順眼了：

	AB_C 顧客名稱		AB_C 電子信箱		AB_C 產品類別		AB_C 商品貨號		AB_C 國家	
	● 有效 100% ● 錯誤 0% ● 空白 0%		● 有效 100% ● 錯誤 0% ● 空白 0%		● 有效 100% ● 錯誤 0% ● 空白 0%		● 有效 100% ● 錯誤 0% ● 空白 0%		● 有效 100% ● 錯誤 0% ● 空白 0%	
1	John Doe		john.doe@example.com		電子產品		UN-123		UNITED STATES	
2	Alice Smith		alice.smith@example.com		服裝		UN-789		CANADA	
3	Bob Johnson		bob.johnson@example.com		傢俱		UN-456		UNITED KINGDOM	
4	Mary Williams		mary.williams@example.com		書籍		UN-987		AUSTRALIA	
5	Michael Brown		michael.brown@example.com		居家裝飾		UN-321		GERMANY	
6	Sarah Davis		sarah.davis@example.com		玩具		UN-654		FRANCE	
7	David Lee		david.lee@example.com		雜貨		UN-987		JAPAN	
8	Emily Miller		emily.miller@example.com		運動器材		UN-321		BRAZIL	
9	James Wilson		james.wilson@example.com		美妝		UN-456		INDIA	
10	Linda Anderson		linda.anderson@example.com		寵物用品		UN-987		ITALY	

圖 4-78　資料表整理完成

MEMO

Power Query
進階操作 (2)

學會使用 Power Query 進行進階的操作，如：

- 數個資料表的合併。
- 縱向合併與橫向合併。
- 對套用的步驟紀錄進行調整。

5.1 合併資料表的方法

當資料來自多個來源時,我們有時候需要將其合併成一張大的資料表。合併的方式又可以分成縱向合併與橫向合併。

5.1.1 縱向合併資料

實作檔案參照

■ Power BI 起始操作檔:`Chapter5_5.1_starter_01.pbix`

圖 5-1 是縱向合併的示意圖。最上方 A、B、C 三個資料表原本為各自獨立,經過縱向合併以後,會成為下方依序由 A 往下合併 B 與 C 的資料表。需要注意的是,縱向合併資料表時,**所有原本的資料表欄位名稱(圖中的資料表標頭底色都是灰色)與資料類型都需要相同才可以合併**。

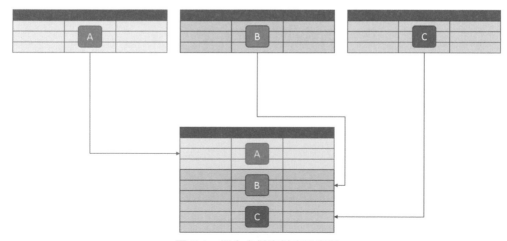

圖 5-1 縱向合併資料表示意圖

讀者可以直接使用附檔 `Chapter5_5.1_starter_01.pbix` 來操作。在開啟該檔案並進入 Power Query 後，正常來說會遇到「找不到檔案來源」的錯誤，請參照第 3 章 3.1.1 小節更正路徑，便可以繼續使用。或者也可以使用資料附檔 `Chapter5_raw_data_01.xlsx` 作為資料來源匯入空白 Power BI 檔案中，匯入時請選擇「**Excel 活頁簿**」，詳細操作如下：

點選「常用」頁籤。　　　　　　　　　　　點擊「Excel 活頁簿」。

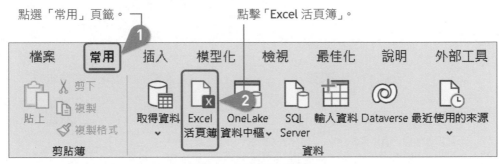

圖 5-2　匯入本節範例檔

選取三張資料表。

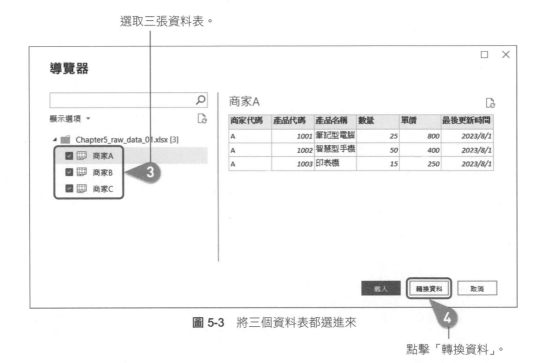

圖 5-3　將三個資料表都選進來

點擊「轉換資料」。

將資料匯入並進入 **Power Query** 介面以後，應如圖 5-4 所示。在左邊的查詢面板會有三張資料表：「商家 A」、「商家 B」、「商家 C」。每張表都記錄著一間商家的產品銷售紀錄。而且這三張表互相對應到的欄位與資料型態是相同的。

圖 5-4 將三個資料表匯入 Power Query

接下來,我們要將這三張表依據縱向合併成一張大表:

點選「常用」頁籤。

點擊附加查詢旁邊的小箭頭。

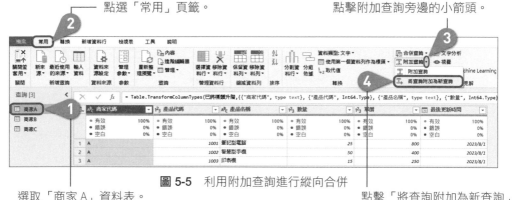

選取「商家 A」資料表。

圖 5-5 利用附加查詢進行縱向合併

點擊「將查詢附加為新查詢」。

點選「三(含)個以上的資料表」。

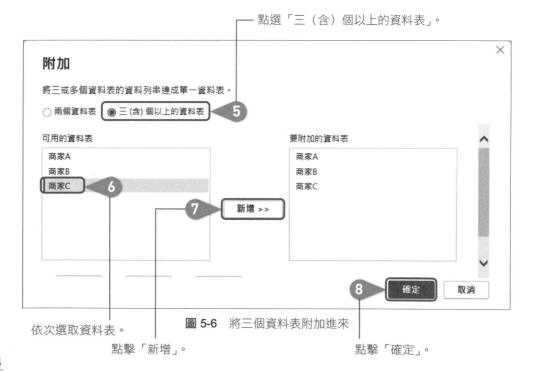

依次選取資料表。

圖 5-6 將三個資料表附加進來

點擊「新增」。

點擊「確定」。

完成以上步驟以後，如圖 5-7 的查詢面板會產生一個名為「附加1」的新資料表。該資料表的每一個欄位均與來源的三張資料表欄位名稱相同，且這張新表是將來源的三張表依據縱向往下新增：

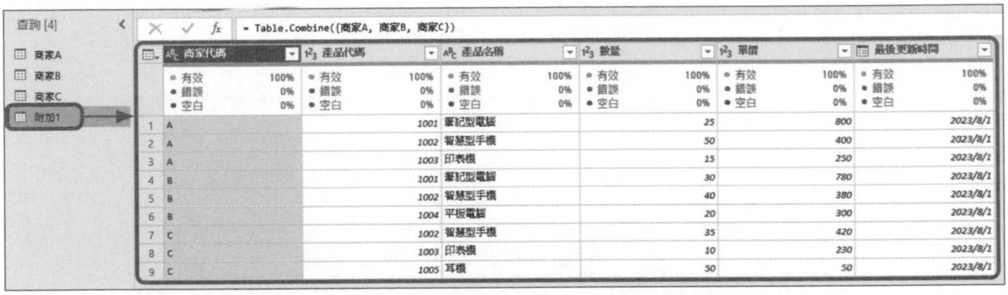

	商家代碼	產品代碼	產品名稱	數量	單價	最後更新時間
	有效 100% 錯誤 0% 空白 0%	有效 100% 錯誤 0% 空白 0%	有效 100% 錯誤 0% 空白 0%	有效 100% 錯誤 0% 空白 0%	有效 100% 錯誤 0% 空白 0%	有效 100% 錯誤 0% 空白 0%
1	A	1001	筆記型電腦	25	800	2023/8/1
2	A	1002	智慧型手機	50	400	2023/8/1
3	A	1003	印表機	15	250	2023/8/1
4	B	1001	筆記型電腦	30	780	2023/8/1
5	B	1002	智慧型手機	40	380	2023/8/1
6	B	1004	平板電腦	20	300	2023/8/1
7	C	1002	智慧型手機	35	420	2023/8/1
8	C	1003	印表機	10	230	2023/8/1
9	C	1005	耳機	50	50	2023/8/1

圖 5-7 縱向合併後產生的新資料表

5.1.2 橫向合併資料

實作檔案參照

■ Power BI 起始操作檔：`Chapter5_5.1_starter_02.pbix`

另外一種資料表的合併方式是橫向合併數個資料表。橫向合併是基於這些表所共用的資料行（或稱為索引鍵，英文稱為 Key）來合併。橫向合併又可以再細分為六種方式，接下來將逐一介紹之。

請使用資料附檔 `Chapter5_raw_data_02.xlsx` 作為資料來源，將 **Excel** 內的左表與右表一同匯入空白 **Power BI** 檔案中（選擇 **Excel** 活頁簿）。或者讀者也可以直接使用附檔 `Chapter5_5.1_starter_02.pbix` 來操作。在開啟該檔案並進入 **Power Query** 後，正常來說會遇到「找不到檔案來源」的錯誤，請參照第 3 章 3.1.1 節更正路徑，便可以繼續使用。

匯入或開啟檔案進到 **Power Query**，兩個表的內容應如圖 5-8（左表）與圖 5-9（右表）所示：

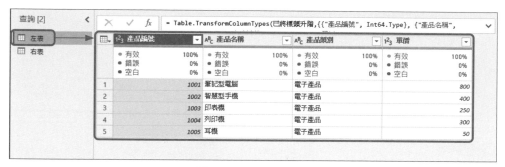

圖 5-8　匯入後的左表

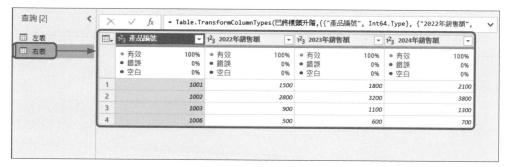

圖 5-9　匯入後的右表

左表為記錄產品基本資訊的資料表，右表為記錄產品在每年度的銷售額。我們的目標是將兩張表橫向合併，也就是在左表的右方再加上右表各產品於各年度的銷售額。這裡要特別注意的是：這兩張表共通的欄位是產品編號，因此兩張表必須對應相同的產品編號做連接才行，而連接的方法有六種，以下分別介紹。

左外連接（Left Outer Join）

第一種是「左外連接」。圖 5-10 為左外連接的示意圖。圖上兩個圓圈代表兩張表，一張在左的左表，一張在右的右表。左外連接的方式是**保留左表的所有資料列，並同時保留與右表有交集的資料列**（如圖上紫色實心塗滿處）。**如果左表的資料列在右表中找不到匹配的項目，則會在合併以後產生空值（null）。**

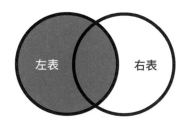

圖 5-10　左外連接的合併方式

以下就來實際將左表與右表做左外連接（也就是以左表為主表格，以右表為從屬表格）：

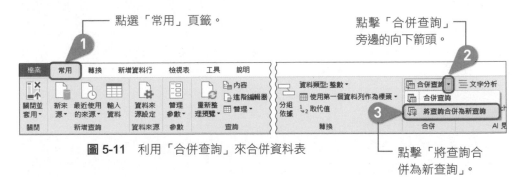

圖 5-11 利用「合併查詢」來合併資料表

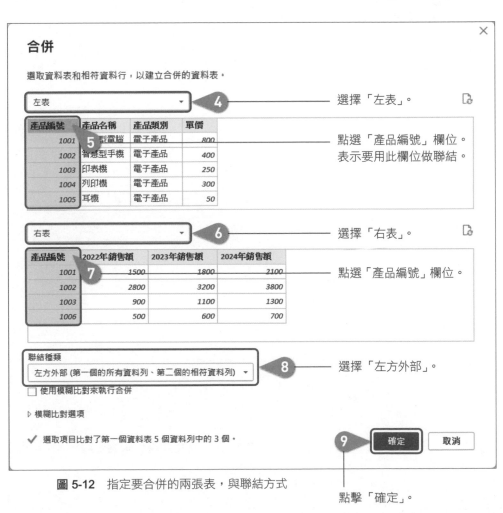

圖 5-12 指定要合併的兩張表，與聯結方式

Stark
無私小撇步

這裡要注意的是：左右兩張表的產品編號欄位並沒有完全配對，例如左表缺少 1006 這個產品，而右表則缺少 1004、1005 這兩樣產品。當以左表為主表格進行左外連接時，右表中缺少的 1004、1005 內容會填入 null，而原本右表中的 1006 因為不存在於左表，因此不會出現在合併後的表。同理，也適用於其他的連接方式。

因為資料表合併是最容易出錯的地方，所以在合併之後，最好立刻檢查一下合併後的資料是否符合預期，這一點很重要。

點選合併後的資料表，按滑鼠右鍵，
點擊「重新命名」改為「左外連接」。

點選要展開的
銷售額資料欄位。

點擊資料行旁邊
的展開符號。

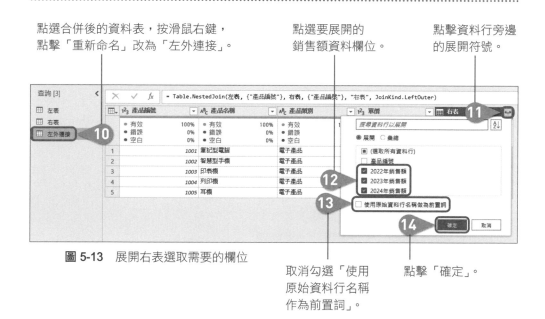

圖 5-13 展開右表選取需要的欄位

取消勾選「使用
原始資料行名稱
作為前置詞」。

點擊「確定」。

完成以上步驟以後，右表中跟銷售額相關的欄位都會合併到左表中，如圖 5-14。同時，也可以觀察到產品編號 1004 與 1005 由於對應不到右表任何資料列，所以合併以後，右表的欄位在對應 1004、1005 的位置會產生空值（null）：

圖 5-14 左外連接的結果

Stark
無私小撇步

在圖 5-14 連接進來的右表三個欄位各 5 個資料都出現 2 個 null，因此在資料行品質的「有效」為 60%，而「空白」有 40%。

null 值要看各種狀況決定是否處理，以此處銷售資料為例，沒有資料產生的 null，背後代表的是沒有銷售，因此可以用 4.3.5 小節的方法將 null 取代為 0。但若是製程或是測試上的資料，null 與 0 背後的物理意義可能不同，因此不能隨便取代之。

右外連接（Right Outer Join）

第二種是「右外連接」。圖 5-15 為右外連接的示意圖。右外連接的方式是**保留右表的所有資料列，並同時保留與左表有交集的資料列**（如圖上綠色實心塗滿處）。**如果右表的資料列在左表中找不到匹配的項目，則會在合併以後產生空值（null）。**

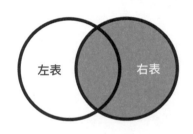

圖 5-15　右外連接的合併方式

以下就來實際將左表與右表做右外連接（也就是以右表為主表格，以左表為從屬表格）：

點選「常用」頁籤。

點擊合併查詢旁邊的向下箭頭。

圖 5-16　利用「合併查詢」來合併資料表

點擊「將查詢合併為新查詢」。

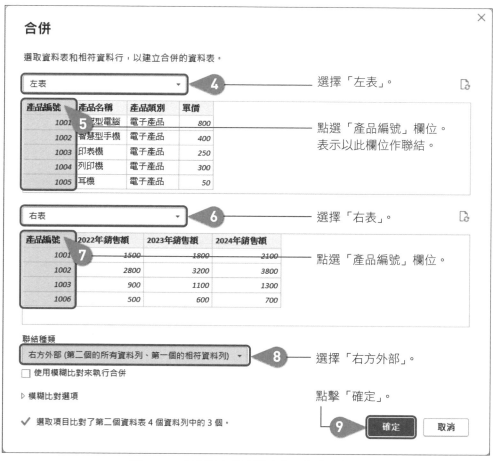

圖 5-17 指定要合併的兩張表，與聯結方式

點選合併後的資料表，按滑鼠右鍵，
點擊「重新命名」改為「右外連接」。

點選要展開的
欄位。

點擊資料行旁邊
的展開符號。

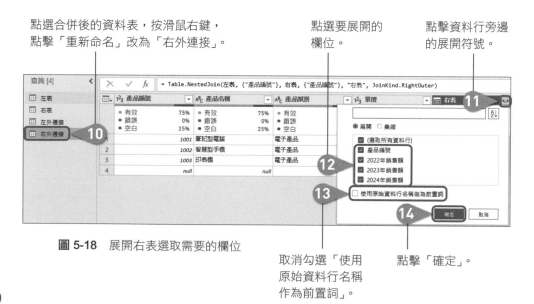

圖 5-18 展開右表選取需要的欄位

取消勾選「使用
原始資料行名稱
作為前置詞」。

點擊「確定」。

此時請注意！如圖 5-19，右表原本的「產品編號」欄位變成「產品編號.1」，這是因為與左表的「產品編號」欄位名稱重複。事實上，既然是右外連接，那就應該以右表為基準，因此接下來我們要將左表的產品編號移除，並將右表的「產品編號.1」改名後移動到最左邊第一個欄位：

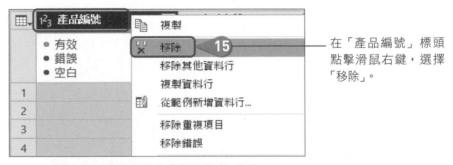

1²₃ 產品編號 ▼	A⁸c 產品名稱 ▼	1²₃ 單價 ▼	1²₃ 產品編號.1 ▼	1²₃ 2022年銷售額 ▼
● 有效 75% ● 錯誤 0% ● 空白 25%	● 有效 75% ● 錯誤 0% ● 空白 25%	● 有效 75% ● 錯誤 0% ● 空白 25%	● 有效 100% ● 錯誤 0% ● 空白 0%	● 有效 100% ● 錯誤 0% ● 空白 0%
1	1001 筆記型電腦	800	1001	1500
2	1002 智慧型手機	400	1002	2800
3	1003 印表機	250	1003	900
4	null	null null	1006	500

圖 5-19 右外連接的產品編號應以右表為準

	1²₃ 產品編號		
	● 有效 ● 錯誤 ● 空白	📋 複製	
1		✕ 移除 ◄ **15**	
2		移除其他資料行	
3		複製資料行	
4		📋 從範例新增資料行…	
		移除重複項目	
		移除錯誤	

在「產品編號」標頭點擊滑鼠右鍵，選擇「移除」。

圖 5-20 移除左表的「產品編號」欄位

然後將「產品編號.1」標頭的標頭改名為「產品編號」，再用滑鼠按住標頭，將此資料行拉曳到最前面，就可得到圖 5-21 的結果：

1²₃ 產品編號 ▼	A⁸c 產品名稱 ▼	A⁸c 產品類別 ▼	1²₃ 單價 ▼	1²₃ 2022年銷售額 ▼	1²₃ 2023年銷售額 ▼
● 有效 100% ● 錯誤 0% ● 空白 0%	● 有效 75% ● 錯誤 0% ● 空白 25%	● 有效 75% ● 錯誤 0% ● 空白 25%	● 有效 75% ● 錯誤 0% ● 空白 25%	● 有效 100% ● 錯誤 0% ● 空白 0%	● 有效 100% ● 錯誤 0% ● 空白 0%
1 1001	筆記型電腦	電子產品	800	1500	1800
2 1002	智慧型手機	電子產品	400	2800	3200
3 1003	印表機	電子產品	250	900	1100
4 1006	null	null	null	500	600

圖 5-21 右外連接後的結果

全外連接（Full Outer Join）

第三種是「全外連接」。圖 5-22 為全外連接的示意圖。全外連接的方式是**保留兩張表的所有的資料列，無論這些資料列是否有交集都會被保留（如圖上黃色實心塗滿處）。若是不具備交集的資料列則會在合併後產生空值（null）。**

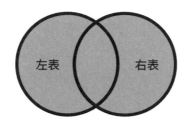

圖 5-22　全外連接的合併方式（聯集）

全外連接的操作步驟與前面類似，以下僅列出重要步驟：

1. 請在聯結種類的地方選擇「完整外部 (來自兩者的所有資料列)」。

2. 將產生的資料表改名為「全外連接」。

3. **點擊資料行旁邊的展開符號，並選取全部的欄位。**

4. **將「使用原始資料行名稱做為前置詞」也勾選。**如圖 5-23：

圖 5-23　選取右表所有資料行，並加上前置詞

完成以上步驟以後會產生圖 5-24：

¹²₃ 產品編號	▼	Aᴮᴄ 產品名稱	▼	Aᴮᴄ 產品類別	▼	¹²₃ 單價	▼	¹²₃ 右表.產品編號	▼
● 有效	83%	● 有效	83%	● 有效	83%	● 有效	83%	● 有效	67%
● 錯誤	0%	● 錯誤	0%	● 錯誤	0%	● 錯誤	0%	● 錯誤	0%
● 空白	17%	● 空白	17%	● 空白	17%	● 空白	17%	● 空白	33%
1	1001	筆記型電腦		電子產品		800		1001	
2	1002	智慧型手機		電子產品		400		1002	
3	1003	印表機		電子產品		250		1003	
4	1004	列印機		電子產品		300		null	
5	1005	耳機		電子產品		50		null	
6	null		null		null		null		1006	

圖 5-24 來自左右兩表的產品編號都有 null

由於全外連接需要包含左右兩表所有的資料列，即產品編號 1001 至 1006 均需
要被涵蓋。然而圖 5-24 無論是原始來自左表的「產品編號」欄位或是來自右表
「右表 - 產品編號」欄位都包含 null 值，需要將其整合成沒有 null 的資料行。因
此，我們需要自行新增一個不包含 null 的產品編號欄位。請如圖 5-25 操作：

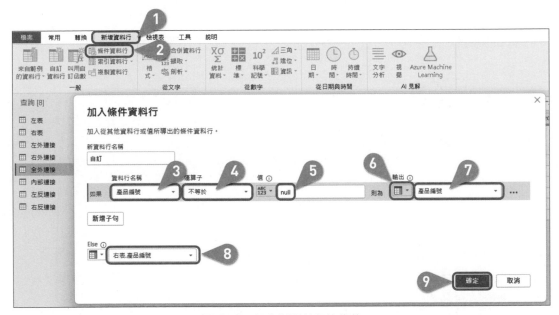

圖 5-25 設定新資料行的條件

1 請先點擊任一資料行的標頭，再點擊「新增
資料行」頁籤。

2 點擊「條件資料行」為此產品編號設定條件。

3 選取「產品編號」資料行。

4 因為要排除 null 值，故選取「不等於」。

5 輸入要排除的值：null。

6 經此條件之後的值要輸出到「選取資
料行」。

7 若不為 null，則輸出結果取用「產品
編號」資料行。

8 如果左表中的值等於 null，則要從
「右表 - 產品編號」取值。

9 按「確定」。

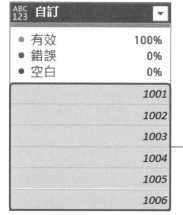

全部的產品編號
都出現了。

圖 5-26　產生了包含
所有產品
編號的「自
訂」資料行

接下來，您只需要將原本的「產品編號」與「右表 - 產品編號」欄位刪除，並
且把圖 5-26 的「自訂」資料行改名為「產品編號」，並拖曳到最前面，即如圖
5-27。如此一來，全外連接合併後就包括所有的「產品編號」了：

ABC 123 產品編號		AB C 產品名稱		AB C 產品類別		123 單價		123 右表.2022年銷售額		123 右表.2023年銷售額
● 有效 100%		● 有效 83%		● 有效 83%		● 有效 83%		● 有效 67%		● 有效 67%
● 錯誤 0%		● 錯誤 0%		● 錯誤 0%		● 錯誤 0%		● 錯誤 0%		● 錯誤 0%
● 空白 0%		● 空白 17%		● 空白 17%		● 空白 17%		● 空白 33%		● 空白 33%
1	1001	筆記型電腦		電子產品		800		1500		1800
2	1002	智慧型手機		電子產品		400		2800		3200
3	1003	印表機		電子產品		250		900		1100
4	1004	列印機		電子產品		300		null		null
5	1005	耳機		電子產品		50		null		null
6	1006		null		null		null		500		600

圖 5-27　全外連接合併後的資料表

內部連接（Inner Join）

第四種是「內部連接」。圖 5-28 為內部連接的示意圖。內部連接的方式是**只取
兩張表中有交集的資料列（如圖中藍綠色實心塗滿處）。若是不具備交集的資料
列則會被捨棄**。

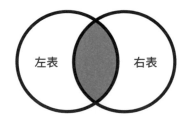

圖 5-28　內部連接的合併方式（交集）

內部連接的操作步驟與前面幾種幾乎相同，以下僅列出重要步驟：

1. 請在聯結種類的地方選擇「內部 (僅相符的資料列)」。

2. 將產生的資料表改名為「內部連接」。

3. 點擊資料行旁邊的展開符號，並選取需要的銷售額欄位。

完成內部連接的步驟，也就是兩個表做交集之後總共只有三列，如圖 5-29。也就是兩個表都有的 1001、1002、1003 產品編號：

	$^1_{23}$ 產品編號 ▼	$^A_{BC}$ 產品名稱 ▼	$^A_{BC}$ 產品類別 ▼	$^1_{23}$ 單價 ▼	$^1_{23}$ 2022年銷售額 ▼	$^1_{23}$ 2023年銷售額 ▼	$^1_{23}$ 2024年銷售額 ▼
	● 有效 100%	● 有效 100%	● 有效 100%	● 有效 100%	● 有效 100%	● 有效 100%	● 有效 100%
	● 錯誤 0%	● 錯誤 0%	● 錯誤 0%	● 錯誤 0%	● 錯誤 0%	● 錯誤 0%	● 錯誤 0%
	● 空白 0%	● 空白 0%	● 空白 0%	● 空白 0%	● 空白 0%	● 空白 0%	● 空白 0%
1	1001 智慧型電腦	電子產品		800	1500	1800	2100
2	1002 智慧型手機	電子產品		400	2800	3200	3800
3	1003 印表機	電子產品		250	900	1100	1300

圖 **5-29** 　內部連接合併後的資料表

左反連接（Left Anti Join）

第五種是「左反連接」。圖 5-30 為左反連接的示意圖。左反連接的方式是**只取左表中有的資料列，並且去除交集的部分（如圖中藍色實心塗滿處）。**

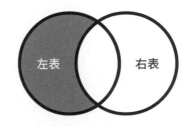

圖 **5-30** 　左反連接的合併方式（左表獨有）

Stark

無私小撇步

左反連接這個詞是不是不夠直覺？具體的意思就是找出左表獨有的資料（排除右表）。例如，在左表中記錄所有已登記的會員，而右表是記錄曾經購買過的會員與交易資料，那麼左反連接就可以挑出已登記但尚未交易過的會員。

左反連接的操作步驟與前面幾種幾乎相同，以下僅列出重要步驟：

1. 請在聯結種類的地方選擇「左方反向 (僅前幾個資料列)」。

2. 將產生的資料表改名為「左反連接」。

3. 點擊資料行旁邊的展開符號，並選取需要的銷售額欄位。

完成左反連接的步驟以後，資料表只剩下兩列，如圖 5-31，就是左表排除右表之後獨有的資料列，也就是產品編號 1004、1005。由於這兩個產品編號是左表獨有，因此合併進來的右表所對應的位置其值皆為 null：

產品編號		產品名稱		產品類別		單價		2022年銷售額		2023年銷售額		2024年銷售額	
● 有效	100%	● 有效	100%	● 有效	100%	● 有效	100%	● 有效	0%	● 有效	0%	● 有效	0%
● 錯誤	0%	● 錯誤	0%	● 錯誤	0%	● 錯誤	0%	● 錯誤	0%	● 錯誤	0%	● 錯誤	0%
● 空白	0%	● 空白	0%	● 空白	0%	● 空白	0%	● 空白	100%	● 空白	100%	● 空白	100%
1	1004	列印機		電子產品		300		null		null		null	
2	1005	耳機		電子產品		50		null		null		null	

圖 5-31　左反連接合併後的資料表

右反連接（Right Anti Join）

第六種是「右反連接」。圖 5-32 為右反連接的示意圖。右反連接的方式是**只取右表中有的資料列，並且去除交集的部分**（如圖上紅色實心塗滿處）。

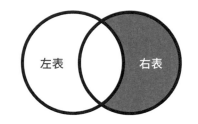

圖 5-32　右反連接的合併方式（右表獨有）

右反連接的操作步驟與前面幾種幾乎相同，以下僅列出重要步驟：

1. 請在聯結種類的地方選擇「左方反向（僅第二個中的資料列）」。【註：此處 Power BI 翻譯錯誤，應該是右方反向】

2. 將產生的資料表改名為「右反連接」。

3. 點擊資料行旁邊的展開符號，並選取全部的資料行。

4. 取消勾選「使用原始資料行名稱作為前置詞」。

完成以上步驟以後，會產生一個名為「產品編號 .1」的資料行，該行包含源自於右表的 1006 產品編號，而原本來自於左表的「產品編號」為 null。此時可以參考右外連接的方式將「產品編號」資料行移除，並將「產品編號 .1」資料行命名為「產品編號」，再將其拖曳至資料表的最前面，即可以產生如圖 5-33 的資料表：

產品編號		產品名稱		產品類別		單價		2022年銷售額		2023年銷售額		2024年銷售額	
● 有效	100%	● 有效	0%	● 有效	0%	● 有效	0%	● 有效	100%	● 有效	100%	● 有效	100%
● 錯誤	0%	● 錯誤	0%	● 錯誤	0%	● 錯誤	0%	● 錯誤	0%	● 錯誤	0%	● 錯誤	0%
● 空白	0%	● 空白	100%	● 空白	100%	● 空白	100%	● 空白	0%	● 空白	0%	● 空白	0%
1	1006	null		null		null		500		600		700	

圖 5-33　右反連接合併後的資料表

合併種類	圖示	說明
左外連接	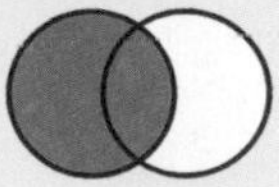	合併結果來自於左表中的所有資料列，以及與右表的交集資料列。
右外連接	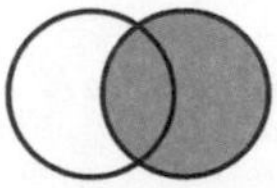	合併結果來自於右表中的所有資料列，以及與左表的交集資料列。
全外連接	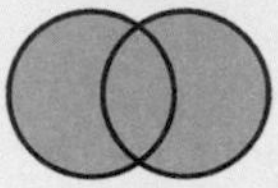	合併結果來自於左右兩個表中所有資料列。
內部連接	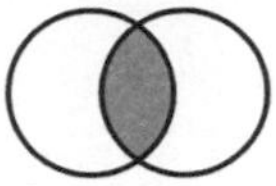	合併結果來自於左右兩個表中有交集的資料列。
左反連接	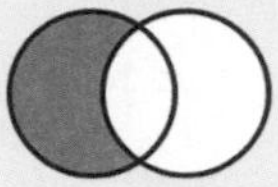	合併結果來自於左表的資料列並且排除與右表有交集的資料列。
右反連接	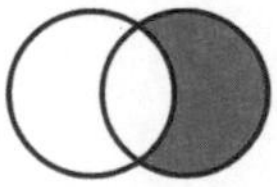	合併結果來自於右表的資料列並且排除與左表有交集的資料列。

▶ 5.1.3 合併同一資料夾之不同月份的檔案

還有一種很常見的情境會使用到資料表合併功能。例如：不同月份的銷售報表分別存成個別檔案，並**存放在同一個資料夾**中，如範例 Chapter5_raw_data_03 資料夾內的三個月份銷售資料：202301.xlsx、202302.xlsx、202303.xlsx。我們需要將這三個檔案縱向合併成一個資料表。**由於是縱向合併，所以三個檔案的欄位名稱均必須相同。**

因為要一次匯入資料夾內
的多個檔案，請依照下面
的方式匯入：

開啟空白 Power
BI 檔 案，點 選
「常用」頁籤。

點選「取得資料」
下方的箭頭。

點選「其他…」。

圖 5-34　匯入整個資料夾的方式

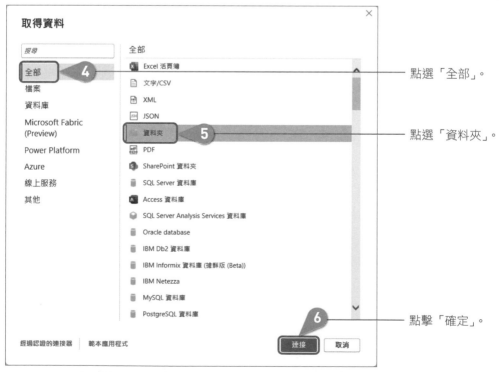

點選「全部」。

點選「資料夾」。

點擊「確定」。

圖 5-35　選擇要匯入檔案的資料夾

選擇資料檔所在的資料夾路徑。

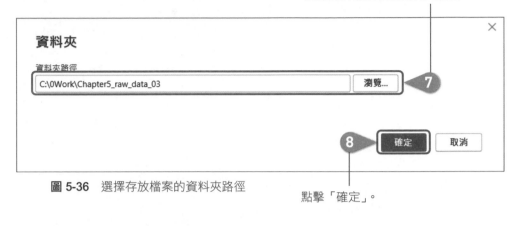

圖 5-36 選擇存放檔案的資料夾路徑

點擊「確定」。

預覽要匯入的資料檔有哪些。此處有三個
檔案，也就是三個月的個別銷售資料。

點選「合併」旁邊的箭頭。

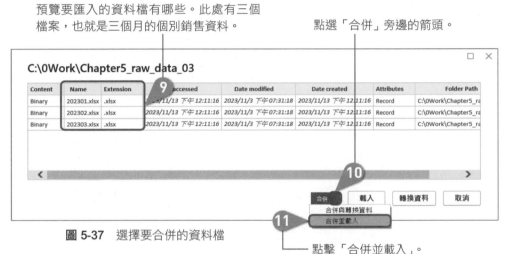

圖 5-37 選擇要合併的資料檔

點擊「合併並載入」。

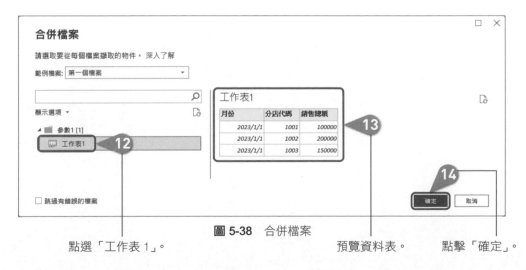

圖 5-38 合併檔案

點選「工作表 1」。　　　　預覽資料表。　　　　點擊「確定」。

完成以上步驟以後，三個
檔案均會匯入同一張資料
表中，我們也已從 Power
BI 的「資料表檢視」分頁
中得知，如圖 5-39：

Source.Name	月份	分店代碼	銷售總額
202301.xlsx	2023年1月1日	1001	100000
202301.xlsx	2023年1月1日	1002	200000
202301.xlsx	2023年1月1日	1003	150000
202302.xlsx	2023年2月1日	1001	120000
202302.xlsx	2023年2月1日	1002	180000
202302.xlsx	2023年2月1日	1003	185000
202303.xlsx	2023年3月1日	1001	140000
202303.xlsx	2023年3月1日	1002	250000
202303.xlsx	2023年3月1日	1003	340000

圖 5-39　三個資料檔合併後的結果

第一個欄位 **Source.Name** 說明每一個資料列是來自於哪一個資料檔，如果不需
要的話，可以將此欄位移除。

5.2　步驟紀錄的調整

到目前為止，您應該發現前面在 Power Query 中的操作，都會出現在右邊的
「查詢設定」面板內，「套用的步驟」窗格會依據我們曾經執行過的步驟依序往
下記錄，如圖 5-40 右側的「查詢設定」面板。這些步驟的排列次序與我們在
Power Query 內操作的次序是相同的。

圖 5-40　資料表的所有步驟紀錄

我們可以將這些套用的步驟想像為「時光機」，可以回溯到前面各步驟執行後的狀態。當然，如果發現某個步驟做得不對還可以「反悔」，將該步驟刪除重做或移動執行的次序等，是操作 Power Query 時的好幫手，可以隨時檢視前面每個步驟的結果。本節將帶您認識兩種經常用到的操作方法。

5.2.1　將某步驟刪除到結尾

實作檔案參照

■ Power BI 起始操作檔：`Chapter5_5.2_starter_01.pbix`

在處理資料時，如果在某個步驟做錯了，那麼在該步驟之後的所有操作都會建立在錯誤的假設或錯誤的資料上，這可能會導致所有後續步驟都需要重新來過。如果這時能夠一鍵刪除該步驟本身以及後續所有步驟，就可以節省時間，快速回到需要重做的地方，並從那裡開始修正。而「刪除到結尾」便提供此項功能。

請開啟附檔 `Chapter5_5.2_starter_01.pbix` 操作。打開檔案並進入 **Power Query** 後會遇到找不到檔案的錯誤，請參照 3.1.1 小節並找到原始資料檔 `Chapter5_raw_data_04.csv` 來修正路徑。

這時您應該會看到如圖 5-41 的資料表，該表為總結各產品類別的銷售額，並且依據排名顯示，同時右邊「套用的步驟」也記錄資料處理的所有步驟：

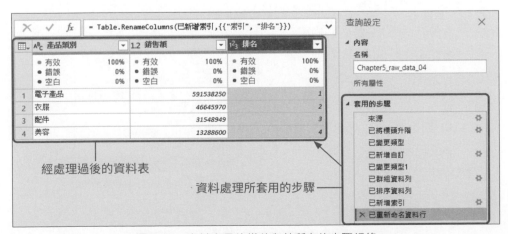

圖 5-41　資料表最後樣貌與其所有的步驟紀錄

若要查看這張表在分組計算銷售額前的樣子，可以用滑鼠左鍵點擊「已變更類型1」這個步驟。這時可以看到在進行群組之前的欄位，包含交易序號、縣市、產品類別、單價、銷售日期、數量、銷售額：

圖 5-42　切換到之前的步驟：已變更類型 1

原本的步驟是將所有縣市的銷售資料全部群組起來，並進行以下三件事，其呈現的結果就如前面的圖 5-41 所示。

1. 統計各產品類別銷售額
2. 對銷售額進行遞減排序
3. 新增排名欄位

假設現在因為需求更動，群組後的結果僅需要考慮各產品類別在六都（臺北市、新北市、桃園市、臺中市、臺南市、高雄市）的銷售額與排名。那麼，原本後續的步驟就需要重做，因此我們可以利用「刪除到結尾」功能，把「已變更類型1」本身及以後的步驟都刪除，如右所示：

在「已變更類型 1」點擊右鍵。

點擊「刪除到結尾」。

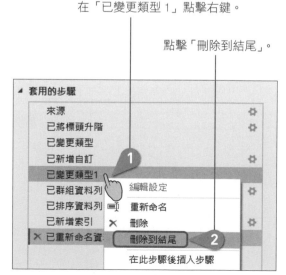

圖 5-43　刪除到結尾

此時，套用的步驟就會只保留到「已變更類型 1」的前一個步驟：「已新增自訂」。接下來就要將六都的銷售資料篩選出來，並重做以上三件事，請如下進行：

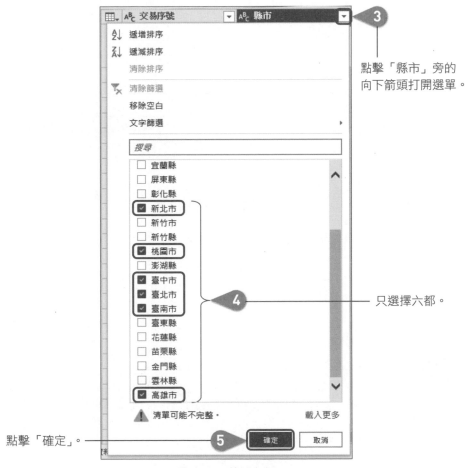

點擊「縣市」旁的向下箭頭打開選單。

只選擇六都。

點擊「確定」。

圖 5-44　篩選六都

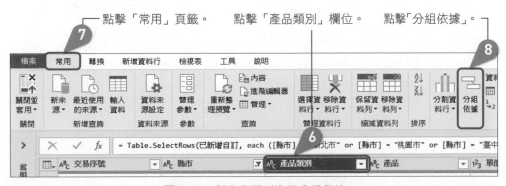

點擊「常用」頁籤。　　點擊「產品類別」欄位。　　點擊「分組依據」。

圖 5-45　對產品類別進行分組彙總

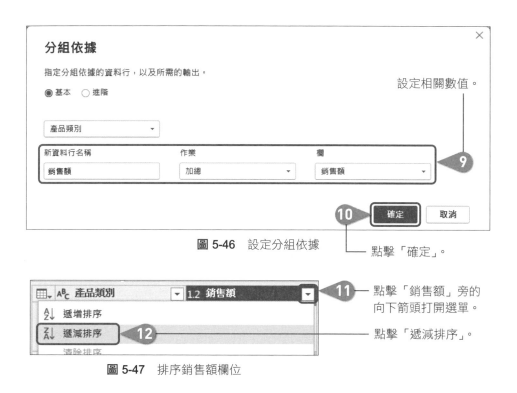

圖 5-46 設定分組依據

點擊「確定」。

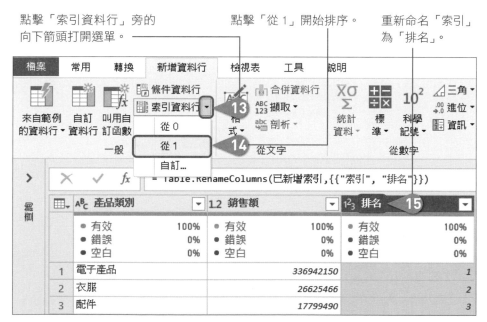

圖 5-47 排序銷售額欄位

點擊「索引資料行」旁的
向下箭頭打開選單。

點擊「從 1」開始排序。

重新命名「索引」
為「排名」。

圖 5-48 新增索引欄位並重新命名

在圖 5-48 中,我們會發現目前的銷售額數字已與圖 5-41 不同,這是因為新的結
果僅包含六都的銷售資料。

Stark
無私小撇步

除了「刪除到結尾」以外，尚有「刪除」的功能可以使用。無論何者都需要特別注意的是：**刪除以後就無法回到上一步**，因此需要慎重使用。

5.2.2　移動步驟的次序

> **實作檔案參照**
>
> ■ Power BI 起始操作檔：`Chapter5_5.2_starter_02.pbix`

在建立查詢的過程中，調整某些步驟的順序可以達到最佳的資料清洗或轉換效果。這可能是因為先執行一些步驟可以提高效率，或是為了邏輯上的需要。例如，**先篩選出需要的資料子集，再進行其他複雜的轉換步驟，這樣可以減少計算量和提高查詢的執行效率**。

請開啟附檔 `Chapter5_5.2_starter_02.pbix` 操作。打開檔案並進入 Power Query 後會遇到找不到檔案的錯誤，請參照 3.1.1 小節並連結到原始資料檔 `Chapter5_raw_data_04.csv` 來修正路徑。

這時您應該會看到如圖 5-49 的資料表，該表為「僅包含六都」的銷售紀錄，同時右邊「套用的步驟」也記錄資料處理的所有步驟。

圖 5-49　資料表樣貌與最後一個步驟篩選六都資料

篩選六都的紀錄步驟

其中，篩選六都的操作是在「套用的步驟」中的最後一步「已篩選資料列」（讀者可以點開旁邊的齒輪符號  確認）。而在這之前有一個步驟為「已新增自訂」，點開右邊的齒輪符號會出現如圖 5-50 的視窗，顯示該步驟是利用單價與數量計算每一筆的銷售額：

自訂資料行

新增根據其他資料行計算而來的資料行。

新資料行名稱

| 銷售額 |

自訂資料行公式 ⓘ

= [單價] * [數量]

圖 5-50　自訂資料行計算銷售額

然而，由於此表最終只需要六都的銷售，如果能一開始就先篩選出六都的銷售紀錄，再進行銷售額的計算，就會更有效率。因此，您可以利用兩種方式調整步驟的次序。

方法一：利用拖曳的方式

如圖 5-51，利用滑鼠左鍵按住「已篩選資料列」，並拖曳到「已新增自訂」的前面，然後放開滑鼠，如此就可以移動步驟的次序：

▲ 套用的步驟

來源	✿
已將標頭升階	✿
已變更類型	
已新增自訂	✿
已變更類型1	
✕ 已篩選資料列	✿

圖 5-51　利用拖曳變更次序

完成以後，再用滑鼠點擊當前的最後一個步驟：「已變更類型 1」，同樣會獲得如圖 5-49 的資料表。

方法二：利用移到目標之前的功能

移動步驟的次序，這次我們不用拖曳的方式，而是在「已篩選的資料列」步驟上點選滑鼠右鍵，選擇「移到目標之前」，如圖 5-52，即可將該步驟往前移動一步。只要重複此操作即可將「已篩選的資料列」移到「已新增自訂」之前：

圖 5-52 利用「移到目標之前」更動次序

步驟次序的調整與否必須視情況而定，好的調整可以優化執行效率，隨意調整也可能是災難，您必須清楚瞭解每一個步驟在做什麼才行。

此外，由上圖可以看到有些步驟名稱實在很難看懂到底在做什麼，例如「已新增自訂」、「已變更類型」、「已變更類型 1」等，您可以在各該步驟上點選滑鼠右鍵，點擊「重新命名」，為它們一一設定好懂的名稱，畢竟一個專案過了幾個月再回來看，很可能早已忘記當初每個步驟在做什麼事，設定好懂的步驟名稱在維護上會很有幫助。

〈第三篇〉
資料模型 — 模型建得好，製表沒煩惱

在第二篇中，我們學習利用 Power Query 進行一系列的資料處理方法。當完成之後，本篇就要開始利用資料表建置資料模型，甚至是利用 DAX 函數來撰寫計算公式。

第 6 章會介紹資料模型，將以最常見的 Star Schema 為例，並且搭配 ChatGPT 實作出一份資料模型。資料模型是資料視覺化的骨幹，好的模型可以幫助我們在後續視覺化做到更好的資料呈現方式。

第 7 章會介紹 DAX 函數的基礎知識以及兩個應用場景：量值與計算資料行。並且在最後介紹兩者之間的差異。

第 8 章會介紹實戰中常見的 DAX 函數，並且透過各小節的範例練習，讓您不僅熟悉也能實際使用。

第 9 章會介紹 Power BI 內的快速量值功能，該功能背後是由 Copilot 協助完成。利用快速量值，開發者可以用自然語言的方式建置量值，而無須自己寫 DAX 公式。

第 **6** 章

初識資料模型，
善用 ChatGPT 協助正規化

★★★ 學 習 目 標 ★★★

● 理解資料模型的重要性。

● 資料表之間的關聯種類與方向。

● 何謂資料模型以及與其相關的專有名詞。

● 如何將資料正規化以建立 Star Schema。

● 利用 ChatGPT 協助建立資料模型

● 學會使用 Power BI 建立與修改資料模型。

我們在第二篇已經學會使用 Power BI 內的 Power Query 進行資料清理，將資料整理成適合分析的樣子。但在大型的專案中，資料表通常不只一張，而是會有許多張不同的資料表。例如：記錄銷售的資料表、記錄客戶資訊的資料表、記錄產品資訊的資料表…。這些資料表彼此之間有什麼關聯？該如何關聯？便是本章的主題。

建立資料模型就像是在建立骨架，而此階段正需要前面第二篇打好的地基（資料清理）。

6.1 資料模型是什麼？為什麼需要資料模型？

資料模型指的是資料如何被組織、記錄和定義的方式。白話一點，您可以簡單地將資料模型理解為不同資料如何在資料表內被儲存，以及這些資料表之間如何關聯。

建立資料模型的過程稱為**資料建模**，這是在 Power BI 中進行資料視覺化等任何有意義分析之前的關鍵步驟。從本質上講，資料建模涉及將原始數據組織和建構為一個連貫的框架，以實現高效的分析與視覺化。

通過設計結構良好的資料模型，我們可以獲得以下優點。

● **清晰度和可理解性：**精心設計的資料模型可以清晰地表示不同資料（表）之間的關係。這讓使用者或開發者可以更輕鬆地理解資料的上下文，以及各種資料表的關聯方式。

● **高效能的分析：**通過適當地建構資料模型，您可以實現更快的查詢（query）性能並減少資料表檢索所需的時間。

● **一致性：**資料建模能確保相同的數據僅存儲在一個位置來幫助維護數據一致性。

● **靈活性：**借助可靠的資料模型，可以創建靈活、動態的報表和儀表板，以適應不斷變化的業務需求。

- **可擴展性：** 隨著資料數量的增長，精心設計的資料模型可以輕易地處理這些擴展。加入新的資料能在不改動或極微小改動當前資料模型的基礎上，不損壞已經存在的報表與儀表板。

- 在 Power BI 中，資料建模涉及定義資料表、創建資料表之間的關係以及新增「計算資料行」（Calculated Column）和「量值」（Measure）等任務。

在本章中，我們將深入探討資料模型的基本概念，以及如何在 Power BI 中實踐。至於建立計算資料行和量值，則會留至後續與 DAX 函數相關的章節介紹。

6.2　認識資料表間的關聯

在一個專案中，可能包括各種不同的資料表來記錄不同的資訊，如章節開頭的例子：記錄銷售的資料表、記錄客戶資訊的資料表、記錄產品資訊的資料表…。那麼，這些資料表彼此之間又是如何「關聯」的呢？「資料表間的關聯」便是本節的重點。

6.2.1　關聯的種類

資料表的關聯可以分為三種，以下將就各種關聯說明之。

一對一關聯

> **實作檔案參照**
>
> ■ Power BI 起始操作檔：`Chapter6_6.2_starter_01.pbix`

一對一關聯英文是「One-to-one Relationship」，可以用「1：1」表示。在一對一關聯中，一張資料表的「某一列」資料都能與另外一張資料表的「唯一某一列」資料相關聯，反之亦然。**在一對一關聯中，用來關聯兩個資料表的欄位都需具備唯一值。** 接下來我們使用案例來說明一對一關聯。

如圖 6-1 有兩張資料表：記錄員工資訊的「員工基本資料表」以及記錄員工薪水資訊的「員工薪水表」。兩張資料表之間使用「員工 ID」欄位來做關聯，從「員工基本資料表」中的任何一個員工 ID，只會對應到「員工薪水表」的中的唯一列。例如：從員工基本資料表出發，選擇 [員工ID] = 1001 以後，也能在員工薪水表找到 [員工ID] = 1001 的**唯一列**，進而獲得該員工的薪水資訊：

員工基本資料表

員工ID	姓名	性別	出生年月日	單位	職位	電子郵件	手機號碼	入職時間
1001	邱婧梓	女	1972/1/30	銷售部	經理	emily.chiou@xyz.com	0912345678	2005/6/15
1002	游坤雄	男	1966/6/19	財務部	會計	michael.you@xyz.com	0923456781	1989/8/8
1003	施忠港	男	1989/5/28	資訊部	工程師	william.shih@xyz.com	0934567812	2018/1/4
1004	溫如蕊	女	1992/6/20	人力資源部	專員	jane.wen@xyz.com	0945678123	2010/9/8
1005	簡芮蒨	女	1981/1/7	市場部	副理	ashley.jian@xyz.com	0956781234	2020/5/6

員工薪水表

員工ID	薪水	健保級距	勞保級距	勞工自提比率	銀行帳號
1001	85000	25	13	0.03	1234567890
1002	50000	14	13	0.02	9876543210
1003	60000	18	13	0.02	5551234567
1004	48000	13	13	0.01	2227894561
1005	75000	23	13	0.01	4442223333

圖 6-1　一對一關聯例子

接下來，我們來將這兩張表匯入 Power BI 中，以觀察其在 Power BI 內的關聯性。請使用資料附檔 Chapter6_raw_data_01.xlsx 作為資料來源（或者可以直接開啟起始檔 Chapter6_6.2_starter_01.pbix 操作）。其內有兩個分頁：「員工基本資料表」與「員工薪資表」，請將這兩個分頁一同匯入空白 Power BI 中。

因為這裡不需要進入 Power Query 對資料做清理了，因此在匯入時注意以下兩點：

1. 在導覽器視窗中選取要匯入的資料表：員工基本資料表、員工薪資表。
2. 點擊右下角的「載入」，而不是「轉換資料」。

成功匯入以後，點擊 Power BI 最左側的 ⊞ 圖示，即可進入「模型檢視」頁面，應能看到如圖 6-2 的兩張資料表。Power BI 能自動偵測兩張表之間的關聯性。圖上的資料表間有一條線連起來，線段兩側都有 1 的圖示，代表是一對一關聯：

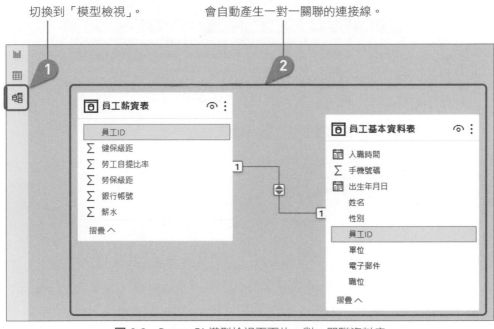

切換到「模型檢視」。　　　　　　　　　　會自動產生一對一關聯的連接線。

圖 6-2　Power BI 模型檢視頁面的一對一關聯資料表

一對一的關聯方式在資料表中較少見，比較常見的是下一個要介紹的一對多關聯。

一對多關聯

一對多關聯英文稱為「One-to-many Relationship」，可以用「1：N」或「1：*」表示。在一對多關聯中，位於「一」端資料表的「某一列」資料都能與「多」端資料表的「許多列」資料相關聯。**在一對多關聯中，位於「一」端的資料表欄位具備唯一值。**

接下來我們使用案例來說明一對多關聯。如圖 6-3 有兩張資料表：記錄客戶資訊的「客戶基本資料表」以及記錄銷售資訊的「銷售紀錄資料表」。兩張資料表之間使用「客戶 ID」欄位來做關聯，從「客戶基本資料表」中的任何一位客戶 ID，可能會對應到「銷售紀錄資料表」中的一列或多列。代表**一位客戶可能會有多筆銷售紀錄**。例如：從客戶基本資料表出發，選擇 [客戶ID] = 1001 以後，也能在銷售紀錄資料表找到 [客戶ID] = 1001 的兩筆銷售紀錄：

客戶基本資料表

客戶ID	姓名	性別	出生年月日	電子郵件	手機號碼
1001	邱婧梓	女	1972/1/30	emily.chiou@xyz.com	0912345678
1002	游坤雄	男	1966/6/19	michael.you@xyz.com	0923456781
1003	施忠港	男	1989/5/28	william.shih@xyz.com	0934567812
1004	溫如蕊	女	1992/6/20	jane.wen@xyz.com	0945678123
1005	簡芮蒨	女	1981/1/7	ashley.jian@xyz.com	0956781234

銷售ID	客戶ID	銷售日期	銷售金額	**銷售紀錄資料表**
5001	1001	2023/8/1	150	
5002	1001	2023/8/10	250	
5003	1002	2023/8/5	100	
5004	1003	2023/8/3	300	
5005	1004	2023/8/8	50	

圖 6-3 一對多關聯例子

接下來，我們來將此兩表匯入 Power BI 中以觀察其在 Power BI 內的關聯性。請使用資料附檔 Chapter6_raw_data_02.xlsx 作為資料來源（或者可以直接開啟起始檔 Chapter6_6.2_starter_02.pbix 操作）。內有兩個分頁：「客戶基本資料表」與「銷售紀錄資料表」，請將這兩個分頁一同匯入空白 Power BI 中（不需要進入 Power Query，直接匯入即可）。

成功匯入以後，在「模型檢視」頁面應能看到如圖 6-4 的兩張資料表。Power BI 能自動偵測兩張表之間的關聯性。圖上的資料表間有一條線連起彼此，「客戶基本資料表」屬於一對多關聯的「一」端，有 1 的圖示；「銷售紀錄資料表」屬於一對多關聯的「多」端，有 ✳ 的圖示：

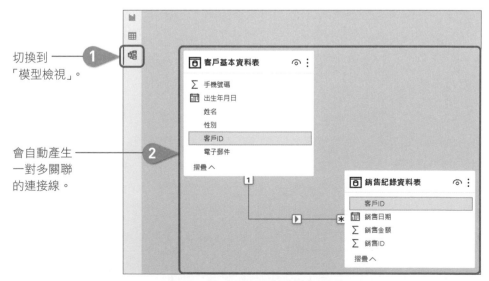

切換到「模型檢視」。

會自動產生一對多關聯的連接線。

圖 6-4 Power BI 模型檢視頁面的一對多關聯資料表

值得一提的是，您可能曾聽過「多對一關聯」。其實，多對一關聯與一對多關聯只是解釋關聯的方向反過來而已。以圖 6-4 的兩張表為例，若稱作多對一關聯則是「從銷售紀錄資料表到客戶基本資料表」，代表多筆銷售可以指向同一位客戶。

多對多關聯

多對多關聯英文稱為「Many-to-many Relationship」，可以用「N：N」或「＊：＊」表示。**在多對多關聯中，用來關聯兩個資料表的欄位並不具備唯一值。**

接下來我們使用案例來說明多對多關聯。如圖 6-5 有兩張資料表：記錄各品牌產品資訊的「產品明細資料表」以及各品牌預算資訊的「預算資料表」。兩張資料表之間使用「品牌名稱」欄位來做關聯，且**該欄位在兩張表之中都不具備唯一值**：

產品明細資料表	
品牌名稱	產品名稱
皮卡丘登山用品	登山包
皮卡丘登山用品	登山杖
皮卡丘登山用品	登山鞋
小火龍露營用品	帳篷
小火龍露營用品	鍋具組
小火龍露營用品	睡袋
傑尼龜單車用品	單車
傑尼龜單車用品	安全帽

預算資料表		
品牌名稱	季度	預算
皮卡丘登山用品	Q1	150000
皮卡丘登山用品	Q2	250000
皮卡丘登山用品	Q3	250000
皮卡丘登山用品	Q4	150000
小火龍露營用品	Q1	200000
小火龍露營用品	Q2	200000
小火龍露營用品	Q3	200000
小火龍露營用品	Q4	150000
傑尼龜單車用品	Q1	100000
傑尼龜單車用品	Q2	250000
傑尼龜單車用品	Q3	250000
傑尼龜單車用品	Q4	100000

圖 6-5　多對多關聯例子

從「產品明細資料表」中的任何一列，會對應到「預算資料表」中的多列，代表**一個品牌有多筆預算（因為季度不同）。**如：從產品明細資料表出發，選擇 [品牌名稱] ＝ "皮卡丘登山用品" 後，能在預算資料表找到四筆跟皮卡丘登山用品相關的預算紀錄。

反過來看，從「預算資料表」中的任何一列，也會對應到「產品明細資料表」中的多列，代表**一個品牌有多種產品**。如：從預算資料表出發，選擇 [品牌名稱] = "皮卡丘登山用品" 以後，能在產品明細資料表找到三筆跟皮卡丘登山用品相關的產品。

接下來，我們來將此兩表匯入 Power BI 中以觀察其在 Power BI 內的關聯性。請使用資料附檔 Chapter6_raw_data_03.xlsx 作為資料來源（或者可以直接開啟起始檔 Chapter6_6.2_starter_03.pbix 操作）。內有兩個分頁：「產品明細資料表」與「預算資料表」，請將這兩個分頁一同匯入空白 Power BI 中。

成功匯入以後，在「模型檢視」頁面應能看到如圖 6-6 的兩張資料表。在多對多關聯的狀況下，Power BI **並不能**自動偵測兩張表之間的關聯性，因此圖上的兩張表之間無線段連接，需要自行設定。

圖 6-6　多對多關聯例子載入 Power BI 後的初始狀態

設定關聯的方式很簡單，如圖 6-7 所示。此時可以用**滑鼠左鍵長按**「產品明細資料表」中的「品牌名稱」欄位，並**拖曳至**「預算資料表」的「品牌名稱」欄位後放開：

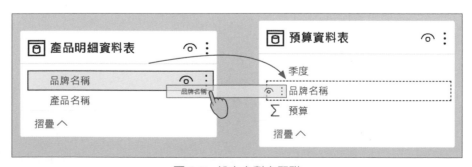

圖 6-7　設定多對多關聯

放開以後，系統會跳出圖 6-8 的視窗。兩張資料表的「品牌名稱」欄位會以灰色底標示出來，代表即將用這兩個欄位作為關聯。下方的「基數」處，系統也自動辨識為「多對多」關聯。除此以外，由於避免使用者誤用多對多關聯，最下面系統還會跳出黃底色的警示。確認無誤以後便可以按下「確定」：

圖 6-8　設定多對多關聯

完成以上設定以後，如圖 6-9 所示，兩個資料表間會有一條線連起來，「產品明細資料表」與「銷售紀錄資料表」均屬於多對多關聯的「多」端，會出現 ✱ 的圖示：

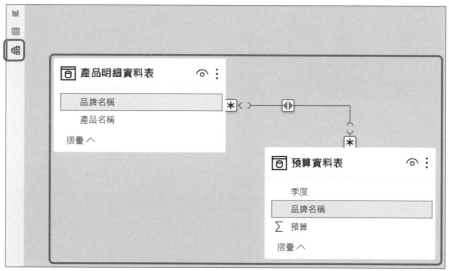

圖 6-9　Power BI 模型檢視頁面的多對多關聯資料表

Stark
無私分享

在實戰的經驗中，一對多關聯是最常見的關聯方式，多對多關聯則次之，一對一關聯則較少見。

多對多關聯可能會導致效能不佳與計算錯誤，我們會傾向引入一個中繼表（英文：bridge table），搭配兩個一對多關聯取代。詳細內容會在 6.2.2 雙向篩選中介紹。

6.2.2　篩選（關聯）的方向

在 Power BI 中有一個很重要的概念便是「篩選的方向」，而這與前一小節所學的關聯息息相關。

單向篩選

以圖 6-10 為例，這是 6.2.1 小節一對多關聯在 Power BI 模型檢視頁面的樣子。仔細看連接兩張資料表的關聯線段，由資料表的一端 $\boxed{1}$ 指向資料表的多端 $\boxed{*}$，中間有一個箭頭的符號 $\boxed{\blacktriangleright}$，這代表的是「**篩選是由一端流向多端**」，同時也代表這是**單向**的篩選，篩選的條件**只能往一個方向流動**。

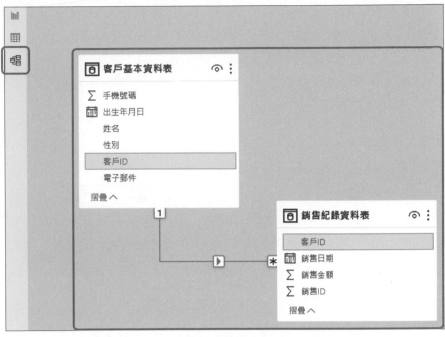

圖 6-10　Power BI 模型檢視頁面的一對多關聯資料表

例如：如圖 6-11，當從客戶基本資料表選定 [客戶ID] = 1001 時，這項篩選條件便會「傳播」（也就是一路套用到相關聯的表）至銷售紀錄資料表，顯示 [客戶ID] = 1001 的結果：

客戶基本資料表

客戶ID	姓名	性別	出生年月日	電子郵件	手機號碼
1001	邱婧梓	女	1972/1/30	emily.chiou@xyz.com	0912345678
1002	游坤雄	男	1966/6/19	michael.you@xyz.com	0923456781
1003	施忠港	男	1989/5/28	william.shih@xyz.com	0934567812
1004	溫如蕊	女	1992/6/20	jane.wen@xyz.com	0945678123
1005	簡芮蒨	女	1981/1/7	ashley.jian@xyz.com	0956781234

[客戶ID] = 1001

銷售紀錄資料表

銷售ID	客戶ID	銷售日期	銷售金額
5001	1001	2023/8/1	150
5002	1001	2023/8/10	250
~~5003~~	~~1002~~	~~2023/8/5~~	~~100~~
~~5004~~	~~1003~~	~~2023/8/3~~	~~300~~
~~5005~~	~~1004~~	~~2023/8/8~~	~~50~~

— 不符合的被過濾掉

圖 6-11　一對多關聯的單向篩選

至於為什麼篩選的概念相當重要呢？還記得我們在第二章的 2.5 節有使用到交叉分析篩選器嗎？以一對多關聯為例，通常**交叉分析篩選器的欄位就會來自於關聯的「一端」**。在此處例子就是「客戶基本資料表」的「客戶 ID」欄位。使用者可以藉由篩選不同的客戶 ID 進而在前端視覺效果中獲得不同的結果。

雙向篩選

開啟附檔 `Chapter6_6.2_starter_04.pbix` 並切換到模型檢視頁面如圖 6-12 所示。此處的資料模型其實是 6.2.1 小節多對多關聯的變形，除了原本的「產品明細資料表」與「預算資料表」以外，還多了「品牌清單」這張僅有一個欄位以記錄**品牌唯一值**的資料表。此表便是 6.2.1 多對多關聯所提過的中繼表。透過此表，可以各別與產品明細與預算資料表形成兩個一對多關聯。

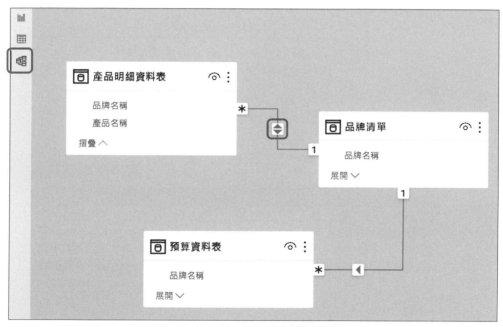

圖 6-12 雙向篩選例子

這三張資料表彼此間的關聯如下：

● **產品明細資料表 & 品牌清單：**多對一（雙向，以 表示）
● **品牌清單 & 預算資料表：**一對多（單向，以 表示）

以下舉例說明雙向篩選的作用方式。

首先，如圖 6-13，從產品明細資料表選擇 [品牌名稱] = "皮卡丘登山用品" 可以篩選品牌清單的 [品牌名稱] = "皮卡丘登山用品"，再進一步篩選預算資料表 [品牌名稱] = "皮卡丘登山用品"：

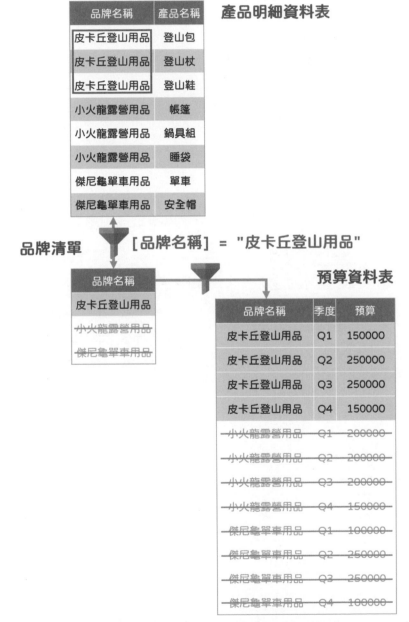

圖 6-13　雙向篩選例子（由上方資料表到下方資料表）

再來，如圖 6-14，從品牌清單選擇 [品牌名稱] = "皮卡丘登山用品" 出發，可以往上篩選產品明細資料表的 [品牌名稱] = "皮卡丘登山用品"（注意圖上的漏斗方向已顛倒），也可以往下篩選預算資料表 [品牌名稱] = "皮卡丘登山用品"：

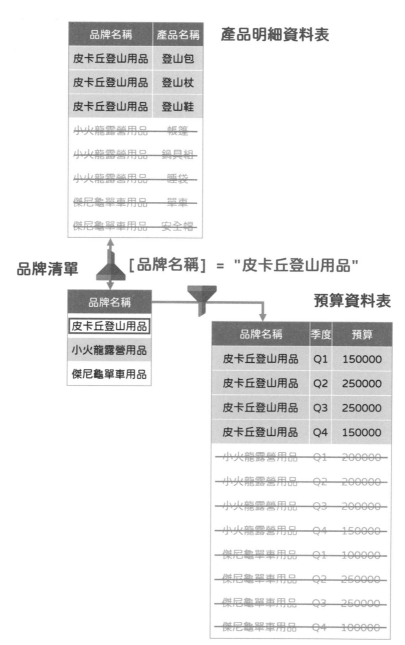

圖 6-14　雙向篩選例子（由下方資料表到上方資料表）

需要注意的是，**雙向篩選如果能避免應盡量避免**。因為當資料量越來越大時，使用雙向篩選會容易導致**效能不佳**的問題。同時，雙向篩選也容易導致**數字計算錯誤**。

6.2.3　作用中與非作用中的關聯

本章截至目前為止所有案例的資料表關聯都屬於「作用中」，亦即有效力的關聯，篩選能藉由關聯的方向從一個表傳播至另外一個表。但在 Power BI 中，還有一種關聯是「非作用中」的關聯，也是本節要探討的內容。

圖 6-15 有兩張資料表，上方為與日期資訊相關的日期表；下方為與訂單相關的訂單資料表。在訂單資料表中總共有兩個欄位與日期有關：「訂購日期」與「出貨日期」。在 Power BI 的資料模型中，**兩資料表間僅許可存在「一個作用中」的關聯**，此處為「日期表」的「日期」欄位與「訂單資料表」的「訂購日期」欄位，以實線箭頭表示。而「日期表」的「日期」欄位與「訂單資料表」的「出貨日期」欄位則為非作用中關聯，以虛線箭頭表示：

日期	年	月	日
2023/5/1	2023	5	1
2023/5/2	2023	5	2
2023/5/3	2023	5	3
2023/5/4	2023	5	4
2023/5/5	2023	5	5
⋮			
2023/7/29	2023	7	29
2023/7/30	2023	7	30
2023/7/31	2023	7	31

日期表

訂單資料表

訂購日期	商品名稱	數量	單價	出貨日期
2023/5/1	手錶	1	7500	2023/5/30
2023/5/1	筆記型電腦	1	23000	2023/5/30
2023/7/9	平板電腦	1	15000	2023/7/9

圖 6-15　作用中與非作用中連結例子

接下來，我們來將此兩表匯入 Power BI 中以觀察其在 Power BI 內的結果。請使用資料附檔 `Chapter6_raw_data_04.xlsx` 作為資料來源（或者可以直接開啟課程附檔 `Chapter6_6.2_starter_05.pbix` 操作）。內有兩個分頁「訂單資料表」與「日期表」，請將這兩個分頁一同匯入空白 Power BI 中（不需要進入 Power Query，直接載入即可）。

成功匯入以後，在「模型檢視」頁面應能看到如圖 6-16 的兩張資料表。由於 **Power BI 並不能**自動偵測兩張表之間的關聯性，因此圖上兩張表之間無線段連接，需要自行設定：

圖 6-16 作用中與非作用中關聯例子

建立作用中關聯

設定關聯的方式如同 6.2.1 小節中多對多關聯的說明，如圖 6-17 所示。然後，用**左鍵並長按拖曳**「日期表」中的「日期」欄位至「訂單資料表」的「訂購日期」欄位後放開。即如圖 6-18 所示，一對多關聯自動建立，並且為實線，代表作用中：

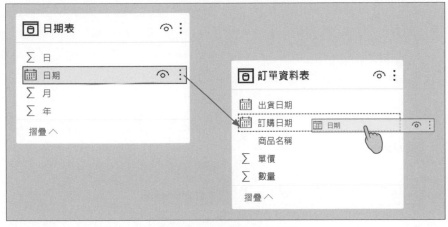

圖 6-17　設定作用中的關聯

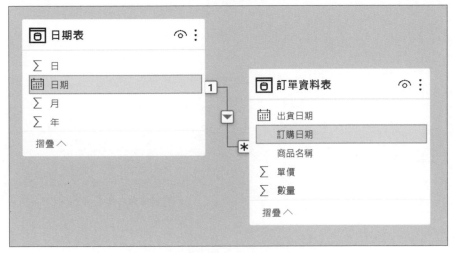

圖 6-18　作用中的關聯

建立非作用中關聯

您可能會覺得兩個資料表既然已經建立作用中的關聯，為什麼還需要非作用中的關聯？以上述的例子而言，前端報表大多數時候是**計算訂購日期的數量與銷售額**。但也有可能的需求是**計算出貨日期的數量與銷售額**。因此，我們需要在資料模型中先把關聯建立起來，儘管當前是非作用中，但之後計算時可以使用 DAX 公式完成需求。至於怎麼寫 DAX 公式，我們會留到 8.5.4 小節以例子介紹再介紹。

接下來要建另外一個關聯：「日期表」的「日期」欄位與「訂單資料表」的「出貨日期」欄位。仿照之前的方式，如圖 6-19 拖曳「日期」欄位到「出貨日期」欄位上。完成以後便如 6-20 所示，一對多關聯自動建立，並且為虛線，代表非作用中（兩個表的關聯只能有一個作用中）：

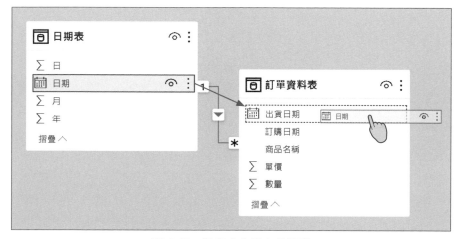

圖 6-19　設定非作用中的關聯

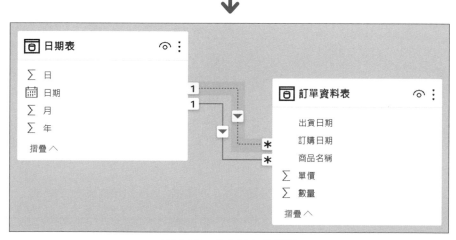

圖 6-20　非作用中的關聯

於是，就為這兩個資料表建立了作用中與非作用中的關聯。這通常會用於處理比較複雜的資料模型，能夠靈活管理資料表之間的關係，以滿足特定的報表和分析的目的。

6.3 Star Schema：最常見的資料模型

Star Schema 的中文可以稱為「星型模型」、「星型模式」或「星型結構」，並沒有一個統一的翻譯詞，因此本書將以英文 Star Schema 稱之。

在資料建模和商業智慧中，Star Schema 是一個強大且廣泛使用的概念。它是一種特殊類型的資料庫模式，以進行高效的分析和報表。Star Schema 的核心旨在**簡化複雜的數據關係並優化查詢性能**，使其成為在 **Power BI** 中最不可或缺的資料模型設計模式。

6.3.1 為什麼需要 Star Schema

在正式介紹 Star Schema 以前，我們需要先知道為什麼需要它？以及 Star Schema 想要解決的問題是什麼？

圖 6-21 是一張記錄便利商店銷售資訊的資料表，其中包含十個欄位：

- **日期**：銷售行為發生的日期
- **居住城市**：結帳顧客的居住城市
- **分店縣市**：便利商店所在的縣市
- **商品類別**：顧客購買商品的類別
- **數量**：顧客購買商品的數量

- **顧客姓名**：結帳顧客的名字
- **銷售人員**：店家的結帳人員
- **分店名稱**：便利商店的名稱
- **商品名稱**：顧客購買商品的名稱
- **單價**：顧客購買商品的單價

日期	顧客姓名	居住城市	銷售人員	分店縣市	分店名稱	商品類別	商品名稱	數量	單價
2023/05/06	王小明	台中市	Eddie	台北市	台北101	微波食品	日式丼飯	1	79
2023/05/06	陳大淵	台北市	Eddie	台北市	台北101	飲品	礦泉水	2	15
2023/05/07	王小明	台中市	Chris	台中市	台中逢甲	飲品	礦泉水	2	15

圖 6-21 記錄便利商店銷售資訊的資料表

這張表其實就像我們一般使用 Excel 試算表一樣，習慣將所有相關資料都放在同一列，這種資料結構一般稱為「寬格式」，雖然看起來結構簡單，但在查詢資料間的關係時就相當麻煩，且不易維護。

以圖 6-21 為例，雖然這張資料表目前只有三列，但可以預見的是，當全臺灣分店的所有銷售資料都記錄在這張表時，此表一定會往下長得越來越長，久而久之便難以維護。因此，為了查詢與製作報表的效率，我們需要將其正規化成最常用的 Star Schema 資料模型。

6.3.2 資料正規化：產生 Star Schema

在這個小節中，我們要借用資料庫正規化的概念。礙於本書篇幅與主軸的關係，並不會詳細談及各種資料庫正規化的方法。若讀者有興趣，可以自行上網搜尋相關內容。本書接下來的範例操作，會盡量以淺顯易懂的方式敘述之。

回到我們的問題，為了將圖 6-21 的資料表優化，我們再觀察這張表，可以發現其實有很多重複的資訊，如圖 6-22 所示：

日期	顧客姓名	居住城市	銷售人員	分店縣市	分店名稱	商品類別	商品名稱	數量	單價
2023/05/06	王小明	台中市	Eddie	台北市	台北101	微波食品	日式丼飯	1	79
2023/05/06	陳大淵	台北市	Eddie	台北市	台北101	飲品	礦泉水	2	15
2023/05/07	王小明	台中市	Chris	台中市	台中逢甲	飲品	礦泉水	2	15

圖 6-22　資料表中重複的項目以虛線圈出

圖上不同顏色的虛線框選出的是重覆的資訊，例如：
● 藍色：2023/05/06 銷售日期資訊重複兩次。
● 黃色：王小明這位顧客資訊重複兩次。
● 綠色：Eddie 這位銷售人員資訊重複兩次。
● 紫色：台北 101 分店資訊重複兩次。
● 紅色：礦泉水這項商品資訊重複兩次。

因此，我們可以將這五項（五種顏色）重複性的資訊，額外使用五張不同的表各別紀錄之。如圖 6-23 所示，除了原本正中間記錄銷售的資料表，圍繞它的還有額外五張資料表，分別記錄各種維度的資訊。而且表與表之間還只是虛線連起來，代表關聯還沒有作用中，目前這張圖僅是中間的過渡階段：

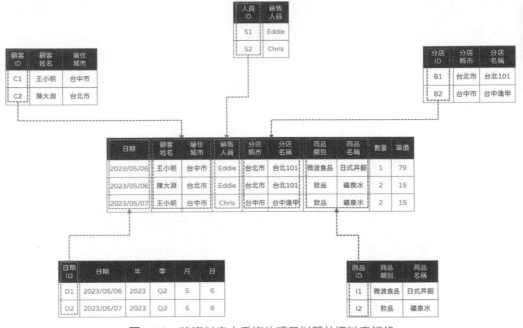

圖 6-23 將資料表中重複的項目以額外資料表記錄

接下來我們就可以將原始的資料表，也就是圖 6-23 正中間的表，五個虛線框選起來的欄位使用五個 ID 欄位取代，完成以後會如圖 6-24 所示：

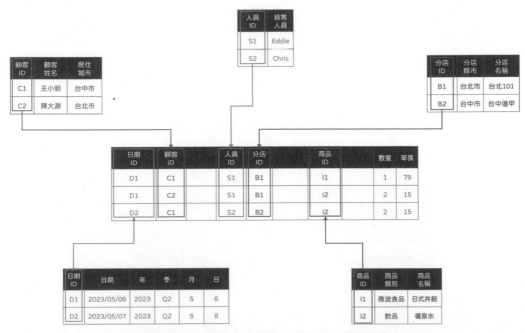

圖 6-24 將資料表中重複的項目以 ID 欄位取代

此時會發現原本的資料表有些欄位被空出，代表這些欄位可以捨去不用。因為從不同的 ID 就可以對應到其他張表各自的資訊。

另外，眼尖的您應該也有發現，圖上所畫的箭頭都是單向箭頭。這跟我們在 6.2 節介紹的關聯時是一樣的概念，代表是從外邊的資料表出發，沿著箭頭的方向抵達中間的資料表，是一對多的關聯。

再將圖 6-24 的稍微整理以後，便可以畫出如圖 6-25 的架構。每一張表僅列出其欄位名稱，並且用箭頭表示資料表之間的關係。在這張圖上有兩個專有名詞：事實資料表與維度資料表：

● 事實資料表：記錄某一事件的事實，目的為分析，因此資料通常為數值型態。
● 維度資料表：記錄維度資料，或稱分析資料的維度，用以描述事實資料表中的事件。

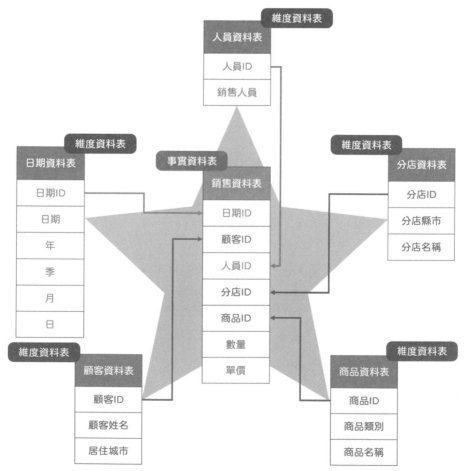

圖 6-25 資料表正規化過後的 Star Schema

此小節到目前為止我們將圖 6-21 原本一張資料表透過資料正規化的方法產生如圖 6-25 的架構。此架構會有一張事實資料表搭配數張與之關聯的維度資料表，構建成如星星的模樣（如圖 6-25 下有個灰色星星），因此稱此架構為 Star Schema。

資料正規化的實作，在 6.4 節會藉由 ChatGPT 的協助做示範。

Stark

無私分享

Star Schema 的架構對於小型資料集來說可能會有點殺雞用牛刀。但是這個架構能確保資料更易於被維護。例如：未來如果想進行分店資訊的新增、修改或刪除，只需要更動分店資料表即可，不需要去更動龐大的原始資料表。

強烈建議讀者未來在製作 **Power BI** 報表時，若涉及多個資料表，內心一定要想到 Star Schema 與資料表間的關聯性。熟悉這兩者，對於日後碰到報表上需要計算的項目時，絕對會事半功倍。

Stark

無私分享

6.3.1 與 6.3.2 小節介紹用一張資料表記錄會遇到的問題，以及產生 Star Schema 的方法。若您對於這些操作還不甚熟悉的話，可以參考我錄製的影片介紹，**內有豐富的圖片動畫**。例子雖然不同，但背後的概念卻是一樣的。

請連上網址：
https://convertkit.imasterpowerbi.com/data-model
或掃描 QR-Code，輸入姓名與 e-mail 信箱，即可取得。

6.3.3 事實資料表

我們在前面的 6.3.2 小節簡單提及過事實資料表。在這個小節，我們將深入討論之。

事實資料表，英文稱為「Fact Table」。在資料建模領域，事實資料表是驅動商業分析和促進決策核心，也是 Star Schema 的支柱，資料表內主要是存放「**數值型態**」資料。舉例來說，它可以代表反映業務的績效、交易或其它任何活動的有形指標，從銷售收入和銷售數量到利潤率和客戶數量。

主要特徵

1. **數值型態資料（Numeric Values）**：事實資料表存儲可以量化和分析的數值數據。這些值可以是整數、小數或百分比，具體取決於指標性質。

2. **資料粒度（Data Granularity）**：事實資料表中的每一列對應於一個特定的事件。每列資料的詳細程度稱為資料表的資料粒度。例如，在記錄銷售的資料表中，每一列可能代表一日的交易總額，則我們可以稱該表的資料粒度細至「天」。

3. **資料聚合（Data Aggregation）**：事實資料表可以將原始數據依據不同程度，聚合成不同級別的數據。例如原始資料表的每列是一筆銷售紀錄，透過聚合則可以從每筆銷售額到月平均銷售額。

範例說明

回首觀察圖 6-25，正中間的事實資料表的目的為記錄每一筆獨立的銷售。

該資料表僅有**「數量」**與**「單價」**兩個欄位是**數值型態資料**，也因為有記錄這兩個欄位，我們才可以進行後續的分析。例如：某分店的月銷售紀錄、某顧客的購買行為等等。

其餘剩下的 ID 欄位都與該事件發生的數值無關，主要是記載不同維度的資訊。藉由多對一的關係獲得不同維度資料表中的維度資訊。

6.3.4　維度資料表

同樣在 6.3.2 小節簡單提及過維度資料表。在這個小節，我們將深入討論之。

維度資料表，英文稱為「Dimension Table」。資料建模領域在 Star Schema 中，維度資料表提供「**描述性屬性（Attribute）**」的欄位來豐富資料分析。這些描述性屬性欄位大多是存放「**文字型態**」資料。舉例來說，它可以是產品維度資料表中定義產品類別、子類別、名稱等等的欄位。

主要特徵

1. **描述性屬性（Descriptive Attributes）**：維度資料表包含描述性的文字資訊，替事實資料表中存儲的事實提供上下文和含義（兩表之間以關聯連結）。這些屬性欄位可能包含：時間、地理位置、產品詳細資訊和客戶基本資料。

2. **層次結構（Hierarchies）**：維度資料表通常包含層次結構，讓使用者可以深入了解不同級別的數據。例如：一張產品資料表可能包含產品類別、子類別、名稱三個欄位。同樣是 3C 用品的產品類別，可能包含多種子類別，如：穿戴式裝置、桌機、筆電，再往下可能又有各自的名稱。

3. **類別型資料（Categorical Data）**：維度資料表中的資料本質上是分門別類的。該類別資料構成了事實資料表中的「分組」（grouping）與「過濾」（filtering）的基礎。例如：一張客戶資料表可能包含生理性別、居住城市等欄位。生理性別粗略可以分成女性、男性與其它這三種。當定義好以後，生理性別欄位內的資料只會出現這三種可能，不會有別的選項，這便是類別型資料。

範例說明

回首觀察圖 6-25，圍繞在事實資料表外邊的所有資料表便是維度資料表。

每一張維度資料表內除了各自 ID 欄位以外，大多都是描述性的文字型態資料。但也有例外，例如日期資料表內的日期欄位在 Power BI 內是屬於「日期資料型態」。

Stark
無私小撇步

善用維度資料表可以使資料模型更容易維護，以下用兩個簡單的情境說明：

● 範例 1：修改資料時

當某位顧客的居住地更改時，僅需要針對顧客維度資料表內的一列作更動。若沒有建立資料模型，資料表為一開始如圖 6-21 的寬格式，則需要針對該顧客歷史至今的所有交易紀錄列一一做修改。

● 範例 2：新增資料時

當業務需求更動，需要多一張維度資料表分析資料時，僅需要額外定義各維度於新表中，並且與事實資料表間使用關聯欄位相連結。若沒有資料模型，同樣如圖 6-21 的寬格式，則需要針對整張資料表的所有列作更動（增加新欄位，並一一填入資料）。

6.4 實作： 利用 ChatGPT 協助建立資料模型

在學習完資料模型的觀念以後，接下來我們要學著實作資料正規化，並且完成一個資料模型。

圖 6-26 為一張尚未被正規化的資料表。學習到這一節，您應該可以很容易地發現這張資料表，將維度性的資訊（產品名稱、產品類別、客戶名稱、客戶地址、銷售日期）與事實性的資訊（銷售數量、銷售單價）混雜在一起。我們需要將維度資訊從這張表中分離成為各自獨立的維度資料表，並且使用 ID 欄位關聯彼此：

銷售ID	產品名稱	產品類別	客戶名稱	客戶地址	銷售日期	銷售數量	產品單價
1	Product A	Electronics	John Smith	123 Main St	2023/1/5	3	50
2	Product B	Clothing	Jane Doe	456 Elm St	2023/1/5	2	30
3	Product A	Electronics	Emily Johnson	789 Oak St	2023/1/15	5	50
4	Product C	Furniture	Michael Brown	101 Pine Ave	2023/2/2	1	75
5	Product B	Clothing	Sarah White	222 Maple Dr	2023/2/10	4	30
6	Product A	Electronics	John Smith	123 Main St	2023/3/1	2	50
7	Product D	Electronics	Linda Black	444 Elm Rd	2023/3/15	1	30
8	Product B	Clothing	Jane Doe	456 Elm St	2023/4/2	3	30
9	Product A	Electronics	John Smith	123 Main St	2023/4/20	6	50
10	Product C	Furniture	Michael Brown	101 Pine Ave	2023/5/5	2	75

圖 6-26 尚未被正規化的資料表

6.4.1 將問題交給 ChatGPT 解決：撰寫適當的提示詞

初次製作資料模型可能不清楚該怎麼拆分原始尚未被正規化的資料表，這確實是個挑戰。幸運的是，我們可以使用 ChatGPT 來協助資料表的拆分。若您對 ChatGPT 有興趣或是不太了解，可以上網查閱，此處僅示範如何利用 ChatGPT 協助解決資料表拆分的問題。

進入 ChatGPT 以後，請撰寫如圖 6-27 的提示詞（請參考本章附檔 ChatGPT 提示詞 .txt）：

SU

請扮演一位 **Power BI** 專家，協助我「將一張未正規化的銷售資料表正規化為多張維度資料表與一張事實資料表」。

原始未正規化的資料表欄位資訊如下，將以「名稱（資料型態）：說明」的方式呈現：

- 銷售ID（整數）：銷售資料表的 ID 欄位，為相異值
- 產品名稱（文字）：被銷售產品的名稱，要包含產品基本資料
- 產品類別（文字）：每種產品名稱會有對應的產品類別
- 客戶名稱（文字）：銷售對象的名字
- 客戶地址（文字）：客戶的居住地址
- 銷售日期（日期）：銷售事件發生的日期，要區分年月日
- 銷售數量（整數）：客戶購買 `產品名稱` 的數量
- 銷售單價（數值）：`產品名稱` 的單價

圖 6-27 將任務寫成提示詞給 ChatGPT

ChatGPT 接受我們的問題以後，就會依據內容產生對應的回覆如下。從它回傳的
結果可以知道，我們需要四張維度資料表以及一張事實資料表。這四張維度資
料表包括：產品、產品類別、客戶以及日期。而一張事實資料表則是銷售事實
資料表。

根據您提供的資訊，我們將進行正規化的步驟，將原始的未正規化資料
表轉換成多張維度資料表和一張事實資料表。正規化的目標是分解資料，
達到最小重複儲存並確保資料的一致性。以下是我們的正規化策略：

首先，我們將建立四張維度資料表：產品維度、產品類別維度、客戶維
度和日期維度。然後，我們將建立一張事實資料表，其中包含銷售事實
的相關資訊。

1. 產品維度表（Products）

   ● 產品 ID（整數）：唯一識別產品的 ID

   ● 產品名稱（文字）：產品的名稱

   ● 產品類別 ID（整數）：關聯到產品類別維度的外部鍵

2. 產品類別維度表（ProductCategories）

   ● 產品類別 ID（整數）：唯一識別產品類別的 ID

   ● 產品類別名稱（文字）：產品類別的名稱

3. 客戶維度表（Customers）

   ● 客戶 ID（整數）：唯一識別客戶的 ID

   ● 客戶名稱（文字）：客戶的名稱

   ● 客戶地址（文字）：客戶的居住地址

4. 日期維度表（Dates）

   ● 日期 ID（整數）：唯一識別日期的 ID

   ● 銷售日期（日期）：日期

→ 接下頁

- 年份（整數）：年份
- 月份（整數）：月份
- 日（整數）：日

5. 銷售事實表（Sales）

- 銷售 ID（整數）：唯一識別銷售的 ID
- 產品 ID（整數）：關聯到產品維度的外部鍵
- 客戶 ID（整數）：關聯到客戶維度的外部鍵
- 日期 ID（整數）：關聯到日期維度的外部鍵
- 銷售數量（整數）：購買的產品數量
- 產品單價（數值）：產品的銷售單價

這樣的正規化結構可以幫助您更有效地進行資料分析和報告。您可以使用 Power BI 或其他商業智慧工具將這些資料表匯入並建立關聯，以進行深入的資料探索、報告和分析。

Stark
無私小撇步

ChatGPT 每次回傳的內容不盡相同，因此很有可能您的結果與書上的不同，但若是問題描述足夠具體，回傳的回覆應該不會相差太多。後續各小節的操作方法是個指南，您可以依照自己的正規化結果建立維度表與事實表。

在本節後續的內容中，我們將依據 ChatGPT 提供的策略，依序建立產品類別維度表、產品維度表、客戶維度表、日期維度表，以及銷售事實表。

6.4.2　建立產品類別維度表

實作檔案參照

■ Power BI 起始操作檔：`Chapter6_6.4_starter_01.pbix`

請打開新的 Power BI 並匯入本章所附的 `Chapter6_raw_data_05.csv` 作為資料來源，將檔案轉換以後，即可**打開 Power Query 編輯器**。或者直接開啟附檔 `Chapter6_6.4_starter_01.pbix` 並更正來源資料檔路徑，然後在「常用」頁籤點擊「轉換資料」，即如圖 6-28 所示：

	銷售ID		產品名稱		產品類別		客戶名稱		客戶地址		銷售日期		銷售數量
	● 有效	100%	● 有效	100%	● 有效	100%	● 有效	100%	● 有效	100%	● 有效	100%	● 有效	10
	● 錯誤	0%	● 錯誤	0%	● 錯誤	0%	● 錯誤	0%	● 錯誤	0%	● 錯誤	0%	● 錯誤	
	● 空白	0%	● 空白	0%	● 空白	0%	● 空白	0%	● 空白	0%	● 空白	0%	● 空白	
1	1	Product A		Electronics		John Smith		123 Main St		2023/1/5				
2	2	Product B		Clothing		Jane Doe		456 Elm St		2023/1/5				
3	3	Product A		Electronics		Emily Johnson		789 Oak St		2023/1/15				
4	4	Product C		Furniture		Michael Brown		101 Pine Ave		2023/2/2				
5	5	Product B		Clothing		Sarah White		222 Maple Dr		2023/2/10				
6	6	Product A		Electronics		John Smith		123 Main St		2023/3/1				
7	7	Product D		Electronics		Linda Black		444 Elm Rd		2023/3/15				
8	8	Product B		Clothing		Jane Doe		456 Elm St		2023/4/2				
9	9	Product A		Electronics		John Smith		123 Main St		2023/4/20				
10	10	Product C		Furniture		Michael Brown		101 Pine Ave		2023/5/5				

圖 6-28　匯入尚未正規化的資料表

階段一：從原始資料表複製出產品類別維度表

請在右側的查詢設定面板將資料表名稱改為銷售事實資料表（FACT_SALES），因為我們要以此資料表為核心，建立出後續的維度資料表，最後才會回頭來整理這個事實資料表。請依下面步驟操作：

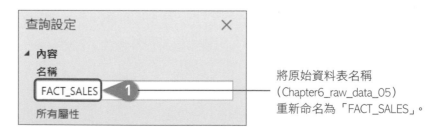

將原始資料表名稱
（Chapter6_raw_data_05）
重新命名為「FACT_SALES」。

圖 6-29　將資料表重新命名為 FACT_SALES

在查詢面板處，右鍵
點擊 FACT_SALES。

左鍵點擊
「重複」。

圖 6-30 複製一份 FACT_SALES 資料表

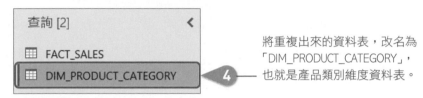

將重複出來的資料表，改名為
「DIM_PRODUCT_CATEGORY」，
也就是產品類別維度資料表。

圖 6-31 將重複的資料表改名為 DIM_PRODUCT_CATEGORY

> 此處的維度資料表名稱前面加上的「DIM」是維度 (dimension) 的意思，方便識別
> 是哪一種資料表，後面命名也都會依此原則。

階段二：移除產品類別維度表內不需要的資料行與重複列

因為產品類別維度資料表
只需要產品類別以及一個
ID 資料行，因此僅保留
產品類別資料行，且重複
出現的產品類別也只需要
保留一個：

在 DIM_PRODUCT_CATEGORY 中找到
「產品類別」，並點選右鍵。

左鍵點擊「移除其他資料行」。

A^B_C 產品類別 ▼		A^B_C 客戶名稱 ▼
● 有效	複製	
● 錯誤	移除	
● 空白	移除其他資料行	
Electronics	複製資料行	
Clothing	從範例新增資料行...	
Electronics		
Furniture	移除重複項目	
Clothing	移除錯誤	
Electronics	變更類型 ▶	
Electronics	轉換 ▶	
Clothing	取代值...	
Electronics	取代錯誤...	
Furniture	分割資料行 ▶	

圖 6-32 移除「產品類別」以外的資料行

在「產品類別」
點選右鍵。

左鍵點擊「移除重
複項目」，讓每種產
品類別只保留一列。

圖 6-33　移除「產品類別」資料行的重複項目

階段三：新增產品類別的索引

最後，要為不重複的產品類別資料行產生索引，也就是要做為產品類別 ID 資料
行之用：

於 Ribbon 處找到
「新增資料行」頁籤。

左鍵點擊「索引資料行」，為每一個
產品類別都建立唯一的索引。

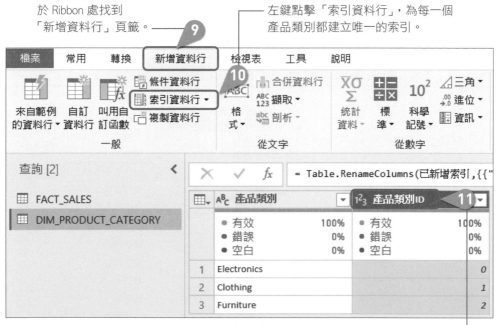

圖 6-34　新增索引資料行

重新命名索引資料行為
「產品類別 ID」。

完成上述步驟以後，產品類別維度資料表（DIM_PRODUCT_CATEGORY）應如圖 6-35 所示。這與 ChatGPT 給予的建議相同：

A^B_C 產品類別		1²₃ 產品類別ID	
● 有效	100%	● 有效	100%
● 錯誤	0%	● 錯誤	0%
● 空白	0%	● 空白	0%
1	Electronics		0
2	Clothing		1
3	Furniture		2

圖 6-35 產品類別維度資料表（DIM_PRODUCT_CATEGORY）

6.4.3 建立產品維度資料表

接下來同樣要從 FACT_SALES 資料表產生產品維度資料表，請接續 6.4.2 小節。

階段一：從原始資料表複製出產品維度表

在左側查詢面板處，
右鍵點擊 FACT_SALES。

左鍵點擊「重複」。

圖 6-36 複製 FACT_SALES 資料表

將重複出來的資料表，
重新命名為「DIM_PRODUCT」，
也就是產品維度資料表。

圖 6-37 將重複的資料表重新命名為 DIM_PRODUCT

階段二：移除產品維度表內不需要的資料行與重複列

在 DIM_PRODUCT 中以「 Shift + 左鍵」選取
「產品名稱」與「產品類別」，然後在標頭點滑鼠右鍵。　　　　　　點擊「移除其他資料行」。

圖 6-38　移除「產品名稱」與「產品類別」以外的資料行

在 DIM_PRODUCT 中以「 Shift + 左鍵」選取
「產品名稱」與「產品類別」，在標頭點滑鼠右鍵。

圖 6-39　移除「產品名稱」與「產品類別」資料行的重複項目

點擊「移除重複項目」。

階段三：建立關聯到產品類別維度表的外部鍵

因為「產品維度資料表」可以藉由「產品類別」資料行關聯到「產品類別維度
資料表」，因此在「產品維度資料表」中需要有一個「產品類別 ID」資料行，做
為對應到「產品類別維度資料表」的外部鍵。

Stark
無私小撇步

Star Schema 的維度資料表也可以有衍生的維度資料表，例如本例的「產品維度資料表」，其中「產品類別」資料行另外衍生出「產品類別維度資料表」，此表是與「產品維度資料表」連接，而不與事實資料表直接連接。

接下來，我們要以產品維度表做為左表，產品類別維度表做為右表，來進行左外連接（請回顧 5.1.2 小節）：

於 Ribbon 處找到「常用」頁籤。　　　　　　　　左鍵點擊「合併查詢」。

圖 6-40　新增合併查詢

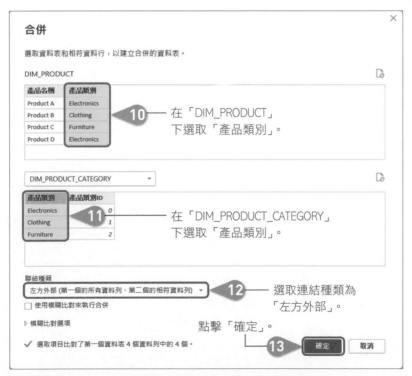

在「DIM_PRODUCT」下選取「產品類別」。

在「DIM_PRODUCT_CATEGORY」下選取「產品類別」。

選取連結種類為「左方外部」。

點擊「確定」。

圖 6-41　設定合併查詢，以兩表皆有的產品類別資料行進行連接

勾選要出現來自右表的
「產品類別 ID」欄位。

於合併所新增的資料行
點擊 ⬌ 圖示。

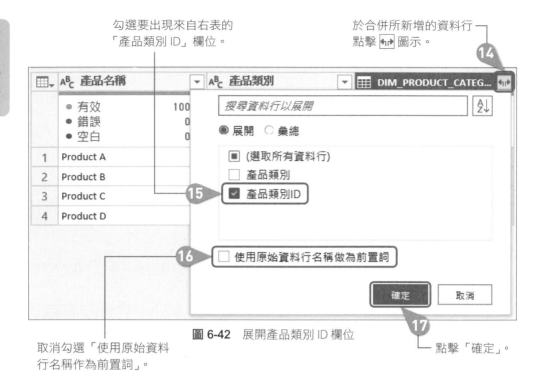

圖 6-42　展開產品類別 ID 欄位

取消勾選「使用原始資料
行名稱作為前置詞」。

點擊「確定」。

階段四：新增產品的索引

最後，要為產品維度資料表新增一個索引資料行做為主鍵：

點選 Ribbon 的「新增資料行」頁籤。

圖 6-43　新增索引資料行

左鍵點擊「索引資料
行」，為每一個產品名
稱都建立唯一的索引。

重新命名索引資料
行為「產品 ID」。

上述步驟 8~17 為將 DIM_PRODUCT 與 DIM_PRODUCT_CATEGORY 形成關聯的必要步驟，兩者之間以「產品類別 ID」關聯。

完成上述步驟以後，產品維度資料表（DIM_PRODUCT）應如圖 6-44 所示。這與 ChatGPT 給予的建議相同（您可自行將產品 ID 資料行移動到最前面）：

AᵇC 產品名稱		AᵇC 產品類別		1²₃ 產品類別ID		1²₃ 產品ID	
● 有效	100%	● 有效	100%	● 有效	100%	● 有效	100%
● 錯誤	0%	● 錯誤	0%	● 錯誤	0%	● 錯誤	0%
● 空白	0%	● 空白	0%	● 空白	0%	● 空白	0%
1	Product A	Electronics			0		0
2	Product D	Electronics			0		1
3	Product B	Clothing			1		2
4	Product C	Furniture			2		3

圖 6-44　產品維度資料表（DIM_PRODUCT）

6.4.4　建立客戶維度資料表

接下來，要從 FACT_SALES 資料表產生客戶維度資料表，請接續 6.4.3 小節。

階段一：從原始資料表複製出客戶維度表

雖然步驟與前面大同小異，不過多做幾遍可以加深印象、熟能生巧，請依以下步驟進行：

圖 6-45　複製一份 FACT_SALES 資料表

將重複出來的資料表，重新
命名為「DIM_CUSTOMER」，
也就是客戶維度資料表。

圖 6-46 將複製的資料表重新命名
為 DIM_CUSTOMER

階段二：移除客戶維度表內不需要的資料行與重複列

在 DIM_CUSTOMER 中以「 Shift + 左鍵」選取
「客戶名稱」與「客戶地址」，並點選右鍵。

左鍵點擊「移除
其他資料行」。

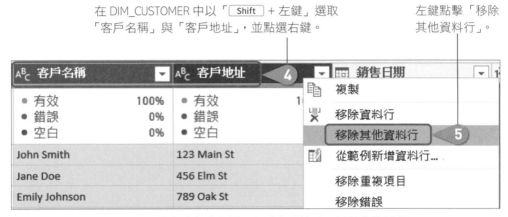

圖 6-47 移除「客戶名稱」與「客戶地址」以外的資料行

在 DIM_CUSTOMER 中以「 Shift + 左鍵」選取
「客戶名稱」與「客戶地址」，並點選右鍵。

圖 6-48 移除「客戶名稱」與「客戶地址」資料行的重複項目

左鍵點擊「移除重複項目」。

階段三：新增客戶的索引

於 Ribbon 處選取
「新增資料行」頁籤。

左鍵點擊「索引資料行」，
為每一個客戶名稱都建立唯一的索引。

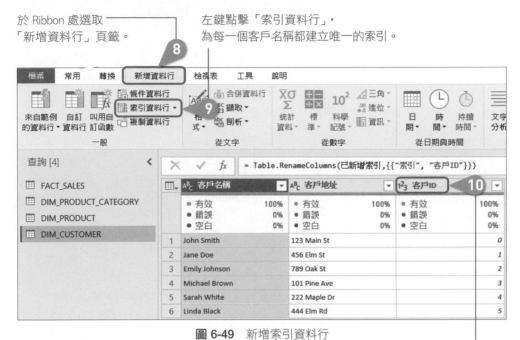

圖 6-49　新增索引資料行

重新命名索引資料行
為「客戶 ID」。

完成上述步驟以後，客戶維度資料表（DIM_CUSTOMER）應如圖 6-50 所示。這
與 ChatGPT 給予的建議相同。

⊞▾	A^B_C 客戶名稱	▾	A^B_C 客戶地址	▾	1²₃ 客戶ID	▾
	● 有效　　100%		● 有效　　100%		● 有效　　100%	
	● 錯誤　　　0%		● 錯誤　　　0%		● 錯誤　　　0%	
	● 空白　　　0%		● 空白　　　0%		● 空白　　　0%	
1	John Smith		123 Main St			0
2	Jane Doe		456 Elm St			1
3	Emily Johnson		789 Oak St			2
4	Michael Brown		101 Pine Ave			3
5	Sarah White		222 Maple Dr			4
6	Linda Black		444 Elm Rd			5

圖 6-50　客戶維度資料表（DIM_CUSTOMER）

6.4.5 建立日期維度資料表

接下來，同樣從 FACT_SALES 資料表產生日期維度資料表，請接續 6.4.4 小節。

階段一：從原始資料表複製出日期維度表

在查詢面板處，右鍵點擊 FACT_SALES。

左鍵點擊「重複」。

將複製出來的資料表，重新命名為「DIM_DATE」。

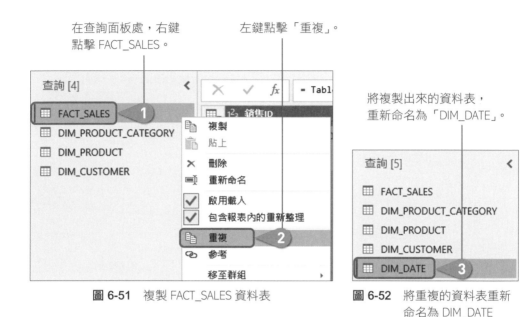

圖 6-51　複製 FACT_SALES 資料表

圖 6-52　將重複的資料表重新命名為 DIM_DATE

階段二：移除日期維度表內不需要的資料行與重複列

在 DIM_ DATE 中找到「銷售日期」，並在標頭點選右鍵。

左鍵點擊「移除其他資料行」。

圖 6-53　移除「銷售日期」以外的資料行

在 DIM_DATE 中找到「銷售日期」，並點選右鍵。

左鍵點擊「移除重複項目」。

圖 6-54　移除「銷售日期」資料行的重複項目

階段三：新增日期的索引

於 Ribbon 處選取「新增資料行」頁籤。

左鍵點擊「索引資料行」，為每一個銷售日期都建立唯一的索引。

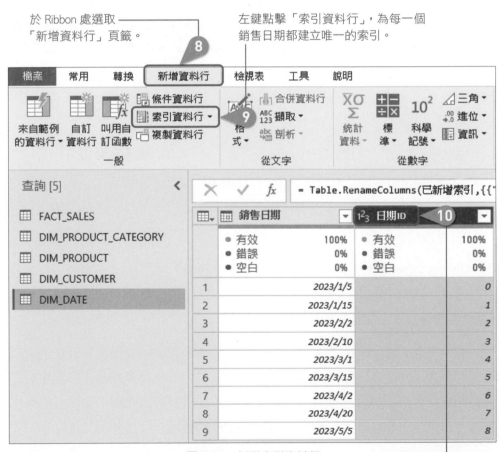

圖 6-55　新增索引資料行

重新命名索引資料行為「日期 ID」。

完成上述步驟以後，日期
維度資料表（DIM_DATE）
應如圖 6-56 所示。這張表
與 ChatGPT 給予的建議不
是百分之百相同（還缺了
年份、月份、日資料行），
如果有需要的話，可以參
照 4.2 節的方法，從銷售
日期拆分出來即可：

🔢▾	🔲 銷售日期	▾	1²₃ 日期ID	▾
	● 有效	100%	● 有效	100%
	● 錯誤	0%	● 錯誤	0%
	● 空白	0%	● 空白	0%
1		2023/1/5		0
2		2023/1/15		1
3		2023/2/2		2
4		2023/2/10		3
5		2023/3/1		4
6		2023/3/15		5
7		2023/4/2		6
8		2023/4/20		7
9		2023/5/5		8

圖 6-56　日期維度資料表（DIM_DATE）

6.4.6　建立銷售事實資料表

前面四個小節已經建立了四個維度資料表，現在要處理尚未經過正規化的銷售
事實資料表了。這四個維度資料表都各有一個唯一的 ID 資料行，我們來整理一
下：

1. 產品類別維度資料表（DIM_PRODUCT_CATEGORY）：**產品類別 ID**

2. 產品維度資料表（DIM_PRODUCT）：**產品 ID**

3. 客戶維度資料表（DIM_CUSTOMER）：**客戶 ID**

4. 日期維度資料表（DIM_DATE）：**日期 ID**

第一個「產品類別維度資料表」是由「產品維度資料表」衍生出去的，而且我
們在 6.4.3 小節的階段三就已經建立了這兩個資料表間的關聯。真正需要直接與
「銷售事實資料表」相連的只有後面三個。

也就是說，我們必須在銷售事實資料表中，建立能與那三個維度表連接的資料
行，也就是：產品 ID、客戶 ID、日期 ID。請注意！要在事實資料表中產生這三
個資料行，並非直接新增資料行，而是要從三個維度資料表中抓過來，如此才
能建立起銷售事實資料表與維度資料表之間的關聯。

與產品維度表連接，產生產品ID 資料行

接著，要建立 FACT_SALES 事實資料表與產品維度資料表的連接，我們以事實資料表為左表，以產品維度資料表為右表，採左外連接進行合併：

圖 6-57 新增合併查詢

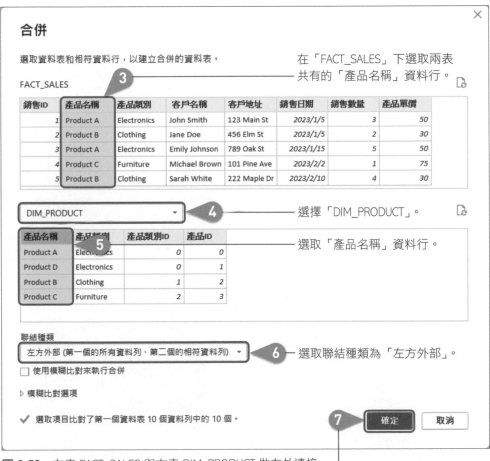

圖 6-58 左表 FACT_SALES 與右表 DIM_PRODUCT 做左外連接

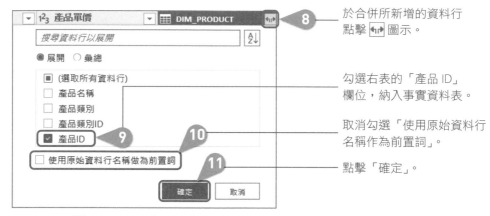

於合併所新增的資料行
點擊 🔁 圖示。

勾選右表的「產品 ID」
欄位，納入事實資料表。

取消勾選「使用原始資料行
名稱作為前置詞」。

點擊「確定」。

圖 6-59 展開產品 ID 欄位

完成以上步驟以後，便會在 FACT_SALES 出現一個新的「產品 ID」資料行，而此
資料行是來自於 DIM_PRODUCT 維度表，如圖 6-60 所示：

	客戶名稱	銷售日期	銷售數量	產品單價	產品ID
	● 有效 100% ● 錯誤 0% ● 空白 0%	● 有效 100% ● 錯誤 0% ● 空白 0%	● 有效 100% ● 錯誤 0% ● 空白 0%	● 有效 100% ● 錯誤 0% ● 空白 0%	● 有效 100% ● 錯誤 0% ● 空白 0%
1	John Smith	2023/1/5	3	50	0
2	Emily Johnson	2023/1/15	5	50	0
3	Jane Doe	2023/1/5	2	30	2
4	Sarah White	2023/2/10	4	30	2
5	Michael Brown	2023/2/2	1	75	3
6	John Smith	2023/3/1	2	50	0
7	Linda Black	2023/3/15	1	30	1
8	Jane Doe	2023/4/2	3	30	2
9	John Smith	2023/4/20	6	50	0
10	Michael Brown	2023/5/5	2	75	3

圖 6-60 FACT_SALES 新增的產品 ID 資料行

Stark
無私分享

提醒！建立銷售事實資料表與各個維
度資料表的關聯時，我們會將事實表
做為左表，維度表做為右表，然後透
過兩表共有（交集）的資料行進行左
外連接，如此可保留事實表中所有的
內容，同時也可以將右表中的 ID 資料
行抓進左表中。

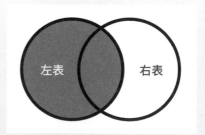

圖 6-61 複習一下左外連接

與客戶維度資料表連接，產生客戶ID 資料行

接著，要建立 FACT_SALES 事實資料表與客戶維度資料表的連接，我們以事實資料表為左表，以客戶維度資料表為右表，採左外連接進行合併：

圖 6-62 新增合併查詢

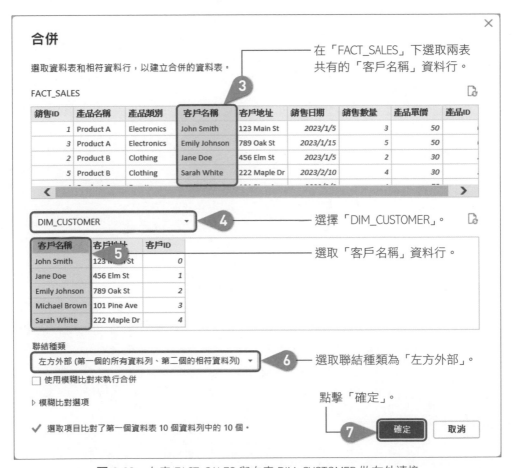

圖 6-63 左表 FACT_SALES 與右表 DIM_CUSTOMER 做左外連接

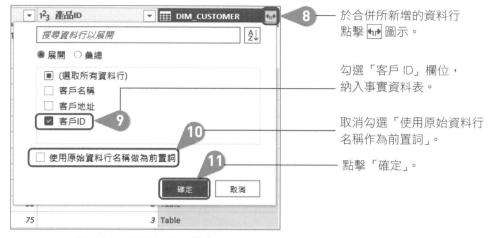

於合併所新增的資料行
點擊 ↰↱ 圖示。

勾選「客戶 ID」欄位，
納入事實資料表。

取消勾選「使用原始資料行
名稱作為前置詞」。

點擊「確定」。

圖 6-64 展開客戶 ID 欄位

完成以上步驟以後，便會在 FACT_SALES 新增一個來自 DIM_CUSTOMER 維度表的「客戶 ID」資料行，如圖 6-65 所示：

	▾ ᴬᵇᶜ 客戶地址	▾	¹²₃ 銷售數量	▾	¹²₃ 產品單價	▾	¹²₃ 產品ID	▾	¹²₃ 客戶ID	▾
	● 有效 100%		● 有效 100%		● 有效 100%		● 有效 100%		● 有效 100%	
	● 錯誤 0%		● 錯誤 0%		● 錯誤 0%		● 錯誤 0%		● 錯誤 0%	
	● 空白 0%		● 空白 0%		● 空白 0%		● 空白 0%		● 空白 0%	
1	123 Main St		3		50		0		0	
2	123 Main St		2		50		0		0	
3	789 Oak St		5		50		0		2	
4	456 Elm St		2		30		2		1	
5	222 Maple Dr		4		30		2		4	
6	101 Pine Ave		1		75		3		3	
7	444 Elm Rd		1		30		1		5	

圖 6-65 FACT_SALES 新增的客戶 ID 資料行

與日期維度資料表連接，產生日期ID 資料行

再來，要建立 FACT_SALES 事實資料表與日期維度資料表的連接，我們以事實資料表為左表，以日期維度資料表為右表，採左外連接進行合併：

點選「常用」頁籤。　　　　　　　　　　　　　　　左鍵點擊「合併查詢」。

圖 6-66 新增合併查詢

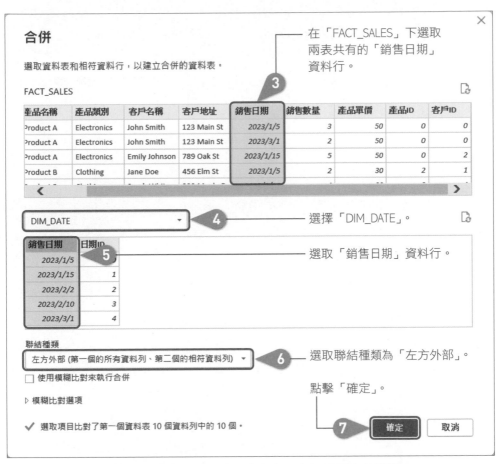

圖 6-67　左表 FACT_SALES 與右表 DIM_DATE 做左外連接

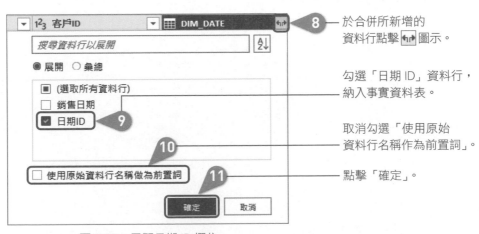

圖 6-68　展開日期 ID 欄位

完成以上步驟以後，便會在 FACT_SALES 增加一個來自 DIM_DATE 維度資料表的「日期 ID」資料行，如圖 6-69 所示：

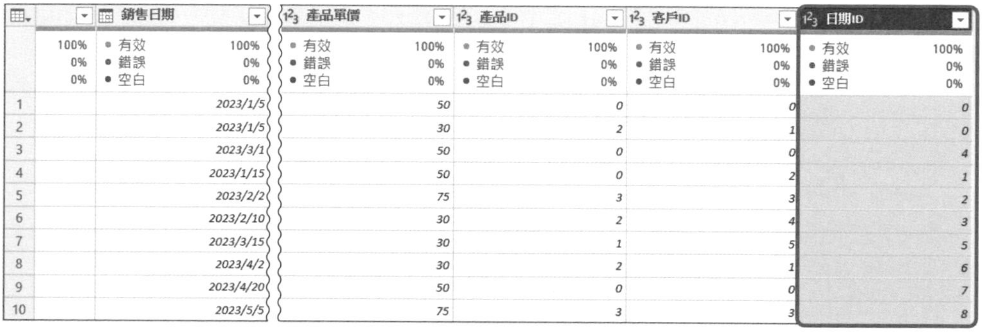

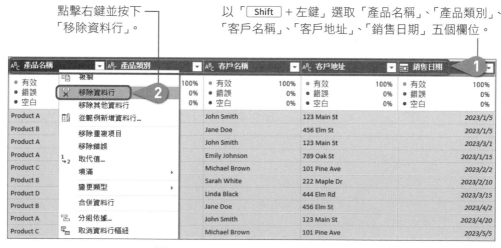

圖 6-69　FACT_SALES 新增的日期 ID 資料行

移除描述性資料行

在銷售事實資料表與各維度資料表連接，並產生各 ID 資料行之後，我們便可將事實資料表中已經歸入各維度資料表的描述性資料行（文字資料）移除：

圖 6-70　選取不需要的資料行並移除

完成以上步驟以後，FACT_SALES 這張資料表便只包含 ID 的欄位以及數值相關的欄位（銷售數量、產品單價）：

123 銷售ID	123 銷售數量	123 產品單價	123 產品ID	123 客戶ID	123 日期ID
● 有效 100% ● 錯誤 0% ● 空白 0%	● 有效 100% ● 錯誤 0% ● 空白 0%	● 有效 100% ● 錯誤 0% ● 空白 0%	● 有效 100% ● 錯誤 0% ● 空白 0%	● 有效 100% ● 錯誤 0% ● 空白 0%	● 有效 100% ● 錯誤 0% ● 空白 0%
1	3	50	0	0	0
2	2	30	2	1	0
6	2	50	0	0	4
3	5	50	0	2	1
4	1	75	3	3	2
5	4	30	2	4	3
7	1	30	1	5	5
8	3	30	2	1	6
9	6	50	0	0	7
10	2	75	3	3	8

圖 **6-71**　FACT_SALES 最終樣貌

接下來請在 Ribbon 處找到「常用」頁籤，並點選「關閉並套用」，即可關閉
Power Query，並將操作的結果套用到 **Power BI** 中。

如圖 6-72：

圖 **6-72**　套用 Power Query 操作

6.4.7　檢視完成後的資料模型

在完成 6.4.2 ～ 6.4.6 小節的操作以後，我們可以到 **Power BI** 的「模型檢視」分
頁查看製作出來的資料模型結果。

圖 6-73 顯示完成後的資料模型。FACT_SALES 是唯一的事實資料表，而圍繞於
旁邊的是多張維度資料表。所有資料表之間均為「一對多」關係，且方向是由
「DIM_」開頭的維度資料表流向「FACT_SALES」事實資料表：

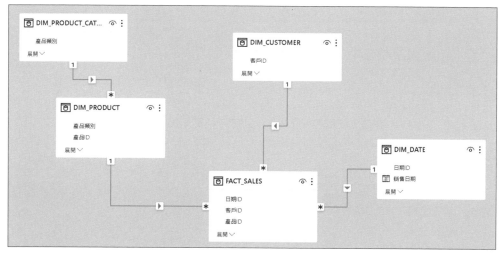

圖 6-73　完成後的資料模型

Stark
無私小撇步

從 6.4.2 到 6.4.6 小節裡，我們在製作維度資料表時都以「DIM_」開頭，取維度資料表的英文字首來辨別之；而事實資料表則以「FACT_」開頭，取自「事實」英文單字。這是因為在載入 Power BI 以後，在資料窗格中的資料表會以名稱做排序。我希望這些資料表可以依據資料表的類別做排序，如圖 6-74。這樣做有一個好處便是可以一眼得知資料表的類別，增加易讀性：

圖 6-74　資料窗格中的資料表會依據名稱做排序

雖然這種資料表命名方式並非硬性規定，但卻可以幫助開發者快速了解資料表的意義。如果您想要了解有關於命名規則的細節，可以參考我的文章，裡面詳細探討在 Power BI 中各種不同場景的命名方式。可連到下面網址或掃描 QR-Code：

https://imasterpowerbi.com/power-bi-naming-convention/

第 **7** 章

初識 DAX 函數：
提升 Power BI 實力
的必學招式

★★★ 學 習 目 標 ★★★

- 理解何謂 DAX 函數。
- 使用 DAX 函數撰寫計算資料行與量值。
- 計算資料行與量值之間的差異。

還記得第 1 章圖 1-2 的「資料流與 Power BI 的關係」嗎？我們在第 3 ～ 5 章學習使用 Power Query 進行資料清理、在第 6 章學習了資料模型的概念，並且使用 ChatGPT 搭配 Power Query 建構了一組資料模型。

此時，你可能會覺得差不多該進入資料視覺化階段了吧？ Well，先等等，我還有一項秘笈還沒有教給你，那便是「DAX 函數」。

在第 7 章與第 8 章我將用兩個章節的篇幅帶你了解 DAX 函數。第 7 章會聚焦於 DAX 函數的基礎概念；第 8 章將聚焦於幾個常用的 DAX 函數以及個別的使用情境。

7.1 什麼是 DAX 函數？

DAX 是一縮寫，源自於其英文 Data Analysis Expression，中文可以翻譯為「資料分析運算式」，是一種「**公式語言（Formula Language）**」與「**查詢語言（Query Language）**」，但並不是一種程式語言（Programming Language）。

DAX 最早可以追溯至 2009 年，其出現在 **Excel** 2010 的 Power Pivot 中。現今除 Power Pivot 以外，微軟的產品如 **Power BI、SQL Server Analysis Service（SSAS）** 都可以看見 DAX 的身影。

DAX 主要是用於查詢 Analysis Services 的表格式模型（Tabular Model），表格式模型基本上可以理解為我們在第 6 章介紹資料模型時，透過資料表間的關聯將維度資料表與事實資料表連接起來。而這種架構在傳統資料庫領域稱之為「關聯式資料庫（Relational Database）」。

所以説，**學習 DAX 語言就可以幫助我們撰寫更客製化的語法，以查詢資料模型內的資料**，並且進一步分析之。

7.2 DAX 函數基礎認識

7.2.1 資料型態

熟悉資料型態相當重要，這有助於我們撰寫正確的公式。例如兩個整數相加時應寫成 **1 + 1**，而不是 **1 + "1"**，因為後者會變成整數加文字，不合理。

DAX 支援以下資料型態：

模型中的資料型態	DAX 中的資料型態	描述
整數 （Whole Number）	64 位元 （八位元）整數	無小數位數的數字。整數可為正數或負數，但必須是 -9,223,372,036,854,775,808 (-2^63) 到 9,223,372,036,854,775,807 (2^63-1) 之間的整數。
十進位數字 （Decimal Number）	64 位元 （八位元）實數	可以有小數位數的數字。實數涵蓋的範圍： ● 負數是從 -1.79E + 308 到 -2.23E - 308 ● 零 ● 正數是從 2.23E -308 到 1.79E + 308 有效位數的數目限制為 17 個小數位數。
布林值（Boolean）	布林值	True 或 False。
文字（Text）	字串	Unicode 編碼之字元資料。可為字串或數字，或以文字格式顯示之日期。
日期（Date）	日期 / 時間	日期或時間。 有效日期為 1900 年 3 月 1 日之後的日期。
貨幣（Currency）	貨幣	貨幣資料類型允許的值是從 -922,337,203,685,477.5808 到 922,337,203,685,477.5807 且固定有效位數為 4 個小數位數。
N/A（N/A）	Blank	空白是表示和取代 SQL Null 的資料類型。

7.2.2 運算子

撰寫 DAX 語法時，運算子是串連語法各部位的關鍵。以下將介紹不同類別的運算子。

算數運算子

用途：進行四則運算。

符號	說明	範例	
		輸入	輸出
+	加法	6 + 2	8
-	減法	6 - 2	4
*	乘法	6 * 2	12
/	除法	6 / 2	3
^	次方	6 ^ 2	36

比較運算子

用途：對兩數值進行比較，回傳一布林值（TRUE / FALSE）。

符號	說明	範例
=	等於	[城市] = " 台北市 "
==	嚴格相等	[城市] == " 台北市 "
>	大於	[產品單價] > 200
<	小於	[產品單價] < 200
>=	大於或等於	[產品單價] >= 200
<=	小於或等於	[產品單價] <= 200
<>	不等於	[城市] <> " 台北市 "

上述表格的比較運算子除了「嚴格相等 ==」以外，都會將 BLANK 與 0（整數零）、""（空字串）、DATE(2023, 12, 30)、FALSE 視為相等而回傳 TRUE。

相反的，「嚴格相等 ==」這個運算子就較為特別。假設有一個欄位叫做出席人數，我們要確認其是否為 0，只有當用嚴格相等寫成 [出席人數] == 0 時才會回傳 TRUE。但若使用一般的「等於 =」而已，則 [出席人數] = 0 或 [出席人數] = BLANK() 都會回傳 TRUE。

文字串連運算子

用途：將兩個或兩個以上字串相連接，以產生單一文字字串。

符號	説明	範例	
		輸入	輸出
&	串聯	"台北市"&"大安區"	"台北市大安區"

邏輯運算子

用途：同時有兩個或多個判斷式時，回傳 TRUE 或 FALSE。

符號	説明	範例
&&	且	([城市]="台北市") && ([城市]="新北市")
||	或	([城市]="台北市") || ([城市]="新北市")
IN	包含	[城市] IN {"台北市","新北市","桃園市","台中市","台南市","高雄市"}

7.2.3 語法組成

在 7.1 節我們提到 DAX 是一種公式語言。一個有效的 DAX 公式可能包含有**函數**、**運算子、值**。圖 7-1 是一個有效的 DAX 公式範例，主要是在計算商品折扣後的售價。其中 **AVERAGE** 屬於 DAX 函數、***** 為運算子、**0.9** 為數值。這三者不一定需要同時存在，可以僅存在函數或值。

圖 7-1　一個有效的 DAX 公式

函數內可能會以資料表或資料行作為參數。如圖上的 FACT_SALES 為資料表，[單價] 為資料行，合併在一起 FACT_SALES[單價] 代表的是將 FACT_SALES 這張資料表的 [單價] 傳入公式中。

Stark

無私分享

仔細觀察圖 7-1 會發現：其實 DAX 公式的寫法很類似 EXCEL 內的公式寫法，不同之處在於 **DAX 公式需要為每一個公式命名**，例如圖 7-1 公式中等號左側「折扣單價」為這個公式的名稱，而在 EXCEL 中寫公式並不需要命名，而是直接以等號起頭。

7.3 DAX 公式使用場景 1：計算資料行

計算資料行是第一個在 Power BI 內會使用到 DAX 語言的應用。

7.3.1 計算資料行的定義

計算資料行，英文稱為「Calculated Column」。**計算資料行允許使用者在現有的資料表上再額外新增新的資料行，讓資料產生新的額外資訊與價值。**例如，資料表內每一個資料列都有「產品單價」與「銷售數量」的紀錄，那我們就可以將這兩個數值相乘，並將計算結果存放在新增的「銷售額」資料行。

計算資料行在計算時會迭代資料表的每一列，是基於「當前列」的資料來進行 DAX 運算。整個資料表迭代完畢以後，便會產生一個新的「資料行」。若需要計算的資料量很大，就需要使用到較大的**記憶體（RAM）**與較多的計算時間。

另外，需要注意的是**計算資料行會在「資料集刷新」時被計算**，當計算完畢以後，便會成為**定值**。一直要到下一次資料集刷新時才會再重新計算一次。

7.3.2 新增計算資料行的方式

新增計算資料行總共有三種方式，每一種方式都可以獲得一樣的結果，您可以依據自己的習慣選擇其中一種。這個小節僅先演示如何新增，實際操作會在 7.3.3 小節搭配範例實作。

第 1 種：使用 Ribbon 的資料表工具

切換到「資料表檢視」分頁。　　　　點擊「資料表工具」。　　　　點擊「新增資料行」。

圖 7-2 用 Ribbon 新增計算資料行

第 2 種：在資料表檢視對資料表任一處按右鍵

切換到「資料表檢視」分頁。　　　在資料表的任一處點擊「右鍵」。　　　選擇要新增資料行的資料表。

圖 7-3 在資料表檢視分頁中的資料表任一處按右鍵新增計算資料行

點擊「新增資料行」。

第 3 種：在資料窗格對資料表或資料行名稱按右鍵

圖 7-4　在資料窗格選擇資料表，或資料表中的資料行，按右鍵新增計算資料行

7.3.3　範例 1：計算銷售額的資料行

實作檔案參照

■ Power BI 起始操作檔：`Chapter7_7.3_starter_01.pbix`

請打開新的 Power BI 並匯入本章節所附之 `Chapter7_raw_data_01.csv` 作為資料來源。將檔案匯入以後，切換到「資料表檢視」畫面，應會如圖 7-5 所示。或是讀者也可以直接使用附檔 `Chapter7_7.3_starter_01.pbix` 來操作。

產品名稱	產品類別	客戶名稱	銷售日期	銷售數量	產品單價
產品A	電子用品	林元東	2023年1月5日	3	50
產品B	服飾衣著	石晨玥	2023年1月5日	2	30
產品A	電子用品	溫如蕊	2023年1月15日	5	50
產品C	傢俱擺飾	何峻曉	2023年2月2日	1	75
產品B	服飾衣著	簡凡彤	2023年2月10日	4	30
產品A	電子用品	林元東	2023年3月1日	2	50
產品D	電子用品	廖慧芬	2023年3月15日	1	30
產品B	服飾衣著	石晨玥	2023年4月2日	3	30
產品A	電子用品	林元東	2023年4月20日	6	50
產品C	傢俱擺飾	何峻曉	2023年5月5日	2	75

圖 7-5　匯入 Chapter7_raw_data_01.csv 在資料表檢視的樣子

在資料表的任何一處
點擊「滑鼠右鍵」。

左鍵點擊
「新增資料行」。

圖 7-6　新增一個銷售額的資料行

輸入銷售額的計算公式後按 [Enter]。請注意！
使用到的資料行名稱要用中括號括起來。

觀察新增的計算資料行，數值均來自
於 [產品單價] * [銷售數量]。

圖 7-7　輸入銷售額資料行的計算公式

在資料窗格中，新增的計算
資料行會出現 圖示。

7.3.4 範例 2：計算顧客年齡的資料行

實作檔案參照

■ Power BI 起始操作檔：Chapter7_7.3_starter_02.pbix

請打開新的 Power BI 並匯入本章所附之 Chapter7_raw_data_02.csv 作為資料來源。將檔案匯入以後，切換到「資料表檢視」畫面，應會如圖 7-8 所示。或是讀者也可以直接使用附檔 Chapter7_7.3_starter_02.pbix 來操作。

客戶名稱	出生日期
林元東	1968年1月21日
石晨玥	1966年12月25日
溫如蕊	1973年7月31日
何峻曉	2007年11月11日
簡凡彤	1996年1月3日
林元東	2004年9月9日
廖慧芬	1977年6月28日
石晨玥	1999年7月28日
林元東	2000年9月18日
何峻曉	2001年4月4日

圖 7-8 匯入 Chapter7_raw_data_02.csv 在資料表檢視的樣子

在資料表的任何一處點擊「右鍵」。

左鍵點擊「新增資料行」。

圖 7-9 新增計算年齡的資料行

輸入年齡計算公式後按 Enter 。
公式見下方說明。

在資料窗格中，新增的年齡計
算資料行會以 ⊠∑ 圖示顯示。

圖 7-10　輸入年齡資料行的計算公式

YEAR( ) 為 DAX 函數，需要一個日期型態的資料作為參數輸入，回傳的是該日期的年度。TODAY( ) 同樣為 DAX 函數，回傳的是今天的日期。此處的 YEAR(TODAY( )) 公式是將今天的日期轉為年份，然後再減去「出生日期」資料行的年份 YEAR([出生日期])，即可得到年齡。

Stark
無私分享

回顧 3.4.1 小節新增自訂資料行中，我們學過在 Power Query 進行年齡計算，而在 Power BI 中也可以用 DAX 函數計算年齡。

未來讀者在收到不同需求時就會陸陸續續發現，在 Power Query 能做的事情，有時也能藉由 DAX 撰寫的計算資料行完成。當一項任務可以用兩種方式解決時，其實並無優劣之分，而是依照個人習慣與喜好選擇。

7.4 DAX 公式使用場景 2：量值

7.4.1 量值的定義

量值，英文稱為「Measure」。量值允許使用者執行**實時計算**，其計算的依據是當下報表中存在的篩選種類，如交叉分析篩選器的篩選內容。例如，我們可以將銷售額資料行的數值加總產生總銷售額，當銷售額資料行的數值更新時，經過重新計算就可以得到最新的總銷售額。

量值是 Power BI 內非常強大的一項功能，可以藉由撰寫 DAX 公式進行**動態計算**。例如當改變篩選器選取的選項、點選圖表都可以使量值重新計算進而呈現符合使用者篩選的結果。

量值與 Excel 很不同的是，量值可以將其想像成一組計算邏輯，當需要被計算的時候才會被調用。也因此，一組計算邏輯可以運用在許多不同的地方。例如：以年為單位的銷售額彙總、以季為單位的銷售額彙總、以月為單位的銷售額彙總。這些都可以用同一個量值完成。

另外，因為量值具備實時計算的特性，當使用者改變報表上的篩選時，量值就會被重新計算一次，而其計算會使用到 **CPU**。

需要注意的是，**量值回傳的是純量數值（一個彙總的結果）**，與計算資料行的一整個資料行不同。此外，計算出來的量值，並不會直接出現在資料表中，還需要進入「報表檢視」分頁並搭配視覺效果，才能以報表的樣貌呈現，我們在 7.4.3 小節就會看到。

7.4.2 新增量值的方式

新增量值總共有三種方式，每一種都會獲得一樣的結果，您可以依據自己的習慣選擇其中一種。這個小節僅先演示如何新增，實際操作會在 7.4.3 小節搭配範例實作。

第 1 種：使用 Ribbon 的資料表工具

切換到「資料表檢視」分頁。　　　　點擊「資料表工具」。　　　　點擊「新增量值」。

圖 7-11　用 Ribbon 新增量值

選擇要新增量值
的資料表。

第 2 種：在資料表檢視對資料表任一處按右鍵

切換到「資料表
檢視」分頁。　　在資料表的任一處
點擊「右鍵」。　　　　點擊「新增量值」。　　　　選擇要新增量
值的資料表。

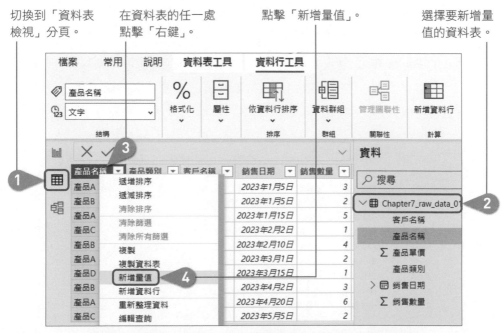

圖 7-12　在資料表檢視分頁中的資料表任一處按右鍵新增量值

第 3 種：在資料窗格對資料表或資料行名稱按右鍵

切換到「資料表檢視」分頁。　　　　點擊「新增量值」。　　　　在資料窗格選擇資料表或資料表中的資料行後按「右鍵」。

圖 7-13　在資料窗格選擇資料表，或資料表中的資料行，按右鍵新增量值

7.4.3　範例 1：計算總銷售額的量值

> **實作檔案參照**
>
> ■ Power BI 起始操作檔：Chapter7_7.4_starter_01.pbix

請打開新的 Power BI 並匯入本章節所附之 Chapter7_raw_data_03.csv 作為資料來源。將檔案匯入以後，切換到「資料表檢視」畫面，應會如圖 7-14 所示。或是讀者也可以直接使用附檔 Chapter7_7.4_starter_01.pbix 來操作。

產品名稱	產品類別	客戶名稱	銷售日期	銷售數量	產品單價	銷售額
產品A	電子用品	林元東	2023年1月5日	3	50	150
產品B	服飾衣著	石晨玥	2023年1月5日	2	30	60
產品A	電子用品	溫如蕊	2023年1月15日	5	50	250
產品C	傢俱擺飾	何峻曉	2023年2月2日	1	75	75
產品B	服飾衣著	簡凡彤	2023年2月10日	4	30	120
產品A	電子用品	林元東	2023年3月1日	2	50	100
產品D	電子用品	廖慧芬	2023年3月15日	1	30	30
產品B	服飾衣著	石晨玥	2023年4月2日	3	30	90
產品A	電子用品	林元東	2023年4月20日	6	50	300
產品C	傢俱擺飾	何峻曉	2023年5月5日	2	75	150

圖 7-14　匯入 Chapter7_raw_data_03.csv 在資料表檢視的樣子

新增一個加總消費額的量值

有了各產品的銷售額之後，通常會做的就是將所有的銷售額加總，因此我們要利用 SUM 函數新增一個加總「銷售額」資料行的量值：

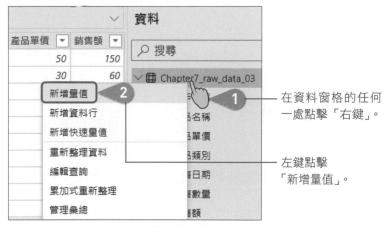

圖 7-15 新增加總銷售額的量值

在此處輸入公式，當輸入「SUM(」時，會出現提示要從哪一個資料行做加總，我們選 [銷售額]。按 Enter 後補一個右小括號，再按一次 Enter 就完成公式。

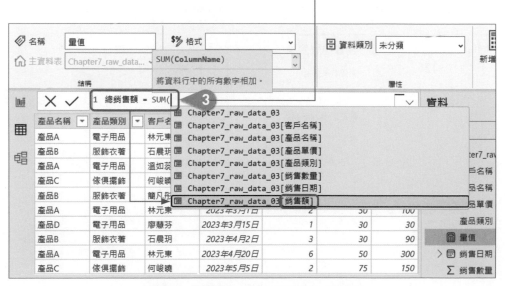

圖 7-16 選擇要加總的「銷售額」資料行

產品名稱	產品類別	客戶名稱	銷售日期	銷售數量	產品單價	銷售額
產品A	電子用品	林元東	2023年1月5日	3	50	150
產品B	服飾衣著	石晨玥	2023年1月5日	2	30	60
產品A	電子用品	溫如蕊	2023年1月15日	5	50	250
產品C	傢俱擺飾	何峻曉	2023年2月2日	1	75	75
產品B	服飾衣著	簡凡彤	2023年2月10日	4	30	120
產品A	電子用品	林元東	2023年3月1日	2	50	100
產品D	電子用品	廖慧芬	2023年3月15日	1	30	30
產品B	服飾衣著	石晨玥	2023年4月2日	3	30	90
產品A	電子用品	林元東	2023年4月20日	6	50	300
產品C	傢俱擺飾	何峻曉	2023年5月5日	2	75	150

`1  總銷售額 = SUM(Chapter7_raw_data_03[銷售額])`

資料
搜尋
Chapter7_raw_data_03
客戶名稱
產品名稱
Σ 產品單價
產品類別
銷售日期
Σ 銷售數量
Σ 銷售額
④ 總銷售額

圖 7-17 產生總銷售額的量值

在資料窗格中，新增的總銷售額量值前面
會出現 📱 計算機的圖示，代表量值。

到報表檢視分頁看到總銷售額量值

請注意！步驟 4 新增完量值以後，**並不會在資料表中新增任何資料行**，因為
量值都是在報表上實時地動態計算。那我們要去哪裡看到它的值呢？請按下
Power BI 左側的 📊 進入「報表檢視」分頁，一開始會是一片空白，請點選右
側「資料」窗格的「總銷售額」量值，左邊就會出現如圖 7-18「總銷售額」的
視覺化結果了：

總銷售額出現在報表中，
可以建置要呈現的視覺效果。

選取總銷售額量值。

圖 7-18 讓總銷售額出現在視覺化報表中

 資料視覺化是現今很重要的主題，我們會在第四篇詳細介紹。

7.4.4 範例 2：計算顧客平均年齡的量值

實作檔案參照

■ Power BI 起始操作檔：Chapter7_7.4_starter_02.pbix

請打開新的 Power BI 並匯入本章所附的 Chapter7_raw_data_04.csv 作為資料來源。將檔案匯入以後，切換到「資料表檢視」畫面，應會如圖 7-19 所示。或者讀者也可以直接使用附檔 Chapter7_7.4_starter_02.pbix 來操作：

客戶名稱	出生日期	年齡
林元東	1968年1月21日	55
石晨玥	1966年12月25日	57
溫如蕊	1973年7月31日	50
何峻曉	2007年11月11日	16
簡凡彤	1996年1月3日	27
林元東	2004年9月9日	19
廖慧芬	1977年6月28日	46
石晨玥	1999年7月28日	24
林元東	2000年9月18日	23
何峻曉	2001年4月4日	22

圖 7-19 匯入 Chapter7_raw_data_04.csv 在資料表檢視的樣子

新增一個平均年齡的量值

如果我們想知道所有客戶的平均年齡，可以利用 AVERAGE 函數新增一個計算所有「年齡」資料行的平均年齡量值：

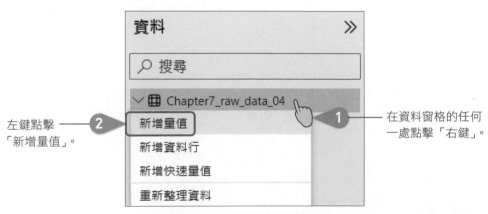

左鍵點擊「新增量值」。

在資料窗格的任何一處點擊「右鍵」。

圖 7-20 新增平均年齡的量值

在此處輸入公式,當輸入「AVERAGE(」時,會出現提示
要用哪一個資料行算平均,我們選 [年齡]。按 Enter
後補一個右小括號,再按一次 Enter 就完成公式。

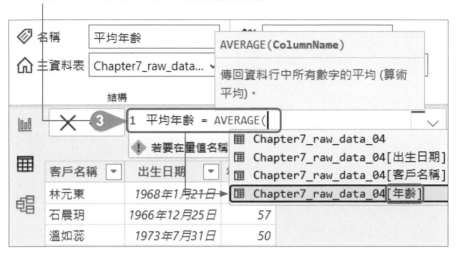

圖 7-21 輸入公式,新增平均年齡的量值

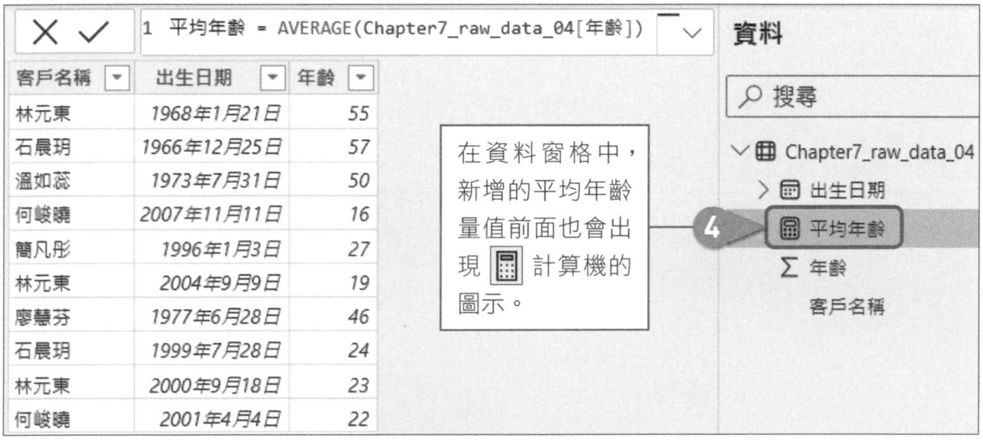

圖 7-22 產生平均年齡的量值

到報表檢視分頁看到平均年齡量值

因為量值不會出現在資料表中,需要到報表檢視分頁才能看到。同樣請按下
Power BI 左側的 進入「報表檢視」分頁,點選右側「資料」窗格的「平均
年齡」量值,左邊就會出現如圖 7-23 的視覺化結果了:

圖 7-23 讓平均年齡出現在視覺化報表中

Stark
無私小撇步

Power BI 有內建快速叫出資料表、資料行與量值的方式，例如前面輸入 DAX 公式時，打出函數名稱加左小括號，就會自動帶出提示的資料表與資料行名稱。除此以外，也有以下的方法可以叫出提示。

快速叫出資料表與資料行

如圖 7-24 中，在公式輸入框打上「'」即可叫出資料表與資料行：

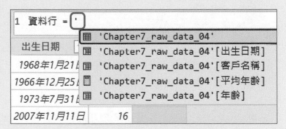

圖 7-24 快速叫出資料表與資料行提示的方式

快速叫出量值與資料行

如圖 7-25，在公式輸入框打上左中括號「[」即可叫出量值與資料行：

圖 7-25 快速叫出量值與資料行提示的方式

7.5 計算資料行與量值的差異

以下表格列出計算資料行與量值的差異。透過了解這些差異，能幫助我們選用適合的方式來完成任務：

項目	計算資料行	量值
計算結果	資料行	純量數值
計算時機	資料刷新時	依據當前篩選計算
數值型態	固定數值	動態數值
適用時機	針對每列轉化資料	跟彙總有關的計算
使用資源	RAM	CPU
可否用於交叉分析篩選器	可	不可

圖 7-26 計算資料行、量值的差異

Stark

無私分享

在實務中，如果目標是要計算一個彙總數值，建議優先使用量值。而如果是要使用欄位作為篩選器或是圖表的 x 軸使用，則可以選擇計算資料行。

多數新手由於同時是 Excel 使用者，會覺得使用計算資料行能直接在資料表看到結果會比較安心，所以就不管使用情境，一律使用它。但需要注意的是：計算資料行在當資料量很大的時候，會很佔記憶體資源，因此需要謹慎使用。

第8章

常見的 DAX 函數 — 以飯店旅客住宿 資料模型為例

★★★ 學 習 目 標 ★★★

- 一般彙總函數,以 SUM 為例。
- 迭代函數,以 SUMX 為例。
- 用 CALCULATE 函數進行包含篩選的計算。
- 用篩選條件修改函數搭配 CALCULATE 改變篩選。
- 各種常見 DAX 函數用法。
- 用時間智慧函數進行與時間相關的計算。
- 製作量值彙總表整理量值。

在第 7 章我們不僅介紹了什麼是 DAX 函數，也學習到 DAX 函數的基本用法，包含兩個使用場景：**量值**與**計算資料行**。本章將陸續介紹常見的 DAX 函數，從最簡單的 SUM 開始，進而探討諸如 DATEDIFF、RELATED、SUMX、CALCULATE 等更多功能的函數。最後還會討論時間智慧函數，在處理時間相關的資料時非常好用。

本章會使用一個虛構的飯店旅客住宿資料集，並利用此資料集解決實戰中常見的問題。此資料集共包括五張資料表（事實表二張、維度表三張）：

資料表名稱	類型	說明
房間資料表	維度資料表	定義飯店各房型的資訊
日期表	維度資料表	定義日期資訊
旅客資料表	維度資料表	定義旅客基本資料
預定記錄表	事實資料表	紀錄旅客住宿的預訂紀錄
服務與消費紀錄表	事實資料表	紀錄旅客使用飯店設施服務的消費紀錄

建立各資料表的關聯後，產生一個「飯店旅客住宿」資料模型，如圖 8-1 所示：

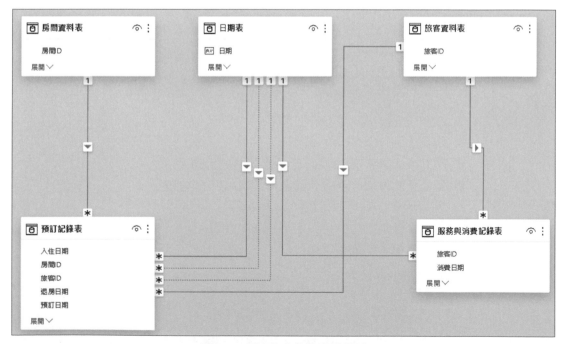

圖 8-1 飯店旅客住宿資料模型

Stark

無私分享

在實戰中，有時候會遇到資料模型中不只一張事實資料表的狀況，如圖 8-1。此模型看似不符合 Star Schema，但其實單獨看每一張事實表（預定記錄表、服務與消費記錄表）的話，其與維度資料表之間仍然符合多對一的關聯。

實作檔案參照

■ Power BI 起始操作檔：`Chapter8_starter.pbix`

本章已先將五張資料表的內容都匯入 **Power BI** 中，請直接使用課程所附之 `Chapter8_starter.pbix` 作為起始檔。

8.1　比較飯店服務的營收差異

本節要用這個飯店旅客住宿資料模型來做示範。假設我們想知道旅客在住宿期間，使用店內各項付費服務的營收差異，將來可做為擴充或縮減某些設施的考量。

這些付費服務的服務類型與消費金額都放在「服務與消費記錄表」中，我們只要利用 SUM 函數加總此表中的「消費金額」資料行，就可以得到「服務與消費」的量值。但與 7.4.3 小節不同之處在於：我們想知道的不僅是一個總金額，而是各項付費服務之間的比較，這可以藉由建立群組直條圖看出來。

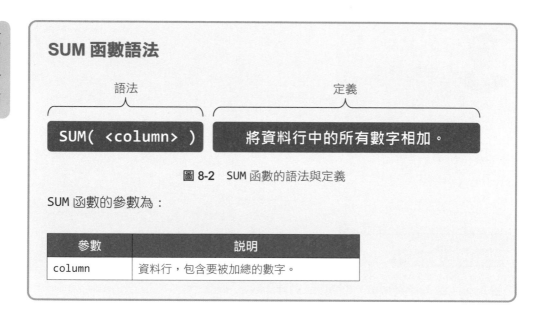

SUM 函數語法

語法　　　　　　　　　　　　定義

SUM(<column>)　　　　將資料行中的所有數字相加。

圖 8-2 SUM 函數的語法與定義

SUM 函數的參數為：

參數	說明
column	資料行，包含要被加總的數字。

8.1.1　新增服務消費金額的量值 – 使用 SUM 函數

以下實際利用範例檔來加總「服務與消費記錄表」中的消費金額，這會是一個量值。請先點擊視窗左邊的 📊 圖示切換到「報表檢視」分頁，然後如下操作：

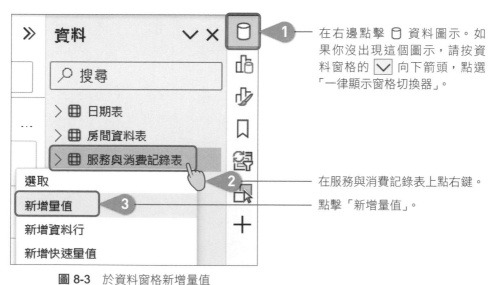

1. 在右邊點擊 🛢 資料圖示。如果你沒出現這個圖示，請按資料窗格的 ☑ 向下箭頭，點選「一律顯示窗格切換器」。

2. 在服務與消費記錄表上點右鍵。

3. 點擊「新增量值」。

圖 8-3　於資料窗格新增量值

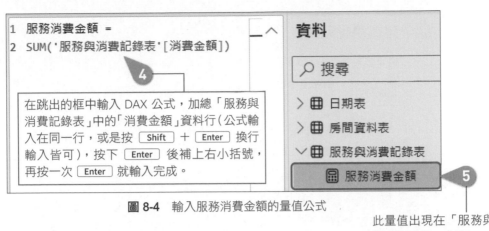

圖 8-4　輸入服務消費金額的量值公式

此量值出現在「服務與
消費記錄表」之下。

8.1.2　將量值用群組直條圖呈現

請切換到「報表檢視」頁面，然後將「資料」窗格「服務消費金額」量值前面
的方塊打勾，此時左邊就會出現此量值的數值：

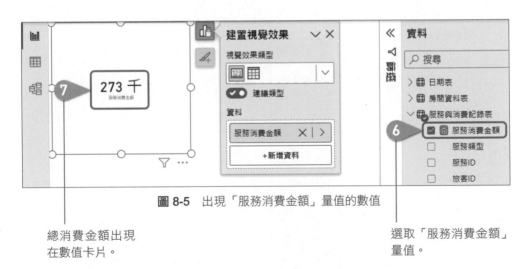

圖 8-5　出現「服務消費金額」量值的數值

總消費金額出現
在數值卡片。

選取「服務消費金額」
量值。

不過，我們想知道的並不是總消費金額，而是各項付費服務的比較，此時就要
改變量值預設的視覺效果，將數值卡片轉換為群組直條圖，如此即可將每項服
務的消費金額區分開。請如下操作：

點擊視覺效果類型右邊的
箭頭，從各種視覺效果類
型中選擇群組直條圖。

圖 8-6 將視覺效果由預設的卡片改為
群組直條圖

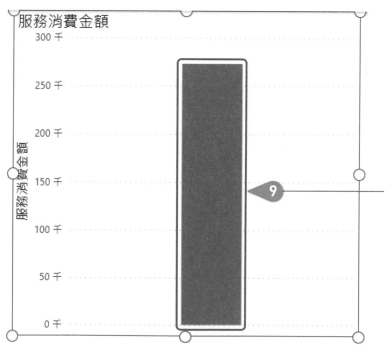

全部的量值都合併
在同一條直條圖
上。接下來就要在
X 軸拆分各項服務
類型。

圖 8-7 量值轉換成直條圖

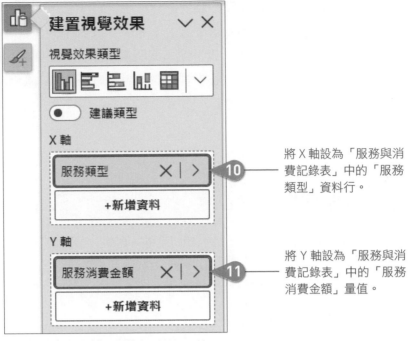

將 X 軸設為「服務與消費記錄表」中的「服務類型」資料行。

⑩

將 Y 軸設為「服務與消費記錄表」中的「服務消費金額」量值。

⑪

圖 8-8 設定群組直條圖的 X、Y 軸

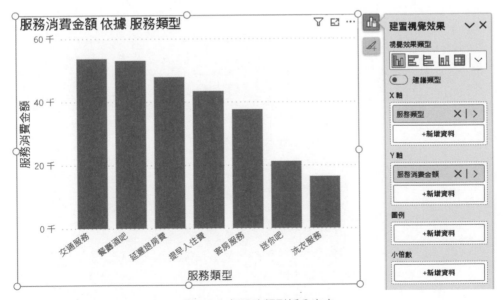

圖 8-9 各服務類型拆分出來

如圖 8-9 所示，雖然我們僅新增了一個消費金額加總的量值，但 Power BI 卻可以自動算出每項服務類型的消費金額，這也是 Power BI 最強大之處，我們無需針對每一個類別撰寫各別的量值，僅需要一個總量值即可。然後將該量值放入報表的視覺效果後，Power BI 就會**根據當前的條件（即篩選，此處就是 X 軸上的每一個類別）動態計算對應的數值。**

Stark
無私分享

其實，製作這個報表也可以不新增加總的量值，因為「服務與消費記錄表」本身就有「消費金額」資料行，我們可利用 Power BI 建置視覺效果的內建功能，直接對單一資料行做簡單的彙總處理，其結果與前面一模一樣，如圖 8-10 所示。操作方式如下：

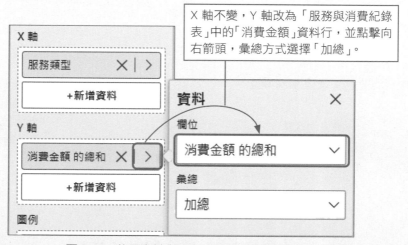

圖 8-10 使用資料表原本的資料行進行加總

您可能會問，那為什麼還需要用 SUM 函數產生一個量值呢？原因是在一些比較複雜的計算時，加總（或其它彙總方式）可能是眾多計算步驟中的其中一小步，那麼就不能單純使用內建的方法。又或者，當有其它量值在公式中引用到另一個量值時（8.3 節會講到），先利用 SUM 建立一個基礎量值便有其必要了。

8.2 計算所有房型的各別營收

本節要計算每種房型產生的各別收入。我們首先需要算出每筆訂單的入住天數以後，再乘以所住房型的價格，以及下單時的優惠折扣，如此加總之後才是實際營收。

由於此範例稍微複雜一點，以下將我們計畫做的事情列出：

1. 計算每筆訂單的**入住天數**，這可以用 DATEDIFF 函數算出來。

2. 查出每筆訂單房型的**價格**，這可以用 RELATED 函數從維度表－「房間資料表」中獲取。

3. 然後，每筆訂單的收入就可以寫成 **入住天數 * 價格 * 折扣** 運算式，然後利用 SUMX 函數做加總。

接下來請延續 8.1 節的檔案繼續操作。

8.2.1 計算入住天數 － 使用 DATEDIFF 函數

請切換到「資料表檢視」頁面查看「預訂記錄表」，如圖 8-11。此表中的每一列為每筆住宿的預訂資料，其中包括「入住日期」、「退房日期」與「折扣」：

圖 8-11 預定記錄表中的入住日期、退房日期與折扣資料行

要得到每筆訂單的入住天數，就是算出 [入住日期] 與 [退房日期] 之間相差幾天。這我們可以用 DATEDIFF 函數算出。

DATEDIFF 函數語法

語法

```
DATEDIFF( <date1>, <date2>, <interval> )
```

定義

傳回兩個日期之間的間隔數，間隔呈現之單位由 `<interval>` 決定。

圖 8-12　DATEDIFF 函數的語法與定義

DATEDIFF 函數的參數為：

參數	說明
date1	以日期時間（datetime）格式表示的起始日期。
date2	以日期時間（datetime）格式表示的結束日期。
interval	單位，為 SECOND、MINUTE、HOUR、DAY、WEEK、MONTH、QUARTER、YEAR 其中一種。

第一個參數放前面的日期，第二個參數放後面的日期，第三個參數是指定兩個日期相差的時間單位。

輸入 DAX 公式新增入住天數資料行

請在「資料」窗格中的「預定記錄表」點擊滑鼠右鍵，再點擊「新增資料行」，就可以開始輸入「入住天數」資料行的 DAX 公式：

DATEDIFF 函數輸入到「[」左中括號時會出現提示，先選 [入住日期]，輸入一個逗號，再輸入「[」選擇 [退房日期]，然後再輸入一個逗號選擇時間單位，我們選 DAY 表示天數。最後補一個右小括號，再按 Enter 就完成公式了。

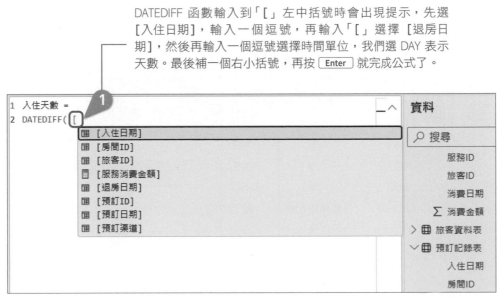

圖 8-13　新增入住天數資料行並輸入 DATEDIFF 公式

2 ── 完成的公式。　　　　　　　　出現「入住天數」資料行。

```
1  入住天數 =
2  DATEDIFF([入住日期], [退房日期], DAY)
```

預訂日期	入住日期	退房日期	預訂渠道	折扣	入住天數
2023年8月27日	2023年5月2日	2023年5月3日	現場	0.85	1
2022年12月5日	2022年9月12日	2022年9月15日	電話	0.85	3
2022年8月4日	2022年12月22日	2022年12月23日	旅行社	0.85	1
2022年11月1日	2023年1月1日	2023年1月4日	電話	0.85	3
2023年3月17日	2022年6月17日	2022年6月20日	現場	0.85	3
2022年10月24日	2023年1月31日	2023年2月3日	旅行社	0.85	3

圖 8-14　產生入住天數資料行

8.2.2 獲取關聯表的房型價格 – 使用 RELATED 函數

現在已經算出每筆預定的入住天數，接下來要獲取每筆訂單房型所對應的價格。我們可以用 RELATED 函數獲取**一對多關聯**中屬於**一端**的「房間資料表」之「價格」資料行。

圖 8-15　房間資料表中的價格資料行

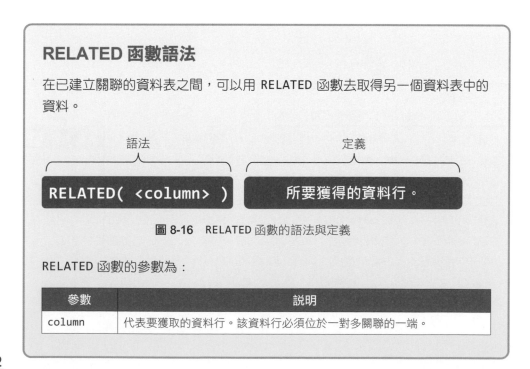

RELATED 函數語法

在已建立關聯的資料表之間，可以用 RELATED 函數去取得另一個資料表中的資料。

語法　　　　　　　　　　　　　　　定義

RELATED(<column>)　　　　　所要獲得的資料行。

圖 8-16　RELATED 函數的語法與定義

RELATED 函數的參數為：

參數	說明
column	代表要獲取的資料行。該資料行必須位於一對多關聯的一端。

輸入 DAX 公式獲取房型的價格資料行

我們要在「預定記錄表」中將「房間資料表」的「價格」資料行關聯過來。請在「資料」窗格中的「預定記錄表」點擊滑鼠右鍵,再點擊「新增資料行」,就可以輸入此資料行的 DAX 公式:

當輸入「RELATED(」時,可透過提示選取
「房間資料表」內的「價格」資料行。

①					

```
1  價格 =
2  RELATED( '房間資料表'[價格] )
```

入住日期 ▼	退房日期 ▼	預訂渠道 ▼	入住天數 ▼	價格 ▼
2023年8月13日	2023年8月16日	現場	3	1087
2022年3月19日	2022年3月22日	現場	3	2312
2023年8月9日	2023年8月10日	現場	1	2312
2023年8月8日	2023年8月9日	現場	1	2561
2023年2月9日	2023年2月11日	現場	2	2954
2023年1月25日	2023年1月28日	現場	3	1016
2023年8月24日	2023年8月27日	現場	3	1348
2022年6月26日	2022年6月28日	現場	2	2486
2023年6月21日	2023年6月22日	現場	1	1095

圖 8-17 從關聯資料表獲取價格資料行

顯示每筆訂單
對應的房間價格。

8.2.3 計算預定房間的收入 – 使用 SUMX 函數

預定資料表中有了「入住天數」與「價格」以後,只要將兩者相乘,再乘以「折扣」就可以得到每筆訂單營收的資料行,然後再用 SUM 函數加總就行了。不過,那是前面 8.1 節的作法,我們現在來點新招。在此並不打算再新增一個每筆訂單營收的資料行,而是將整個運算式傳入 SUMX 函數,讓它自動算出來,並將算完的每筆資料列數值加總。

SUMX 函數語法

SUMX 與 SUM 同樣都可用來計算加總的函數,不過 SUMX 的參數可讓我們撰寫更豐富的運算式。

語法   定義

SUMX(<table>, <expression>) 為資料表中每個資料列進行運算並加總之。

圖 8-18 SUMX 函數的語法與定義

SUMX 函數的參數為:

參數	説明
table	資料表,包含將要被計算的資料列。
expression	在針對資料表做逐列計算時的運算式。

從 SUMX 的語法與定義可知,此函數會迭代我們傳入的資料表(參數 <table>),然後逐列依據指定的運算式去計算(參數 <expression>),全部算完以後再把結果加總起來,其加總結果是一個量值。

輸入 DAX 公式算出所有訂單的營收

接下來就要實際操作了。在「資料」窗格中的「預定記錄表」點擊滑鼠右鍵,再點擊「新增量值」,就可以將 [入住天數] * [價格] * [折扣] 這個運算式做為 SUMX 函數的參數:

此處是將 DAX 公式寫成五行,全部寫成一行也可以,但由於不易閱讀,較不建議。輸入完之後按 Enter 。

產生一個「房型收入」的量值。

圖 8-19 利用 SUMX 函數新增房型收入的量值

提醒！由於 SUMX 函數的計算結果是一個量值，不會出現在資料表中，我們要在「報表檢視」分頁才能看到。請點擊最左邊的 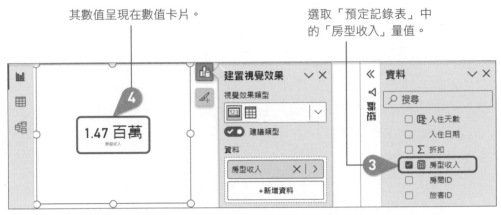 圖示切換到「報表檢視」頁面，然後如下操作：

其數值呈現在數值卡片。

選取「預定記錄表」中的「房型收入」量值。

圖 8-20　將房型收入量值產生視覺化結果

X 軸選擇「房型」資料行。

將視覺效果換成群組直條圖。

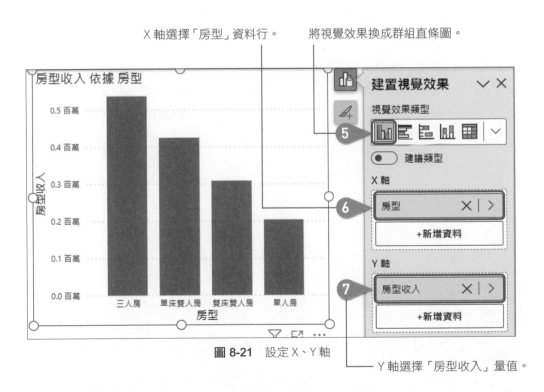

圖 8-21　設定 X、Y 軸

Y 軸選擇「房型收入」量值。

如此一來，就可以看到左邊呈現四種房型帶來的收入比較。

8.2.4 優化 DAX 公式

原本在「預訂記錄表」中並沒有「入住天數」與「價格」這兩個資料行，是我們分別用 DATEDIFF 與 RELATED 函數額外新增的**計算資料行**。還記得在 7.3.1 小節説過，當資料量很大時，使用計算資料行會占用更多的 RAM 空間，因此我們想到可以省略這兩個計算資料行的方法。

既然 SUMX 函數中可以放入運算式，何不乾脆直接將原本產生「入住天數」與「價格」資料行的 DAX 公式一併寫進 SUMX 中？於是我們將「房型收入」量值的 DAX 公式優化如下：

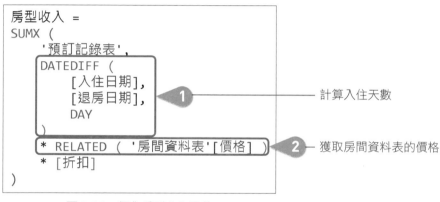

圖 8-22　優化房型收入量值

這種 DAX 公式寫法直接跳過新增「入住天數」與「價格」計算資料行的過程，產生同樣的「房型收入」量值。當您熟練 DAX 個別函數的寫法之後，就可以嘗試在可接受運算式的函數中使用這種技巧。用這種做法，先前新增的「入住天數」與「價格」就可以刪除了。

Stark
無私分享

在 DAX 函數中，除了 SUMX 以外，還有其它許多迭代函數（Iterator Function），如 AVERAGEX、COUNTX……。大部分的迭代函數都會在函數的結尾加上「X」，表示迭代的意思。

Stark
無私分享

您在圖 8-22 看到我在輸入公式時，會將不同參數換行，其用意是為了閱讀方便，比較不推薦像下面圖 8-23 這樣全部寫在同一行：

```
房型收入=SUMX('預訂記錄表',DATEDIFF([入住日期],[退房日期],DAY)*RELATED('房間資料表'[價格])*[折扣])
```

圖 8-23 　將 DAX 公式全部寫在同一行，不易閱讀

在此也推薦一個公式換行與對齊的網頁工具－「DAX Formatter」。讀者可以掃描右邊 QR Code 進入網站（https://www.daxformatter.com/）。

然後，按照圖 8-24 方式操作即可：

貼上 DAX 公式。　　選擇「Short lines」改成每一行比較短的格式。　　點擊「SETTINGS」設定需求。

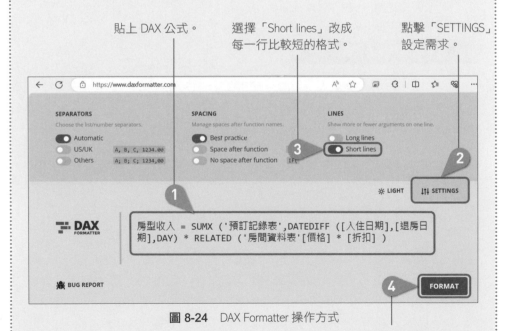

圖 8-24 　DAX Formatter 操作方式

點擊「FORMAT」就會幫您斷行與對齊。

8.3 為計算加入篩選 - 布林值篩選條件運算式

在一些情境中，我們會希望計算的時候多一些篩選條件，例如在計算付費服務的營收時，我們可以篩選出其中的某一項或某幾項服務做加總，這時就可以使用 CALCULATE 函數，它允許我們在**計算過程中應用不同的篩選條件**，以影響計算的結果。

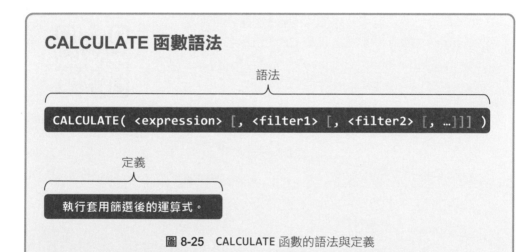

CALCULATE 函數語法

語法

`CALCULATE( <expression> [, <filter1> [, <filter2> [, …]]] )`

定義

執行套用篩選後的運算式。

圖 8-25 CALCULATE 函數的語法與定義

CALCULATE 函數的參數為：

參數	說明
expression	計算時的運算式。
filter1、filter2、…	計算 expression 時所套用的篩選條件。

函式定義中的 expression 參數是一個運算式，也就是要執行的計算，結果會是一個**彙總數值（量值）**，如同前面用過的 SUM 與 SUMX 函數。而 `filter` 參數們，則是指定的篩選條件，而且篩選條件可以是一個或多個。由於所有 `filter` 參數外都有中括號 [ ]，代表這些篩選條件是可選參數，也可以不加。如果有兩個或以上個篩選條件，會取交集。

CALCULATE 函數有三種不同篩選種類（也就是參數 filter 的種類），我們將內容區分為三個部分：

- **布林值篩選條件運算式**：用於篩選資料表中的資料列。
- **資料表篩選條件運算式**：將資料表作為一種篩選以提供計算依據，比布林值篩選條件運算式更具彈性。
- **篩選條件修改函數**：用於改變篩選行為。

本節會先介紹布林值篩選條件運算式，其它兩種留待 8.4、8.5 節。

8.3.1 瞭解布林值篩選條件運算式的寫法

請延續 8.1 節的服務與消費金額。假若我們只想呈現「餐廳酒吧」這項服務的消費額，而捨棄其它項目，就必須用 DAX 公式做篩選。由於是要從「服務類型」資料行中篩選出「餐廳酒吧」項目的「消費金額」加總，我們可以利用 CALCULATE 函數並指定 filter 參數來完成任務。

我們指定要產生的是「餐廳酒吧收入額」這個量值，其值是從「服務與消費記錄表」中篩選出「服務類型等於餐廳酒吧的總消費金額」。以下試著寫出這個量值的 DAX 公式：

```
餐廳酒吧收入額 =
CALCULATE (
    SUM ( '服務與消費記錄表'[消費金額] ),
    '服務與消費記錄表'[服務類型] = "餐廳酒吧"
)
```

圖 8-26　餐廳酒吧收入額 DAX 公式

從上方的公式可看出，CALCULATE 第一個參數的運算式就是 8.1 節計算「服務消費金額」量值。第二個參數指定以 '服務與消費記錄表'[服務類型] = "餐廳酒吧" 為篩選條件。這種將篩選以類似 '資料表名稱'[資料行名稱] = "某數值" 的寫法就是**布林值篩選條件運算式（Boolean Filter Expressions）**。其傳回值為 TRUE 或 FALSE。CALCULATE 函數會依照篩選條件是否為 TRUE 來調整第一個參數的運算方式（圖 8-28 有圖解說明）。

8.3.2　在一個量值中引入另一個量值

還記得我們在 8.1 節的最後提過，可以**在一個量值中引入另一個量值**。由於之前已經產生「服務消費金額」量值，於是可以將 SUM 函數那一行改寫成下面這樣：

```
餐廳酒吧收入額 =
CALCULATE (
    [服務消費金額],
    '服務與消費記錄表'[服務類型] = "餐廳酒吧"
)
```

圖 8-27　餐廳酒吧收入額 DAX 公式

這種寫法有兩大優點：

1. 減少程式碼的重複性

因［服務消費金額］與［餐廳酒吧收入額］都同時有 SUM（'服務與消費記錄表'［消費金額］）這段程式碼，因此改為引用的方式可以減少程式碼重複。

2. 減少重工的可能性

未來若需求改變，需要針對［服務消費金額］做修改，則［餐廳酒吧收入額］量值因為引用到［服務消費金額］量值，也會隨之連動改變。

8.3.3　CALCULATE 函數的運作方式

您可能會好奇，上面那一段 CALCULATE 函數的 DAX 公式究竟是怎麼完成計算的？請看圖 8-28 的說明（下圖是供示範用，資料筆數比較少）：

服務ID	旅客ID	消費日期	服務類型	消費金額
S00000	G00005	2022/01/24	延遲退房費	543
S00001	G00001	2023/07/03	餐廳酒吧	638
S00002	G00054	2022/03/17	客房服務	668
S00003	G00021	2022/01/23	餐廳酒吧	635
S00004	G00001	2023/07/04	餐廳酒吧	407
S00005	G00013	2022/05/20	洗衣服務	235
S00006	G00041	2023/06/23	洗衣服務	212
S00007	G00046	2022/12/12	餐廳酒吧	674
S00008	G00008	2023/08/09	迷你吧	481

❶ 根 據 CALCULATE 第二個參數，
針對原始資料表進行篩選。

```
餐廳酒吧收入額 =
CALCULATE (
    [服務消費金額],
    '服務與消費記錄表'[服務類型] = "餐廳酒吧"
)
```

服務ID	旅客ID	消費日期	服務類型	消費金額
S00000	G00005	2022/01/24	延遲退房費	543
S00001	G00001	2023/07/03	餐廳酒吧	638
S00002	G00054	2022/03/17	客房服務	668
S00003	G00021	2022/01/23	餐廳酒吧	635
S00004	G00001	2023/07/04	餐廳酒吧	407
S00005	G00013	2022/05/20	洗衣服務	235
S00006	G00041	2023/06/23	洗衣服務	212
S00007	G00046	2022/12/12	餐廳酒吧	674
S00008	G00008	2023/08/09	迷你吧	481

❷ 對 篩 選 過 後 的 資 料
行，用 第 一 個 參 數
SUM 運 算 式 對 每 一 列
消 費 金 額 加 總。

```
餐廳酒吧收入額 =
CALCULATE (
    [服務消費金額],
    '服務與消費記錄表'[服務類型] = "餐廳酒吧"
)
```

❸ 得到最後的加總數字。

2354

圖 8-28　CALCULATE 函數執行順序

8.3.4 實際操作新增「餐廳酒吧收入額」量值

接下來，我們將實際利用 Power BI 操作，您可繼續沿用 8.2 小節的結果，或開啟 `Chapter8_8.2_finished.pbix` 檔案皆可。請如下操作：

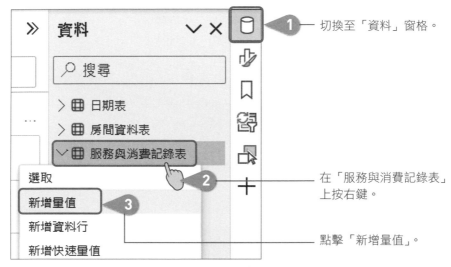

圖 8-29 新增餐廳酒吧收入額量值

```
1  餐廳酒吧收入額 =
2  CALCULATE (
3      [服務消費金額],
4      '服務與消費記錄表'[服務類型] = "餐廳酒吧"
5  )
```

圖 8-30 輸入 DAX 量值公式 ④ ── 輸入 DAX 公式後按 Enter 。

然後，如同前面講過的一樣，切換到「報表檢視」分頁，在「資料」窗格選取「餐廳酒吧收入額」量值，即可看到其數值卡片顯示 53 千。

8.3.5　布林值的邏輯運算子

布林值篩選條件運算式也可以利用邏輯運算子結合多個篩選條件。例如：假設需求更動為計算「包含提早入住費與延遲退房費」的收入額，則可以利用「||」運算子（位於鍵盤 Enter 鍵上方，按住 Shift 再連按兩次 ||）將公式改寫為：

```
提早入住與延遲退房收入 =
CALCULATE (
    [服務消費金額],
    '服務與消費記錄表'[服務類型] = "提早入住費"
        || '服務與消費記錄表'[服務類型] = "延遲退房費"
)
```

圖 8-31　提早入住與延遲退房收入 DAX 公式

公式第五行開頭的「||」運算子代表「或」的邏輯運算，表示服務類型為「提早入住費」或「延遲退房費」符合其中任一種的都要納入計算。

此外，還可以**用「&&」運算子表示「且」的邏輯運算**。常見於「條件較多且縮限範圍」的計算。例如：若要計算 2023 年上半年的服務收入，可以將條件設定為「日期大於等於 2023/1/1」且「日期小於等於 2023/6/30」：

```
服務收入額2023年上半年 =
CALCULATE (
    [服務消費金額],
    '日期表'[日期] >= DATE ( 2023, 1, 1 )
    && '日期表'[日期] <= DATE ( 2023, 6, 30 )
)
```

圖 8-32　服務收入額 2023 年上半年 DAX 公式

當然，若計算範圍是 2023 一整年，也可以直接指定「年份等於 2023」，以下例子是用 YEAR 函數取出「日期表」中「日期」資料行的年份數值：

```
銷售總額2023年 =
CALCULATE (
    [服務消費金額],
    YEAR ( '日期表'[日期] ) = 2023
)
```

圖 8-33　銷售總額 2023 年 DAX 公式

由於「日期表」中本來就有一個「年」資料行，因此上例 YEAR 那一行也可以整行改寫為 '日期表'[年] = 2023。

除了「||」、「&&」邏輯運算子以外，還有一個「NOT」邏輯運算子，**代表「非」、「反相」的意思**。也就是將運算式的 TRUE、FALSE 反相。例如我們要算出 2023 年以外的付費服務收入，只要將上例的篩選條件前面補一個 NOT 就行了：

```
銷售總額2023年以外 =
CALCULATE (
    [服務消費金額],
    NOT YEAR ( '日期表'[日期] ) = 2023
)
```

圖 8-34　銷售總額 2023 年以外 DAX 公式

我們將邏輯運算子整理如下表：

運算子	意思
||	或，兩邊運算式為 **TRUE** 的聯集
&&	且，兩邊運算式為 **TRUE** 的交集
NOT	非，將運算式的 **TRUE**、**FALSE** 反相

8.4 為計算加入篩選 – 資料表篩選條件運算式

資料表篩選條件運算式（Table Filter Expressions） 是另外一種在 CALCULATE 函數中指定篩選的方式。由其名「資料表篩選條件」可以得知，這種篩選會將**一張資料表作為參數**傳入 CALCULATE 函數。

假設我們想瞭解外籍旅客使用不同付費服務的消費情形，這需要知道旅客的國籍，此份資料是放在「旅客資料表」的「國籍」資料行。然後，我們就可以利用「國籍不等於台灣」的篩選條件，也就是 '旅客資料表'[國籍] <> "台灣"。

如此一來，篩掉台灣旅客之後就可以產生外籍旅客清單（存在記憶體的虛擬資料表，並非實體資料表），然後將這份清單做為引數傳給 CALCULATE 函數，就會

從「服務消費金額」量值中算出外籍旅客的消費金額。要產生這樣的清單，我們就要用到 FILTER 函數。

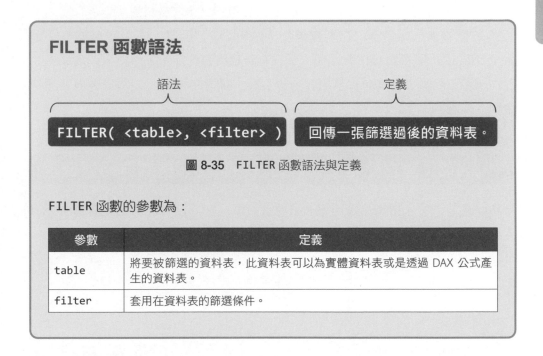

FILTER 函數語法

語法　　　　　　　　　　　　　定義

FILTER(<table>, <filter>)　　回傳一張篩選過後的資料表。

圖 8-35　FILTER 函數語法與定義

FILTER 函數的參數為：

參數	定義
table	將要被篩選的資料表，此資料表可以為實體資料表或是透過 DAX 公式產生的資料表。
filter	套用在資料表的篩選條件。

8.4.1　新增「外國旅客服務消費金額」量值

請接續前一小節的檔案，並新增下面這個「外國旅客服務消費金額」量值，其 DAX 公式如下：

```
外國旅客服務消費金額 =
CALCULATE (
    [服務消費金額],
    FILTER (
        '旅客資料表',
        '旅客資料表'[國籍] <> "台灣"
    )
)
```

圖 8-36　外國旅客服務消費金額 DAX 公式

請注意！此處引入了 FILTER 函數，其作用是先將**資料表中不等於台灣旅客的項目給篩選出來後，再進行計算。**

在此例子中，FILTER 函數的第一個參數 table 就是 ' 旅客資料表 ' 這張資料表。而第二個參數 filter 則是 ' 旅客資料表 '[國籍] <> "台灣" 這個篩選條件。經過 FILTER 函數篩選之後，會回傳一張只有外籍旅客的清單，然後將此清單交給 CALCULATE 函數，它就會從「服務消費金額」量值中得出「外國旅客服務消費金額」量值。

8.4.2 建立外籍旅客消費各項服務類型的群組直條圖

新增此量值以後，請切換到「報表檢視」頁面，在「資料」窗格中勾選「外國旅客服務消費金額」量值，然後如下操作：

將 Y 軸設為「外國旅客服務消費金額」。　將 X 軸設為「國籍」。

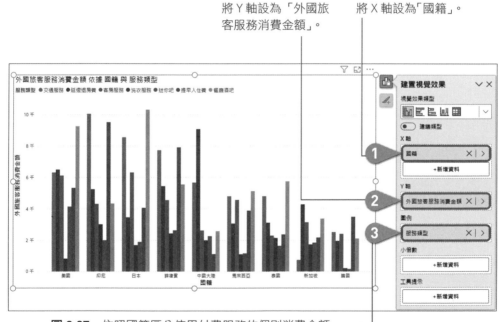

圖 8-37　依照國籍區分使用付費服務的個別消費金額

將圖例設為「服務類型」，左邊就會為每種服務類型以顏色區分。

在此例中，我們第一次用到「圖例」，它可以自動為群組直條圖上色。由圖 8-37 可看到每種服務類型都用不同的顏色呈現，而且在報表上方會顯示每個顏色所代表的服務類型圖例。如此一來，一眼就能清楚看出各國旅客在每項服務類型的消費情形以及彼此間的喜好程度。

Stark

無私小撇步

學到這裡您可能會想：「難道不能使用 8.3.1 的布林值篩選條件運算式來做嗎？」當然，理論上是可以的。因此，您可能會想要把量值寫成下面這樣：

```
外國旅客服務消費金額2 =
CALCULATE (
    [服務消費金額],
    '旅客資料表'[國籍] <> "台灣"
)
```

圖 8-38　外國旅客服務消費金額 2 DAX 公式

然後用此量值產生群組直條圖，X、Y 軸與圖例皆與圖 8-37 相同。接著，您便會發現群組直條圖長成像圖 8-39：

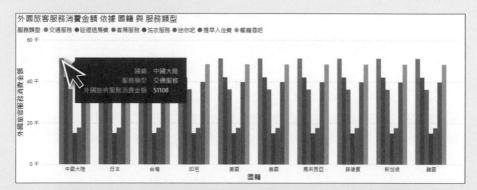

圖 8-39　每一國的各服務類型消費金額都一模一樣，顯然有問題

在上圖中，各國旅客對不同服務類型的直條圖高度居然都一樣！例如：交通服務（淺藍色長條）都是 51108。為什麼會這樣呢？顯然有 bug！我將在 8.5.1 小節中帶您解決。

8.5 為計算加入篩選 - 篩選條件修改函數

篩選條件修改函式（**Filter Modifier Functions**）允許您調整現有的篩選條件或創建全新的篩選條件，以實現更進階的計算。這些函式非常有彈性，可應用於各種不同的情境。我們將認識四個常見的條件修改函數：KEEPFILTERS、ALL、ALLEXCEPT、USERELATIONSHIP。

8.5.1 保留外部篩選條件 - 使用 KEEPFILTERS 函數

在 8.3.2 小節最後的「Stark 無私小撇步」中，我們將「外國旅客服務消費金額」量值改用布林值篩選條件運算式，在製作報表時卻發現失效了！無論哪一個國籍，其呈現出來的結果都相同，貌似**在計算的過程中，忽略了不同國籍的因素**。

這是因為**「布林值篩選條件運算式」預設會忽略來自外部的所有篩選條件**。以我們的例子而言，國籍的篩選在計算時被忽略了，導致最後的每根直條在計算時，都是包含所有國籍的結果。為了保留國籍這項因素，我們可以使用 KEEPFILTERS 函數。

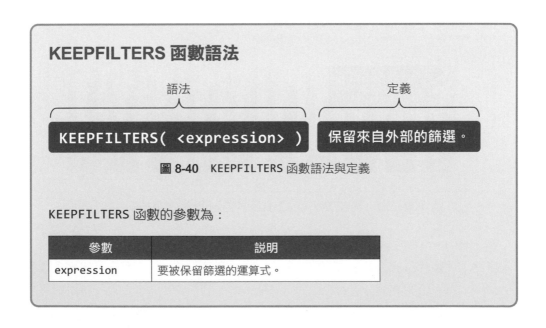

KEEPFILTERS 函數語法

語法　　　　　　　　　　　　　　　　定義

KEEPFILTERS(<expression>)　　　保留來自外部的篩選。

圖 **8-40** KEEPFILTERS 函數語法與定義

KEEPFILTERS 函數的參數為：

參數	說明
expression	要被保留篩選的運算式。

新增外國旅客服務消費金額量值

認識 KEEPFILTERS 函數的語法以後，我們知道要將 '旅客資料表'[國籍] <> "台灣" 這個篩選條件做為引數放進 KEEPFILTER 函數，便可將「外國旅客服務消費金額 2」量值改為下面這樣：

```
外國旅客服務消費金額2 =
CALCULATE (
    [服務消費金額],
    KEEPFILTERS ( '旅客資料表'[國籍] <> "台灣" )
)
```

圖 8-41　外國旅客服務消費金額 2 DAX 公式

將外部篩選條件放進 KEEPFILTERS 函數之後，國籍的篩選結果就會被保留下來，如此產生的群組直條圖就如 8-26 頁的圖 8-37 所示。

8.5.2　清除外部篩選條件 - 使用 ALL 函數

在 DAX 公式中經過篩選條件得出的量值，聰明的 **Power BI** 在製作報表時會自動幫我們拆分出不同 X 軸項目的計算，如圖 8-37。但有時候我們希望量值就只是一個數值而不要被拆分，此時就可以用到 ALL 函數。

ALL 函數可強制要求 Power BI 清除外部篩選條件，用整張資料表做計算。 常用的情境為計算百分比時，分子會根據不同項目連動，但分母是所有項目數值（也就是分子）的加總，不會因為項目不同而有所不同，此時就需要對分母的篩選用上 ALL 函數。

需求是計算各種房型收入佔比

圖 8-43 是一張記錄不同房型的收入表。其中，「房型收入百分比」來自於「房型收入」除以「總房型收入」。而身為分母的「總房型收入」，在計算時就需要忽略來自不同房型的篩選，才能加總全部房型的收入以做為分母用（皆為 1,471,938）。這便需要利用 ALL 函數清除房型篩選來達成。

ALL 函數語法

語法

```
ALL( [<table> | <column1>[, <column2> [, …]]] )
```

定義

忽略所有套用於資料表或資料行的篩選條件,並回傳其所有列。

圖 8-42　ALL 函數語法與定義

ALL 函數的參數為:

參數	說明
table	將要被清除篩選的資料表。
column	將要被清除篩選的資料行。

以上兩個參數 table 與 column 都必須是實體存在的資料表與資料行,不可以是由 DAX 公式所產生的。

房型	房型收入	總房型收入	房型收入百分比
三人房	536,608	1,471,938	36.46%
單人房	203,385	1,471,938	13.82%
單床雙人房	423,958	1,471,938	28.80%
雙床雙人房	307,987	1,471,938	20.92%
總計	1,471,938	1,471,938	100.00%

圖 8-43　不同房型收入的百分比

新增「總房型收入」量值

請接續前面的檔案，我們要新增兩個量值，包括加總所有房型收入的「總房型收入」，以及各房型收入佔比的「房型收入百分比」。我們先新增「總房型收入」量值，請如下操作：

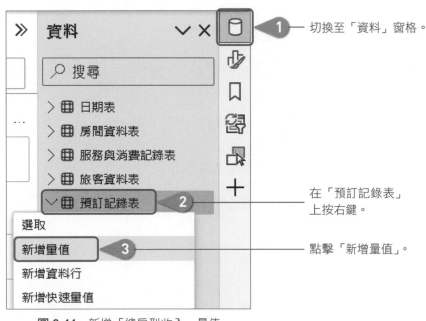

圖 8-44 新增「總房型收入」量值

```
1  總房型收入 =
2  CALCULATE (
3      [房型收入],
4      ALL ( '預訂記錄表' )
5  )
```

圖 8-45 輸入 DAX 公式

此處請注意！我們將「預訂記錄表」整張表做為第一個引數傳入 ALL 函數（此例並未指定資料行），表示強制 **Power BI** 將此表的「房型收入」資料行全部加總，而且不要保留任何自動篩選（也就是不要區分各種房型）。

此時，Ribbon 會自動切換到「量值工具」頁籤，接下來要在此頁籤下方的格式化區塊中，設定「總房型收入」量值用逗點做為千分位（也就是每三位數加一個逗號），如下所示：

選擇用逗號做為千分位。

⑤

⑥ 因為總收入是整數，小數位數選擇 0。

圖 8-46　點擊逗號逗點圖示設定數值格式

新增「房型收入百分比」量值

再來，我們只要將各房型的收入除以總房型收入，就可以得到每種房型收入各佔多少百分比。請回到「資料表檢視」頁面，在「資料」窗格的「預訂資料表」按右鍵新增一個「房型收入百分比」量值，其公式為：

```
房型收入百分比 =
DIVIDE (
    [房型收入],
    [總房型收入]
)
```

圖 8-47　房型收入百分比 DAX 公式

此公式中我們用到了 **DIVIDE 函數**（語法見下頁），它會用第一個參數去除以第二個參數。在此例中，Power BI 會將「房型收入」量值自動依據四種房型拆分出對應的分子計算結果，然後分別去除以分母「總房型收入」（已經用 ALL 函數強制不准篩選拆分）。

產生「房型收入百分比」量值之後，在「量值工具」頁籤選擇要用百分比來呈現數值：

選擇用百分比符號。

百分比取兩位小數。

①

② 2

圖 8-48　設定用兩位小數的百分比格式

DIVIDE 函數語法

語法

```
DIVIDE( <numerator>, <denominator> [, <alternate_result>] )
```

定義

計算除法，並可以當分母為 0 時，回傳備用結果 <alternate_result>。

圖 8-49　DIVIDE 函數語法與定義

DIVIDE 函數的參數為：

參數	說明
numerator	被除數，即分子。
denominator	除數，即分母。
alternate_result	當除數為 0 時回傳的替代值，若未指定則回傳 BLANK()，也就是未定義的空白缺失值。

以資料表形式呈現報表

接下來，請切換到「報表檢視」頁面，在「資料」窗格中勾選「房間資料表」中的「房型」，以及「預訂記錄表」中的「房型收入」、「總房型收入」與「房型收入百分比」這三個量值，然後在視覺效果中選擇「資料表」，即可看到如下以資料表形式呈現的報表了：

視覺效果選擇「資料表」。

房型	房型收入	總房型收入	房型收入百分比
三人房	536,608	1,471,938	36.46%
單人房	203,385	1,471,938	13.82%
單床雙人房	423,958	1,471,938	28.80%
雙床雙人房	307,987	1,471,938	20.92%
總計	1,471,938	1,471,938	100.00%

建置視覺效果

視覺效果類型

建議類型

資料行

房型

房型收入

總房型收入

房型收入百分比

+新增資料

圖 8-50　視覺化呈現所有需要的資料

選取的一個資料行與三個量值。

Stark

無私小撇步

如果您產生的資料表視覺效果中的欄位排列順序與圖 8-50 不一樣，可以在選進來的資料行或量值上按滑鼠右鍵，上下移動排列順序，或者也可以直接用滑鼠左鍵按住拖曳改變順序：

圖 8-51　可調整欄位出現的順序

8.5.3　計算子群組百分比 ‐ 使用 ALLEXCEPT 函數

圖 8-52 是一張統計不同季節下，不同房型佔當季收入的比例，並且要求各季節所有房型的比例相加要等於 100%。例如：冬天下面的單床雙人房（32.59%）、三人房（29.27%）、雙床雙人房（29.98%）、單人房（11.16%）。四種房型百分比相加必須是 100%。

季節	房型收入 ▼	總房型收入 (不分房型)	房型收入百分比 (不分房型)
□ 夏天	**455,366**	**455,366**	**100.00%**
三人房	218,533	455,366	47.99%
單床雙人房	104,381	455,366	22.92%
雙床雙人房	83,666	455,366	18.37%
單人房	48,786	455,366	10.71%
□ 冬天	**363,588**	**363,588**	**100.00%**
單床雙人房	111,216	363,588	30.59%
三人房	106,439	363,588	29.27%
雙床雙人房	105,354	363,588	28.98%
單人房	40,578	363,588	11.16%
□ 春天	**342,461**	**342,461**	**100.00%**
單床雙人房	112,301	342,461	32.79%
三人房	103,465	342,461	30.21%
雙床雙人房	67,795	342,461	19.80%
單人房	58,900	342,461	17.20%
□ 秋天	**310,524**	**310,524**	**100.00%**
三人房	108,170	310,524	34.83%
單床雙人房	96,060	310,524	30.93%
單人房	55,122	310,524	17.75%
雙床雙人房	51,173	310,524	16.48%
總計	**1,471,938**	**1,471,938**	**100.00%**

圖 8-52　依季節區分群組，並算出各子群組的佔比

仔細觀察上圖的「總房型收入（不分房型）」欄位，可以發現在不同季節內無論哪一種房型的數字都是一樣的，例如冬天都是 363,588。如此一來，便可算出各該季節下的不同房型收入所佔百分比。要依照月份範圍區分季節可以用 SWITCH 函數，而要分群計算則可利用 ALLEXCEPT 函數達成，下面會依序介紹。

依月份範圍區分季節

因為原本「預訂記錄表」中的每筆訂單只知道年月日,並沒有季節資訊,因此需要新增「季節」計算資料行。我們先來看看這個 DAX 公式的意思:

```
季節 =
VAR checkInMonth =
    MONTH ( [入住日期] )
RETURN
    SWITCH (
        TRUE (),
        checkInMonth < 3 || checkInMonth > 11, "冬天",
        checkInMonth < 6, "春天",
        checkInMonth < 9, "夏天",
        "秋天"
    )
```

圖 8-53　季節 DAX 公式

這個 DAX 公式說明如下:

1. 用 VAR 關鍵字宣告一個 checkInMonth 變數,其值是從「入住日期」資料行中取出月份。**如果在公式中會有重複用到的程式碼,我們可以利用 VAR 將其宣告為變數**,從下方可看出 checkInMonth 重複用了三次。如果不使用變數,我們就需要重複三次一樣的程式碼。

2. RETURN 會將 SWITCH 函數的結果回傳給「季節」計算資料行。

3. SWITCH 函數是做分支判斷的語法結構,其內可以放入數個條件式,且只會回傳第一個成立的結果。其函數語法在下一頁說明。

4. TRUE 函數是 SWITCH 函數的第一個參數,此參數為 TRUE 時,就會依序評估其後的每一項條件式。

5. 當 SWITCH 函數第一個參數為 TRUE 時,就會進入下面的條件式。若 checkInMonth 變數值小於 3 或大於 11(也就是 1、2、12 月)會回傳 "冬天" 字串。如果是 3、4、5 則回傳 "春天"。如果是 6、7、8 則回傳 "夏天"。如果以上皆非(預期是 9、10、11)則回傳 "秋天"。

6. 請記得! **Power BI** 會自動遍歷「入住日期」資料行的每一筆資料。因此這個 DAX 公式會將所有入住日期換算出季節,將結果放在「季節」計算資料行。

SWITCH 函數語法

語法

```
SWITCH(
    <expression>,
    <value>, <result>
    [, <value>, <result> [, …]]
    [, <else>]
)
```

定義

評估 <expression> 的數值，並依據數值的不同狀況 <value> 回傳結果 <result>。

圖 8-54　SWITCH 函數語法與定義

SWITCH 函數的參數為：

參數	説明
expression	將要被評估的運算式。
value	條件式或純量。
result	符合 value 的結果。
else	以上條件式都不符合時的預設結果。

以本例來說，第一個參數 expression 是 TRUE 函數，表示永遠為 TRUE，就會進行後面條件的評估，如果是 FALSE 會直接跳出 SWITCH。而參數 value 與 result 是成對的，符合 value 的條件，則會回傳 result。

於是，我們就在「預訂記錄表」中新增「季節」計算資料行，請如下操作：

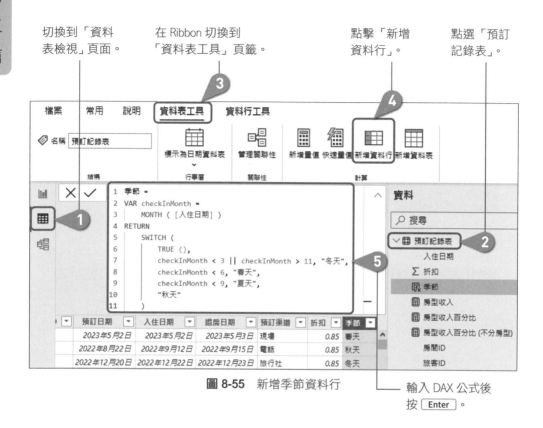

圖 8-55 新增季節資料行

計算每個季節的「總房型收入（不分房型）」

新增「季節」資料行以後，由圖 8-52 可看出還需要新增兩個量值：「總房型收入（不分房型）」與「房型收入百分比（不分房型）」。其中「總房型收入（不分房型）」會依季節分群，此時就要用到 ALLEXCEPT 函數（請見下頁）。

在 ALLEXCEPT 函數中，第一個參數是放要被清除自動篩選的資料表，也就是「預訂記錄表」，並保留第二個參數的「季節」資料行進行篩選。意思就是此資料表只依照「季節」篩選，其它各資料行都不允許 Power BI 自動篩選。如此就只會拆分成四個季節的量值。於是我們將 DAX 公式寫成右邊這樣：

```
總房型收入 (不分房型) =
CALCULATE (
    [房型收入],
    ALLEXCEPT (
        '預訂記錄表',
        '預訂記錄表'[季節]
    )
)
```

圖 8-56 總房型收入（不分房型）量值

ALLEXCEPT 函數語法

語法

```
ALLEXCEPT( <table>, <column1>[, <column2> [, …]] )
```

定義

指定套用篩選於公式指定的資料行，並忽略其他資料行的篩選。

圖 8-57 ALLEXCEPT 函數語法與定義

ALLEXCEPT 函數的參數為：

參數	説明
table	將要被清除篩選的資料表，但會保留第二個參數後所指定的資料行篩選。
column	要保留篩選的資料行。

簡單來說，**ALLEXCEPT** 函數除了**指定的資料行會保留篩選以外，其他所有資料行的篩選都將會被移除**。

下面 ALLEXCEPT 這一段程式就表示：除了（EXCEPT）保留「預訂記錄表」中「季節」資料行的自動篩選，其它資料行全部（ALL）清除自動篩選。如此一來，在製作報表時，就只能拆分季節的量值（而不能拆分房型或其它資料行的量值）：

```
ALLEXCEPT (
    '預訂記錄表',
    '預訂記錄表'[季節] ◄──── 保留季節的自動篩選
)
```

計算每個季節的「房型收入百分比（不分房型）」量值

有了「總房型收入（不分房型）」做為百分比的分母後，只要與「房型收入」利用 DIVIDE 函數相除，就可以得到「房型收入百分比（不分房型）」量值（別忘了也要如圖 8-48 調整為百分比格式）：

```
房型收入百分比 (不分房型) =
DIVIDE (
    [房型收入],
    [總房型收入 (不分房型)]
)
```

圖 8-58　房型收入百分比 (不分房型) 量值

建立依季節區分子群組的二維矩陣

因為多了季節群組，又要能呈現各季節內的子群組（即依房型區分），這裡的視覺化就不是像圖 8-50 那樣單一維度的數據，而要能呈現兩個維度（季節、房型）的視覺效果，我們可以採用「矩陣」視覺效果。

請切換到「報表檢視」頁面，然後依照以下方式操作：

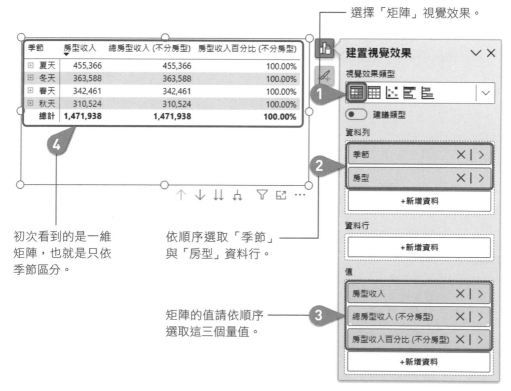

選擇「矩陣」視覺效果。

初次看到的是一維矩陣，也就是只依季節區分。

依順序選取「季節」與「房型」資料行。

矩陣的值請依順序選取這三個量值。

圖 8-59　用矩陣形式呈現依季節區分房型收入百分比

第二維折疊在各季節前面的 ⊞ 圖示裡，只要點開就能看到整張矩陣表格（也可以點擊報表旁的 🔃 圖示將折疊的層級全部展開）：

季節	房型收入	總房型收入 (不分房型)	房型收入百分比 (不分房型)
⊟ 夏天	**455,366**	**455,366**	**100.00%**
三人房	218,533	455,366	47.99%
單床雙人房	104,381	455,366	22.92%
雙床雙人房	83,666	455,366	18.37%
單人房	48,786	455,366	10.71%
⊟ 冬天	**363,588**	**363,588**	**100.00%**
單床雙人房	111,216	363,588	30.59%
三人房	106,439	363,588	29.27%
雙床雙人房	105,354	363,588	28.98%
單人房	40,578	363,588	11.16%
⊟ 春天	**342,461**	**342,461**	**100.00%**
單床雙人房	112,301	342,461	32.79%
三人房	103,465	342,461	30.21%
雙床雙人房	67,795	342,461	19.80%
單人房	58,900	342,461	17.20%
⊟ 秋天	**310,524**	**310,524**	**100.00%**
三人房	108,170	310,524	34.83%
單床雙人房	96,060	310,524	30.93%
單人房	55,122	310,524	17.75%
雙床雙人房	51,173	310,524	16.48%
總計	**1,471,938**	**1,471,938**	**100.00%**

圖 8-60　矩陣完全展開

8.5.4　啟用非作用中的關聯 – 使用 USERELATIONSHIP 函數

假設我們接到算出「基於『預定日期』的平均房價」的任務，該怎麼做呢？

請切換到「模型檢視」頁面，圖 8-61 顯示目前資料模型中「日期表」與「預定記錄表」的關聯。其中，「日期表」的「日期」與「入住日期」的關聯為作用中（實線，以黃色標示），而與「預定日期」是非作用中（虛線，以綠色標示）。如果忘記了，請回顧 6.2.3 小節。

我們要將「日期」與「預訂日期」之間原本非作用中的關聯啟用為作用中，就需要用到 USERELATIONSHIP 函數。一旦啟用成功之後，原先作用中的關聯就會變成非作用中，因為兩個資料表之間同時只能有一個作用中的關聯。

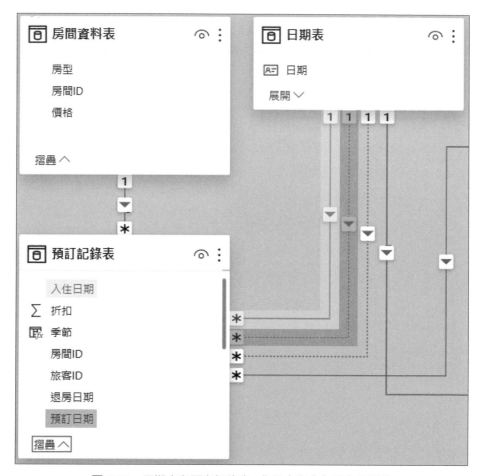

圖 8-61　日期表與預定記錄表 - 作用中與非作用中的關聯

理解 USERRELATIONSHIP 函數的定義（見下頁）以後，我們可以在「預定記錄表」中新增一個「基於預訂日期的平均房價」量值。在新增量值之前，我們要先瞭解平均房價的定義：總房價除以房間數量。

因此，我們要做以下幾件事：

1. 計算預訂日期的總房價。

2. 要得到房間數量，就需要用 COUNTROWS 計數函數去算出預訂記錄表有多少筆記錄。請注意！本範例假設每一筆訂單只訂一個房間。

3. 然後將總房價（分子）用 DIVIDE 函數除以被訂的房間數量（分母），就可以算出基於預訂日期的平均房價。

USERELATOINSHIP 函數語法

語法

USERELATIONSHIP(<column1>, <column2>)

定義

啟用 <column1> 與 <column2> 之間的關聯性。

圖 8-62 USERELATIONSHIP 函數語法與定義

USERELATIONSHIP 函數的參數為：

參數	說明
column1	位於一對多關聯性中「多」端的資料行。
column2	位於一對多關聯性中「一」端的資料行。

請注意！column1 與 column2 兩個資料行必須在資料模型中已建立關聯，只是屬於非作用中。如果原本就不存在關聯，那就無法啟用。

計算預訂日期的總房價

要計算預訂日期的總房價，需要用到多個前面介紹過的函數。可將公式寫成下面這樣：

```
總房價 =
CALCULATE (
    SUMX (
        '預訂記錄表',
        RELATED ( '房間資料表'[價格] )
    ),
    USERELATIONSHIP ( '日期表'[日期], '預訂記錄表'[預訂日期] )
)
```

圖 8-63 總房價 DAX 公式

以下是公式説明：

1. SUMX 函數作用於「預訂記錄表」的每一列資料，並用 RELATED 函數關聯到「房間資料表」的「價格」資料行。其目的是加總訂單中每筆記錄的價格。

2. USERELATIONSHIP 函數啟用「日期表」與「預訂資料表」中的非作用中關聯，也就是讓「日期」關聯到「預訂日期」，而不是原本的「入住日期」。

3. CALCULATE 函數用篩選條件來改變運算式，因此 SUMX 函數就會依照預訂日期的房間價格來加總。

計算預訂日期的房間數量

我們接著要計算預訂日期被訂的房間數量。由於我們假設每筆訂單只訂一個房間，因此只要用 COUNTROWS 函數算出預訂記錄表中的預訂日期有多少筆記錄就行了：

```
房間數量 =
CALCULATE (
    COUNTROWS ( '預訂記錄表' ),
    USERELATIONSHIP ( '日期表'[日期], '預訂記錄表'[預訂日期] )
)
```

圖 8-64 房間數量 DAX 公式

以下是公式説明：

1. COUNTROWS 函數計算「預訂記錄表」中的列數。其語法見下頁。

2. USERRELATIONSHIP 函數啟用「日期表」與「預訂資料表」中的非作用中關聯。

3. CALCULATE 函數用篩選條件，讓 COUNTROWS 函數計算的是「預訂日期」的列數。

計算總房價除以房間數量

接下來只要將預訂日期的總房價除以房間數量就能算出「基於預訂日期的平均房價」。不過，我們並不打算新增上面的「總房價」與「房間數量」這兩個量值，而是直接將它們兩個做為 DIVIDE 函數的被除數（分子）與除數（分母）。如下所示：

COUNTROWS 函數語法

語法　　　　　　　　　　　　　　定義

```
COUNTROWS( [<table>] )
```

計算一資料表的列數。

圖 8-65　COUNTROWS 函數語法與定義

COUNTROWS 函數的參數為：

參數	說明
table	要被計算列數的資料表，可以是實體資料表或由公式產生的虛擬資料表。

分子計算房價

```
基於預定日期的平均房價 =
DIVIDE (
    CALCULATE (
        SUMX (
            '預訂記錄表',
            RELATED ( '房間資料表'[價格] )
        ),
        USERELATIONSHIP ( '日期表'[日期], '預訂記錄表'[預訂日期] )
    ),
    CALCULATE (
        COUNTROWS ( '預訂記錄表' ),
        USERELATIONSHIP ( '日期表'[日期], '預訂記錄表'[預訂日期] )
    )
)
```

圖 8-66　平均房價 DAX 公式

分母計算總預訂數量

將平均房價走勢畫成折線圖

產生「基於預訂日期的平均房價」量值之後，請切換到「報表檢視」頁面，如下選取 X、Y 軸，將上述 DAX 公式搭配折線圖顯示即如圖 8-67：

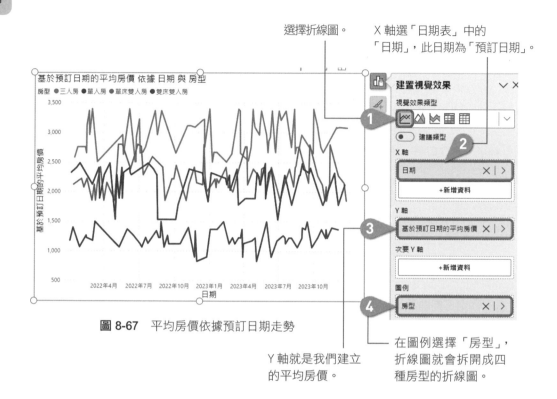

圖 8-67 平均房價依據預訂日期走勢

8.6 利用時間智慧函數執行與時間相關計算

時間智慧函數（Time Intelligence Function）為 **Power BI** 中進行與時間相關計算不可或缺的工具。它們允許使用者進行跨時間比較，這對於分析數據趨勢和進行時間相關的報告至關重要。我們要學習如何應用它們進行時間相關分析。包括：

● 傳回與當前時間段相同的前一年數值：SAMEPERIODLASTYEAR 函數

● 在給定日期上增加或減少一定的時間單位：DATEADD 函數

● 在特定日期範圍內累計數值，通常是按年度、季度或月份：TOTALYTD 函數

8.6.1 使用時間智慧函數的先決條件：日期表

為了使用時間智慧函數，在資料模型中需要一張格式良好的日期表（Date Table），該日期表必須符合以下要求：

- 在所需分析的年份裡，**所有日期**都需要被包含。
- 若分析對象是一般**日曆年（Calendar Year）**，則日期表的日期欄位需要從 1/1 日開始到 12/31 結束。例如：若要分析 2023 日曆年的銷售，則日期表需要包含 2023/1/1 至 2023/12/31 所有的日期。
- 若分析對象是**會計年度（Fiscal Year）**，則日期表的日期欄位同樣需要包含會計年度的第一天到最後一天的所有日期。例如：若會計年度為 7/1 開始到隔年 6/30 結束，則 2023 會計年度的日期表需要包含 2022/7/1 到 2023/6/30 的所有日期。
- 需要有一個包含**唯一值（unique values）**的日期資料行，資料型態為 DateTime 或 Date。該行名稱通常為「Date」或「日期」。該行需在 Power BI 內被特別以「**標記為日期表**」功能所指定（以下會實際操作）。若此行有包含時間，則應該都是 12:00:00 am。

圖 8-68 是一張定義良好的日期表。日期資料行具備相異值，這可以藉由點選日期欄位觀察：下方顯示資料行相異值數目等於整個資料表列數。同時，針對每一個日期都有定義其年度、季度、月份、星期幾等相關資訊。

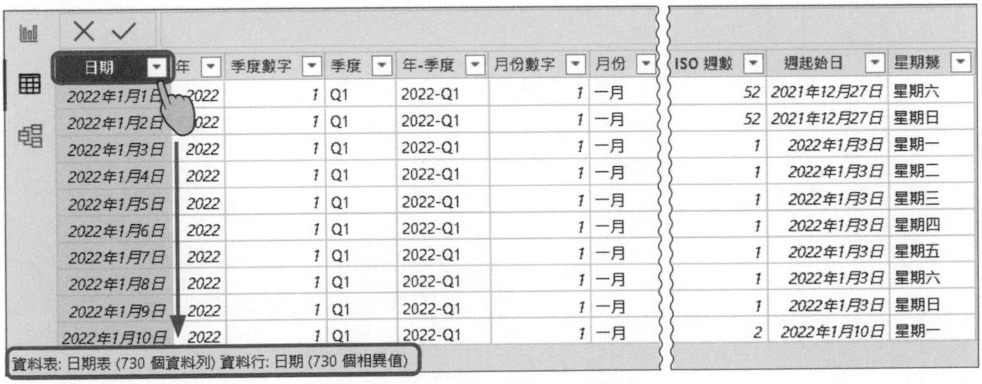

日期	年	季度數字	季度	年-季度	月份數字	月份	ISO 週數	週起始日	星期幾
2022年1月1日	2022	1	Q1	2022-Q1	1	一月	52	2021年12月27日	星期六
2022年1月2日	2022	1	Q1	2022-Q1	1	一月	52	2021年12月27日	星期日
2022年1月3日	2022	1	Q1	2022-Q1	1	一月	1	2022年1月3日	星期一
2022年1月4日	2022	1	Q1	2022-Q1	1	一月	1	2022年1月3日	星期二
2022年1月5日	2022	1	Q1	2022-Q1	1	一月	1	2022年1月3日	星期三
2022年1月6日	2022	1	Q1	2022-Q1	1	一月	1	2022年1月3日	星期四
2022年1月7日	2022	1	Q1	2022-Q1	1	一月	1	2022年1月3日	星期五
2022年1月8日	2022	1	Q1	2022-Q1	1	一月	1	2022年1月3日	星期六
2022年1月9日	2022	1	Q1	2022-Q1	1	一月	1	2022年1月3日	星期日
2022年1月10日	2022	1	Q1	2022-Q1	1	一月	2	2022年1月10日	星期一

資料表: 日期表 (730 個資料列) 資料行: 日期 (730 個相異值)

圖 8-68 定義良好的日期表

匯入產生日期表的 Power Query 公式

本章開始至今所使用的起始檔 `Chapter8_starter.pbix` 已經協助將日期表匯入，所使用的是一串 Power Query 公式。為了讀者日後實戰需要，在此演示一次如何從頭開始匯入並建立符合自己需要的日期表。

請打開新的 Power BI 檔案並依據以下方式建立日期表：

在 Ribbon 處切換到「常用」頁籤。

點擊「轉換資料」。

圖 8-69　進入 Power Query 編輯器

開啟 Power Query 編輯器以後，在查詢面板點右鍵。

選擇「新增查詢」。

點擊「空白查詢」。

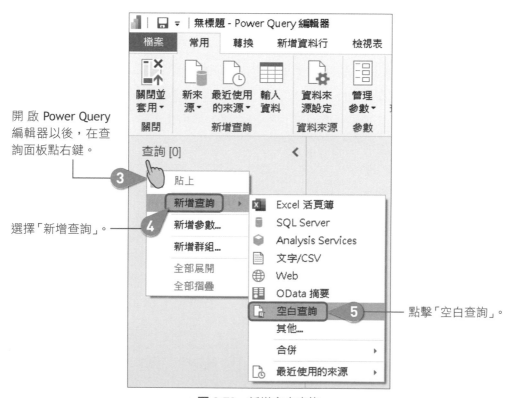

圖 8-70　新增空白查詢

打開本章附檔「日期表語法.txt」，並全選複製。

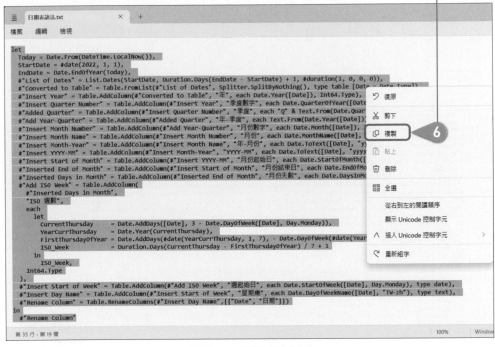

圖 8-71　複製查詢語法

回到 Power Query 編輯器並
確認選擇「查詢1」以後，
點擊「進階編輯器」。

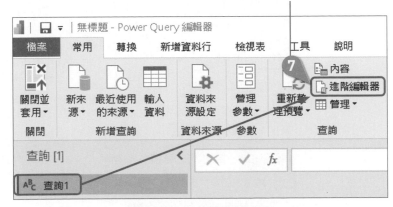

圖 8-72　前往進階編輯器

設定日期表的起訖日期

貼上日期表語法，並請依您的需要設定起訖日期：StartDate、EndDate。

```
let
    Today = Date.From(DateTime.LocalNow()),
    StartDate = #date(2022, 1, 1),
    EndDate = Date.EndOfYear(Today),
    #"List of Dates" = List.Dates(StartDate, Duration.Days(EndDate - StartDate) + 1, #duration(1, 0, 0, 0)),
    #"Converted to Table" = Table.FromList(#"List of Dates", Splitter.SplitByNothing(), type table [Date = Date.Type]),
    #"Insert Year" = Table.AddColumn(#"Converted to Table", "年", each Date.Year([Date]), Int64.Type),
    #"Insert Quarter Number" = Table.AddColumn(#"Insert Year", "季度數字", each Date.QuarterOfYear([Date]), Int64.Type),
    #"Added Quarter" = Table.AddColumn(#"Insert Quarter Number", "季度", each "Q" & Text.From(Date.QuarterOfYear([Date])), type text),
    #"Add Year-Quarter" = Table.AddColumn(#"Added Quarter", "年-季度", each Text.From(Date.Year([Date])) & "-Q" & Text.From(Date.QuarterOfYear(
    #"Insert Month Number" = Table.AddColumn(#"Add Year-Quarter", "月份數字", each Date.Month([Date]), Int64.Type),
    #"Insert Month Name" = Table.AddColumn(#"Insert Month Number", "月份", each Date.MonthName([Date], "TW-zh"), type text),
    #"Insert Month-Year" = Table.AddColumn(#"Insert Month Name", "年-月份", each Date.ToText([Date], "yyyy MMM"), type text),
    #"Insert YYYY-MM" = Table.AddColumn(#"Insert Month-Year", "YYYY-MM", each Date.ToText([Date], "yyyy-MM"), type text),
    #"Insert Start of Month" = Table.AddColumn(#"Insert YYYY-MM", "月份起始日", each Date.StartOfMonth([Date]), type date),
    #"Inserted End of Month" = Table.AddColumn(#"Insert Start of Month", "月份結束日", each Date.EndOfMonth([Date]), type date),
    #"Inserted Days in Month" = Table.AddColumn(#"Inserted End of Month", "月份天數", each Date.DaysInMonth([Date]), Int64.Type),
    #"Add ISO Week" = Table.AddColumn(
        #"Inserted Days in Month",
        "ISO 週數",
        each
            let
                CurrentThursday      = Date.AddDays([Date], 3 - Date.DayOfWeek([Date], Day.Monday)),
                YearCurrThursday     = Date.Year(CurrentThursday),
                FirstThursdayOfYear = Date.AddDays(#date(YearCurrThursday, 1, 7), - Date.DayOfWeek(#date(YearCurrThursday, 1, 1), Day.Friday)),
                ISO_Week            = Duration.Days(CurrentThursday - FirstThursdayOfYear) / 7 + 1
            in
                ISO_Week,
            Int64.Type
```

✓ 未偵測到任何語法錯誤。

圖 8-73　指定產生日期表的起迄日期

點擊「完成」。

在查詢設定面板中重新命名資料表為「日期表」。

圖 8-74　重新命名資料表

點擊「關閉並套用」圖示。

圖 8-75　關閉並套用

將匯入的資料表標示為日期資料表

切換到
「資料表檢視」分頁。

點擊「標示為
日期資料表」。

於 Ribbon 處選擇
「資料表工具」頁籤。

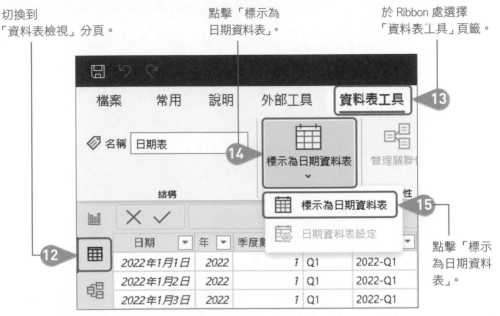

圖 8-76 標示為日期資料表

選擇「日期」欄位，因其具備相異值。

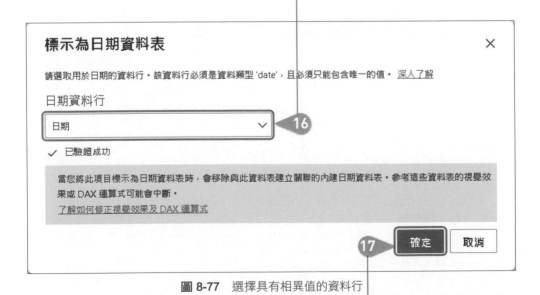

圖 8-77 選擇具有相異值的資料行

點擊確定。如此即可建出
如圖 8-68 的日期表。

8.6.2　計算去年同期指標 – 使用 SAMEPERIODLASTYEAR 函數

SAMEPERIODLASTYEAR 函數的名字非常長，拆解以後為 Same Period Last Year。顧名思義便是去年同期。使用此函數搭配計算不同指標，可以獲得去年同期的結果，例如去年同期房型收入，進而計算同期增長率。

SAMEPERIODLASTYEAR 函數語法

語法

```
SAMEPERIODLASTYEAR( <dates> )
```

定義

回傳僅含一個資料行的資料表，其值為參數 <dates> 回推一年的結果。

圖 8-78　SAMEPERIODLASTYEAR 函數語法與定義

SAMEPERIODLASTYEAR 函數的參數為：

參數	說明
dates	包含日期資料的資料行。

圖 8-79 為 SAMEPERIODLASTYEAR 函數示意圖。當我們將「今年日期」資料行傳入此函數時，就會產生去年同期（也就是「去年日期」資料行）。兩者之間相差一年：

今年日期	去年日期
2023/1/1 上午 12:00:00	2022/1/1 上午 12:00:00
2023/1/2 上午 12:00:00	2022/1/2 上午 12:00:00
2023/1/3 上午 12:00:00	2022/1/3 上午 12:00:00
2023/1/4 上午 12:00:00	2022/1/4 上午 12:00:00
2023/1/5 上午 12:00:00	2022/1/5 上午 12:00:00
2023/1/6 上午 12:00:00	2022/1/6 上午 12:00:00
2023/1/7 上午 12:00:00	2022/1/7 上午 12:00:00
2023/1/8 上午 12:00:00	2022/1/8 上午 12:00:00
2023/1/9 上午 12:00:00	2022/1/9 上午 12:00:00
2023/1/10 上午 12:00:00	2022/1/10 上午 12:00:00

圖 8-79　SAMEPERIODLASTYEAR 函數功能示意

請延續 8.5.4 小節的檔案操作。我們要在「預定記錄表」內新增兩個量值:「去年同期房型收入 (SAMEPERIODLASTYEAR)」與「房型收入成長率 YoY%」。

新增「去年同期房型收入 (SAMEPERIODLASTYEAR)」量值

去年同期房型收入的計算方式,是將 SAMEPERIODLASTYEAR ('日期表'[日期])當作 CALCULATE 函數的第二個參數,這種寫法屬於 8.4 節介紹的**資料表篩選條件運算式**。因為 SAMEPERIODLASTYEAR 函數會回傳一張包含去年日期的資料表,並作為篩選條件使得 CALCULATE 第一個參數[房型收入]是依據去年的日期計算:

```
1  去年同期房型收入 (SAMEPERIODLASTYEAR) =
2  CALCULATE (
3      [房型收入],
4      SAMEPERIODLASTYEAR ('日期表'[日期])
5  )
```

圖 8-80　去年同期房型收入量值 DAX 公式

新增「房型收入成長率 YoY%」量值

房型的年收入成長率(Year-over-Year percentage)的公式如下:

$$YoY\% = \left(\frac{當前資料 - 前一年資料}{前一年資料} \right) \times 100\%$$

因此,YoY% 就可以寫成下面的 DAX 公式:

```
1  房型收入成長率 YoY% =
2  DIVIDE (
3      [房型收入] - [去年同期房型收入 (SAMEPERIODLASTYEAR)],
4      [去年同期房型收入 (SAMEPERIODLASTYEAR)]
5  )
```

圖 8-81　去年同期房型收入成長率量值 DAX 公式

然後在「量值工具」頁籤設定數值格式為兩位小數並加上「%」符號：

圖 8-82 更改量值格式為兩位小數百分比

用矩陣視覺效果呈現兩年的房型收入比較與 YoY%

接著，切換到「報表檢視」頁面，用「矩陣」視覺效果將對應的資料放入，請依照圖 8-83 設定：

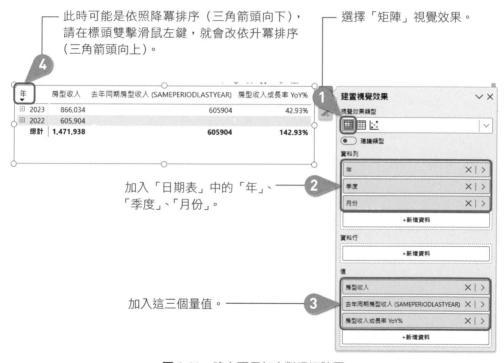

圖 8-83 建立兩個年度對照矩陣圖

然後將整張矩陣表展開如圖 8-84。我們可以發現無論是年階層（黃色箭頭）、季階層（綠色箭頭）、月階層（藍色箭頭），都可以對應到去年同期銷售額：

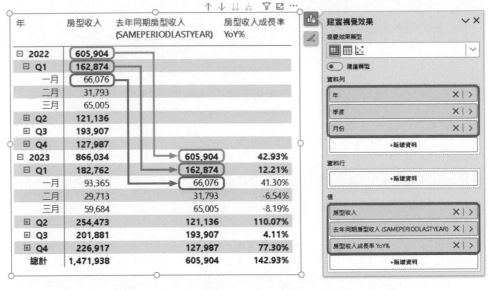

圖 8-84　去年同期房型收入與成長率之視覺化結果

8.6.3　計算任何同期指標 ─ 使用 DATEADD 函數

前一小節計算去年同期房型收入時，我們使用 SAMEPERIODLASTYEAR 函數。其實，DATEADD 函數更有彈性，可以前後平移的單位包括年、季、月或日。

比較前一年同期房型收入

我們可以參考「去年同期房型收入 (SAMEPERIODLASTYEAR)」量值的 DAX 公式，改寫如下。在此公式中，我們改用 DATEADD 函數（語法請見下頁），將 number_of_intervals 參數指定為 -1，interval 參數為 YEAR，表示往前一年。其結果與前面用 SAMEPERIODLASTYEAR 函數相同：

```
去年同期房型收入 (DATEADD) =
CALCULATE (
    [房型收入],
    DATEADD (
        '日期表'[日期],
        -1,
        YEAR
    )
)
```

圖 8-85　去年同期房型收入 DAX 公式

DATEADD 函數語法

語法

```
DATEADD( <dates>, <num_of_intervals>, <interval> )
```

定義

回傳僅含一個資料行的資料表，其值為基於 <dates> 向前或向後平移後的結果。

圖 8-86 DATEADD 函數語法與定義

DATEADD 函數的參數為：

參數	說明
dates	包含日期資料的資料行。
num_of_intervals	整數，可為正或負，代表向前或向後平移的區間數。
interval	平移的間隔基準，必須為 YEAR、QUARTER、MONTH、DAY 其中一個。

比較前一個月同期房型收入

DATEADD 除了可以一次平移一年以外，還可以用季、月、日來平移。以下我們就用月來做比較。圖 8-87 與圖 8-88 的 DAX 公式，分別顯示上月房型收入以及本月與上月相比的成長率。請您自己試試新增下面兩個量值：

```
上月房型收入 (DATEADD) =
CALCULATE (
    [房型收入],
    DATEADD (
        '日期表'[日期],
        -1,
        MONTH
    )
)
```

圖 8-87 上月房型收入量值 DAX 公式

```
房型收入成長率 MoM% =
DIVIDE (
    [房型收入] - [上月房型收入 (DATEADD)],
    [上月房型收入 (DATEADD)]
)
```

圖 8-88　上月房型收入成長率量值 DAX 公式

接著，請仿照 8.6.2 小節建立矩陣視覺效果，如圖 8-89。我們就可以看到每個月的業績成長百分比（MoM%，Month-over-Month percentage）。例如 2022 年三月比二月成長 104.47%；四月比三月衰退 44.16%：

圖 8-89　上月房型收入與成長率之視覺化結果

同理，我們也可以利用 DATEADD 函數實現季、日的平移，有興趣的讀者可以自行嘗試。

8.6.4 計算今年至今累加指標 – 使用 TOTALYTD 函數

前面兩個小節我們學會使用 SAMEPERIODLASTYEAR 與 DATEADD 函數計算資料平移的結果。在這個小節我們要學習如何利用 TOTALYTD（Total Year-to-Date）函數計算年度累加結果。

TOTALYTD 函數語法

語法

TOTALYTD(<expression>, <dates>[, <filter>][, <year_end_date>])

定義

依據當前的篩選條件，計算今年至今的資料累加結果。

圖 8-90　TOTALYTD 函數語法與定義

TOTALYTD 函數的參數為：

參數	說明
expression	要計算的指標，需要回傳的是一個彙總數值。
dates	日期資料行。
filter	（可選參數）額外指定的篩選條件。
year_end_date	（可選參數）一年的結束日期，預設為 12/31。

新增「今年至今房型收入」量值

假設我們要計算資料中每年距今的房型收入，其 DAX 公式如下，只有第一、二個參數，指定要計算「房型收入」：

```
今年至今房型收入 =
TOTALYTD (
    [房型收入],
    '日期表'[日期]
)
```

圖 8-91　今年至今房型收入量值 DAX 公式

用矩陣視覺效果呈現每月累加房型收入

接下來，要將「日期表」中的「年」、「月份」以及「預訂記錄表」中的「房型收入」、「今年至今房型收入」放進矩陣視覺效果中。請如下操作：

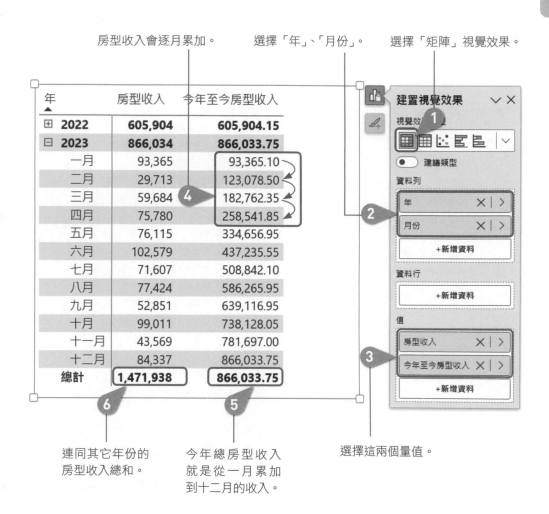

圖 8-92 今年至今房型收入視覺化結果

Power BI 還有提供 TOTALQTD（Total Quarter-to-Date）函數可每季累加收入，與 TOTALMTD（Total Month-to-Date）函數可每月累加收入。有興趣的讀者可以自行嘗試。

8.7 建立量值彙總表 以分類四散的量值

自 8.1 至 8.6 節為止，我們建立了不少量值，而這些量值都四散在不同資料表中，如圖 8-93、圖 8-94 顯示「服務與消費記錄表」以及「預定記錄表」中的許多量值：

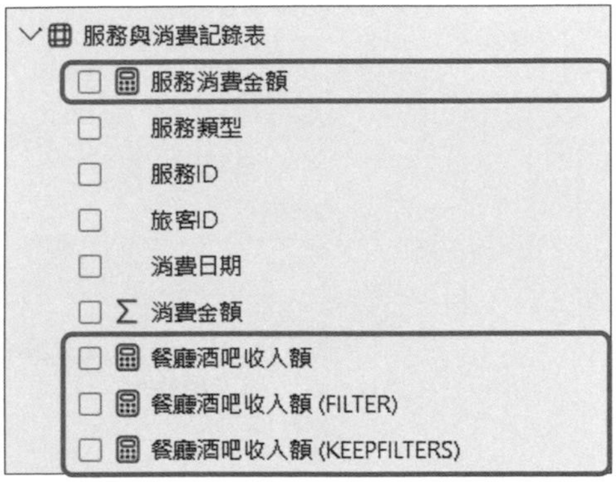

圖 8-93 「服務與消費記錄表」中的量值

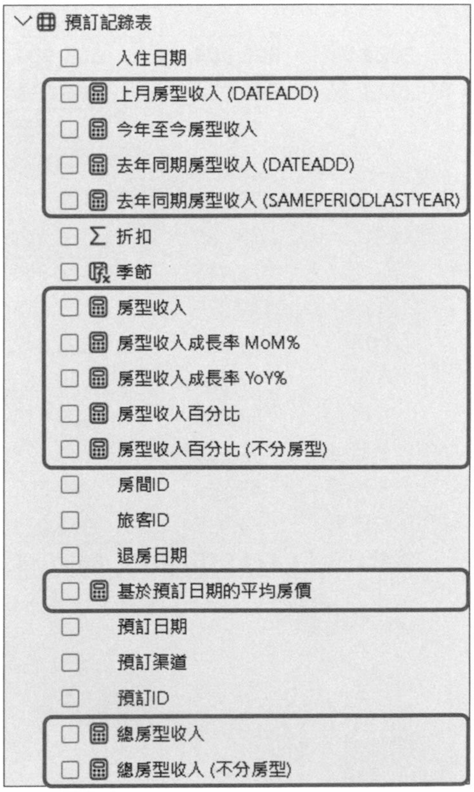

圖 8-94 「預訂記錄表」中的量值

8.7.1 新增量值資料表

由於各個量值存放在不同的資料表中，這樣找起來要在數個資料表間穿梭，而 Power BI 考慮到我們的困擾，讓我們可以新增一個整理量值的資料表，只要將四散的量值放入統一管理就省事多了。請按照以下步驟操作：

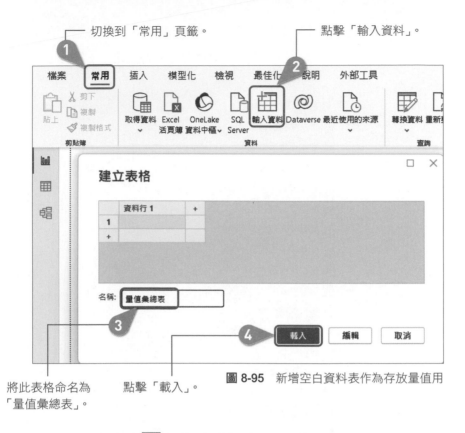

切換到「常用」頁籤。

點擊「輸入資料」。

將此表格命名為「量值彙總表」。

點擊「載入」。

圖 8-95 新增空白資料表作為存放量值用

接下來，請點擊左邊的 切換到「模型檢視」頁面。接下來要將眾多量值放入「量值彙總表」：

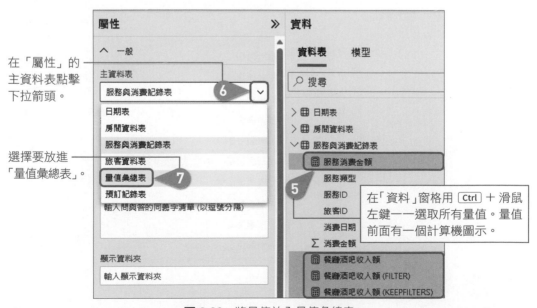

在「屬性」的主資料表點擊下拉箭頭。

選擇要放進「量值彙總表」。

在「資料」窗格用 Ctrl + 滑鼠左鍵一一選取所有量值。量值前面有一個計算機圖示。

圖 8-96 將量值放入量值彙總表

完成以上步驟以後，原本四散的量值都會被整合到「量值彙總表」中，如圖 8-97。然而，我們需要將預設但用不到的「資料行 1」刪除：

圖 8-97 移除預設但不需要的資料行 1

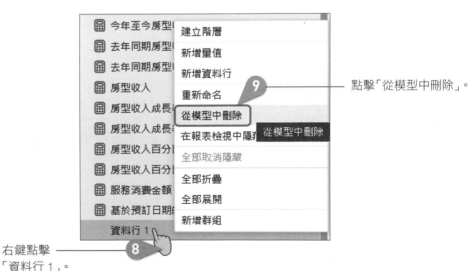

點擊「從模型中刪除」。

右鍵點擊
「資料行 1」。

圖 8-98 刪除不必要的資料行

刪除該資料行以後,「量值彙總表」會跑到整個「資料」窗格最上方,並且圖示也變更為  ,如圖 8-99:

図 8-99　量值彙總表

8.7.2　為不同類別的量值區分資料夾

由於「量值彙總表」中匯集了整個資料模型中所有的量值,包含房型收入與服務消費兩大類別,如果需要將兩類量值區分開來,可以為其建立不同的資料夾。請如下操作:

在「屬性」窗格的「顯示資料夾」下方輸入「房型收入相關」,然後按 Enter 建立資料夾。

在量值彙總表中,用 Ctrl + 滑鼠左鍵一一選取與房型相關的量值。

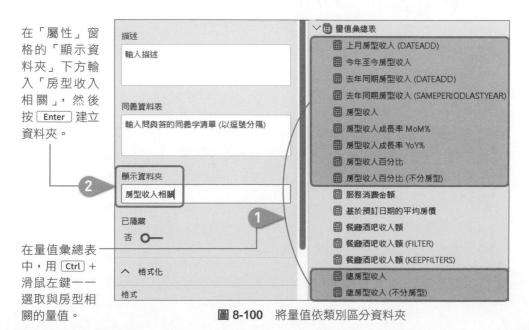

図 8-100　將量值依類別區分資料夾

然後，再把其餘量值歸類到「服務收入相關」。完成以後如圖 8-101：

量值彙總表
- 房型收入相關
  - 上月房型收入 (DATEADD)
  - 今年至今房型收入
  - 去年同期房型收入 (DATEADD)
  - 去年同期房型收入 (SAMEPERIODLASTYEAR)
  - 房型收入
  - 房型收入成長率 MoM%
  - 房型收入成長率 YoY%
  - 房型收入百分比
  - 房型收入百分比 (不分房型)
  - 總房型收入
  - 總房型收入 (不分房型)
- 服務收入相關
  - 服務消費金額
  - 基於預訂日期的平均房價
  - 餐廳酒吧收入額
  - 餐廳酒吧收入額 (FILTER)
  - 餐廳酒吧收入額 (KEEPFILTERS)

圖 8-101 分類完畢的量值彙總表

您若切換到「模型檢視」頁面，也可以看到這張「量值彙總表」，只是它與其它資料表之間並沒有關聯。

Stark

無私分享

製作量值彙總表雖然不是必需的要求，但卻是一個好習慣。除了可以更好維護報表以外，日後無論是自己或是同事查看報表，都可以很清楚地知道有哪些量值可以使用。

另外，我習慣將一報表全部的需求都開發完以後，再製作量值彙總表以整理量值。這是因為開發的過程中，會時常新增、刪除、修改量值。太早製作量值彙總表的話，還是會需要時常變動之。

綜合以上，也推薦讀者可以在完成一份報表開發以後，製作量值彙總表。

第 **9** 章

利用 Copilot 與範本
自動產生量值

★★★ 學習目標 ★★★

- 認識 AI 智慧助手 Copilot。
- 學會使用兩種建立快速量值的方法。

在第 8 章中我們認識了許多 DAX 函數的用法，且都是經由自行輸入的方式新增不同的 DAX 公式。不過在 Power BI 有提供一個「快速量值」的功能，幫助我們自行產生需要的 DAX 公式，不需要自己手刻程式碼。

生成快速量值的方式有兩種，一種是藉由範本，另一種是用微軟公司推出的 AI 智慧助手 Copilot（副駕駛的意思）協助生成。我們先了解什麼是 Copilot 後，再帶領讀者使用由 Copilot 產生的快速量值，最後再介紹由範本產生的快速量值。

9.1 Copilot 與 Power BI

Copilot 提供使用者以「自然語言」的交談方式，輸入想問的問題或想要完成的任務，至於背後操作的工作便交由軟體完成。Copilot 功能遍及微軟的產品，包括 Microsoft 365、Windows 11、Edge、Bing，當然也包括 Power BI 在內。

撰寫快速量值建議是 Copilot 於 Power BI 中的一項應用。不過，從微軟官方釋出的 Demo 影片可以得知，微軟未來準備讓 Copilot 完全支援 Power BI，讓使用者用自然語言就可以產生對應的報表。如果讀者有興趣，可以參考微軟官方的影片（https://youtu.be/hFtZV2pw4Ys），或是掃描 QR Code 即可觀看：

Stark
無私小撇步

在 Power BI 中要使用 Copilot 功能，必須是企業訂閱帳戶才行，免費版本的 Power BI Desktop 帳號不能使用。如果您用的不是企業帳號，可以直接跳到 9.3 節，或者參考附錄，教您用 Gmail 信箱申請 Office 365 E5 帳號，再利用該帳號登入 Power BI 帳號，如此也可啟用 Copilot。

Copilot 在 Power BI Service 中也有非常強大的應用。如：以自然語言讓 Copilot 生成報表、為報表頁面撰寫摘要，惟目前僅開放給企業用戶。詳情可閱讀：https://imasterpowerbi.com/power-bi-copilot/。

9.2 快速量值：使用 Copilot 的建議

快速量值（Quick Measure）的功能允許使用者快速建立基本的量值計算，無需像第 8 章那樣全手工撰寫 DAX 公式，可幫助非技術人員更方便產生一些常用的量值，像是成長率或累計收入等，以便於進行後續的資料分析。

實作檔案參照

■ Power BI 起始操作檔：`Chapter9_9.2_starter.pbix`

9.2.1 啟用 Power BI 中的 Copilot

請使用課程所附的 `Chapter9_9.2_starter.pbix` 作為起始操作檔。開啟檔案以後，請先點擊左邊的 📊 打開「報表檢視」頁面，然後從 Ribbon 處切換到「模型化」頁籤，並點擊「快速量值」，在畫面右邊就會打開「快速量值」窗格。

尚未登入 Power BI 帳號的處理方式

第一次開啟「快速量值」窗格時，如果您是未登入 **Power BI** 帳號的狀態，則會出現「使用 Copilot 的建議」畫面如圖 9-1，要請您先登入：

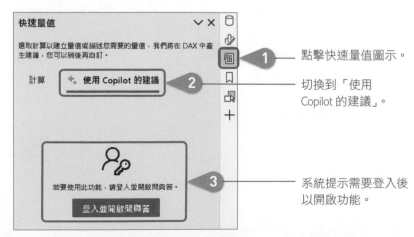

圖 9-1　使用 Copilot 的建議功能需要登入後開啟

請先登入（申請帳號的方式可以參考附錄：「註冊 Power BI 帳號」）。登入以後，亦可能看到如圖 9-2 功能被停用的提醒：

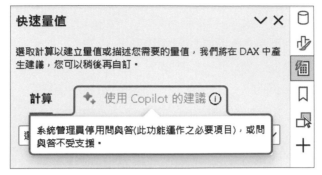

圖 9-2 Copilot 被停用

這是由於 Copilot 背後是由機器學習模型產生對應的 DAX 公式，而該模型目前只在微軟的美國資料中心才有。這也表示我們輸入的提示詞會傳送到美國。需要 **Power BI** 管理者特別在 **Power BI Service** 中（https://app.powerbi.com/）將此功能開啟。進入 **Power BI Service** 以後，開啟的方式如下步驟所示：

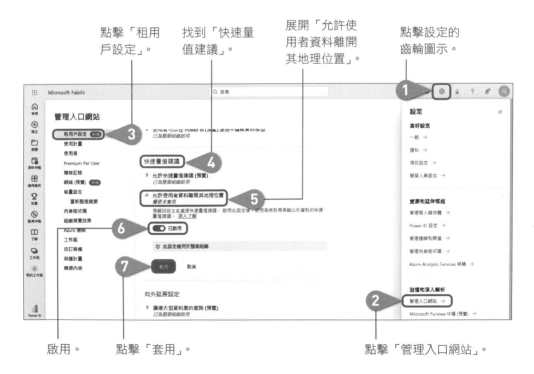

圖 9-3 在 Power BI Service 上開啟 Copilot 的建議功能

完成以上設定以後，系統會提示約需要 15 分鐘完成。您可以先關閉起始檔，待 15 分鐘之後再開啟。

若您的系統管理員不允許使用 Copilot，我們也可以使用 ChatGPT，請翻至附錄「利用 ChatGPT 協助產生 DAX 量值」，讀者亦可得到相似的結果。

可正常使用的「快速量值」窗格

在 Power BI Service 完成設定以後，回到 Power BI 並開啟「快速量值」窗格，就會發現「使用 Copilot 的建議」被啟用，如圖 9-4 所示。您就可以在格子中輸入自然語言，請 Copilot 產生自動量值：

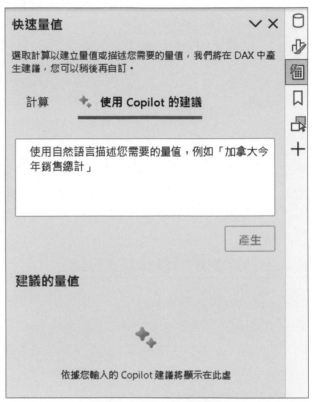

圖 9-4　Copilot 功能已開啟

9.2.2　新增銷售額快速量值

`Chapter9_9.2_starter.pbix` 為銷售資料集。點擊左邊 [圖示] 切換到「模型檢視」可以看到如圖 9-5 的資料模型。這是一個經典的 Star Schema，總共有 5 個維度資料表與 1 個事實資料表。從本小節開始，我們將基於此模型搭配 Copilot 建議來新增不同的快速量值。

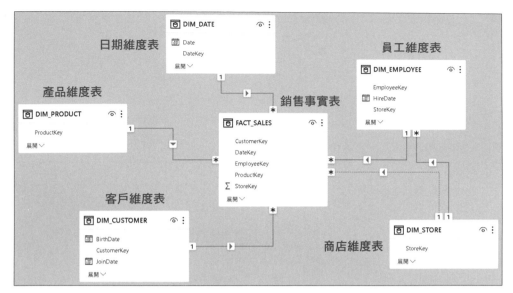

圖 9-5 資料模型

另外，本書出版時（2024 年 2 月），Copilot 搭配快速量值的功能對英文的支援較好，因此您會預期看到範例起始檔中的資料均為英文，且接下來與 Copilot 的對話也會是英文。期許未來微軟可以針對中文有更全面的支援。

輸入自然語言請 Copilot 提供建議

請在「報表檢視」頁面，由 Ribbon 處切換到「模型化」頁籤，並點擊「快速量值」。然後在「快速量值」窗格，我們要請 Copilot 幫忙新增一個計算銷售額的量值，請照圖 9-6 中的文字輸入。此段英文的目的是請 Copilot 將 FACT_SALES 資料表中每一列（row）的 unit price（單價）欄位乘以 quantity sold（銷量）欄位，如此可算出每一筆消費的銷售額：

圖 9-6 輸入計算邏輯，請 Copilot 產生結果

這裡請注意！您在輸入自然語言時，系統就會開始識別文句，若發現可能對應到已存在的資料表或欄位名稱，或者是數值時，會自動在其下方加上藍色底線。如上圖中的 **FACT_SALES**、**unit price**、**quantity sold** 被識別出第一個是 FACT_SALES 資料表，後兩者分別對應到 UnitPrice 與 QuantitySold 欄位，很聰明吧。

但是請注意！自然語言也不要太過於自然以免 Copilot 誤解。因此，在自然語言中明確將計算需要用到的資料表、欄位以及運算邏輯都寫清楚，更容易產生正確的量值。如圖 9-6 的輸入就是比較建議的寫法。

建立量值並重新命名

當我們覺得系統確實抓到重點之後，就可以按下「產生」鈕，將我們上述的語句送至微軟的 Copilot 模型，並將計算結果回傳到「建議的量值」交談窗的「預覽值」處，如圖 9-7：

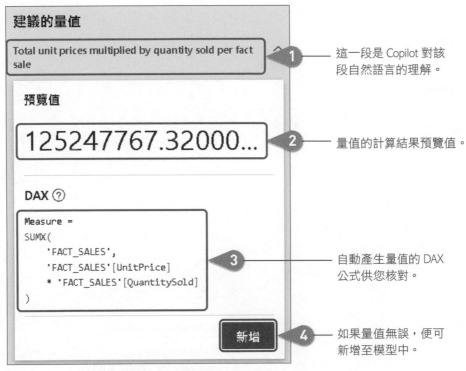

圖 9-7 Copilot 產生的結果

在「資料」窗格的 FACT_SALES 資料表中會出現「Measure」量值，如圖 9-8：

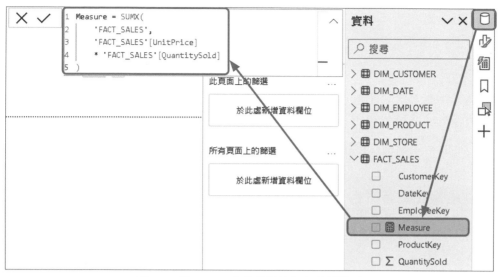

圖 9-8　將 Copilot 產生的量值加入資料模型

「Measure」是預設量值名稱，我們可以依需要改成意義更明確的名稱：「salesAmount」。

Stark

無私分享

在輸入的過程中，Power BI 會自動提供輸入建議，如圖 9-9 當打到 **pri** 時，系統會自資料集中找尋字首為 **pri** 開頭的項目並顯示在下方，您就可以用滑鼠選取要用哪一個：

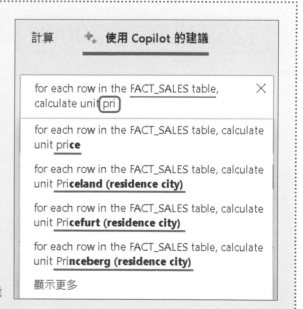

圖 9-9　內建的輸入建議功能

Stark
無私分享

提醒您！Copilot 產生的 DAX 公式也有可能出現語法錯誤，當您在圖 9-7 按下「新增」鈕之後，如果公式有錯就會出現錯誤警訊，我們在 9.2.4 小節會看到。

我的建議是：雖然 Copilot 很聰明，但讀者最好仍要具備基本的函數語法概念，免得出現警訊時卻完全看不懂。萬一實在無法看懂警訊，那就只好回去修改自然語言的寫法，再請 Copilot 產生新的建議。

9.2.3　新增判斷高低銷售狀態量值

請延續前面的檔案繼續操作。接下來，我們要請 Copilot 幫忙新增一個量值，可用於將 9.2.2 小節產生的 salesAmount（銷售額）量值做歸類，判斷標準是：當 **salesAmount** 大於 **10,000,000** 時，則回傳「**high**」，否則「**low**」。

請同樣打開「快速量值」窗格，然後按照以下步驟操作：

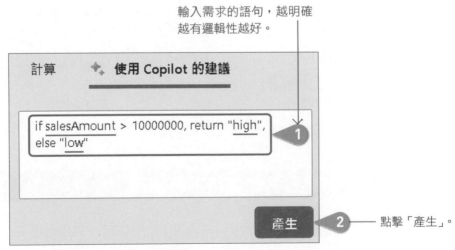

圖 9-10　輸入計算邏輯請 Copilot 產生結果

Copilot 會產生量值
與 DAX 公式。

點擊「新增」。

圖 9-11 Copilot 產生的結果

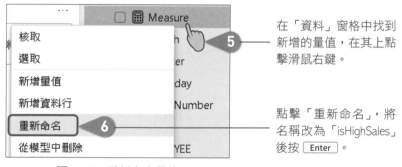

在「資料」窗格中找到
新增的量值，在其上點
擊滑鼠右鍵。

點擊「重新命名」，將
名稱改為「isHighSales」
後按 Enter。

圖 9-12 重新命名量值

9.2.4 新增前五名高銷售顧客量值

我們在本小節要繼續請 Copilot 幫忙新增一個用來計算前五名高銷售額顧客的量值。請在「快速量值」窗格中，按照以下步驟操作：

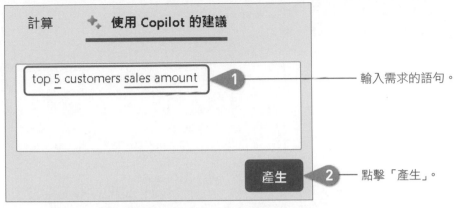

計算　✦ 使用 Copilot 的建議

top 5 customers sales amount　**1**　—— 輸入需求的語句。

產生　**2**　—— 點擊「產生」。

圖 9-13　輸入計算邏輯請 Copilot 產生結果

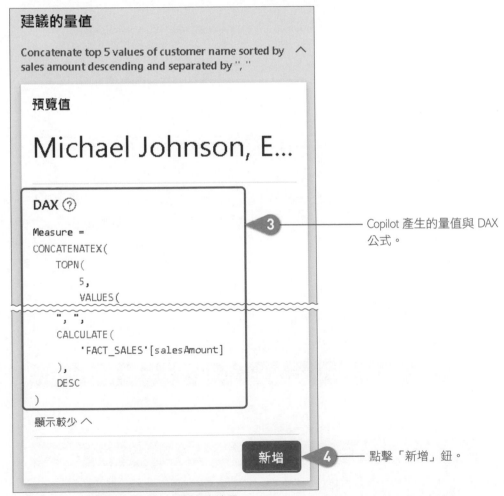

建議的量值

Concatenate top 5 values of customer name sorted by ∧
sales amount descending and separated by '', ''

預覽值

Michael Johnson, E...

DAX ⑦　**3**　—— Copilot 產生的量值與 DAX 公式。

```
Measure =
CONCATENATEX(
    TOPN(
        5,
        VALUES(
```
〜〜〜〜〜〜〜〜〜〜〜〜〜
```
    '', '',
    CALCULATE(
        'FACT_SALES'[salesAmount]
    ),
    DESC
)
```

顯示較少 ∧

新增　**4**　—— 點擊「新增」鈕。

圖 9-14　Copilot 產生的結果

當您完成以上步驟以後，應該
會發現此時畫面上針對方才
新增的量值跳出錯誤，如圖
9-15 橘框處：

```
1   Measure = CONCATENATEX(
2       TOPN(
3           5,
4           VALUES(
5               'DIM_CUSTOMER'[CustomerName]
6           ),
7           RANKX(
8               ALL(
9                   'DIM_CUSTOMER'[CustomerName]
10              ),
11              CALCULATE(
12                  'FACT_SALES'[salesAmount]
13              ),
14              ASC,
15
16          )
17      ),
18      'DIM_CUSTOMER'[CustomerName],
19      ", ",
20      CALCULATE(
21          'FACT_SALES'[salesAmount]
22      ),
23      DESC
24  )
```

⚠ 不允許使用特殊旗標作為函式 'RANKX' 的引數編號 3。

圖 9-15 Copilot 產生語法錯誤

是的，Copilot 也是會有出錯的時候。我們從上圖的警訊中看出，錯誤是出現在
呼叫 RANKX 函數所傳入的第 3 個引數有錯。RANKX 函數是個排序函數，我們先
來看看它的語法再來解釋。

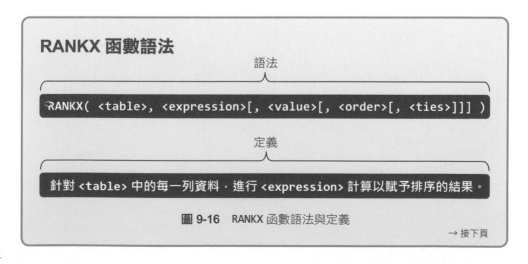

RANKX 函數語法

語法

`RANKX( <table>, <expression>[, <value>[, <order>[, <ties>]]] )`

定義

針對 <table> 中的每一列資料，進行 <expression> 計算以賦予排序的結果。

圖 9-16 RANKX 函數語法與定義

→ 接下頁

其中 RANKX 函數的參數為：

參數	說明
table	任何資料模型中的資料表或是藉由 DAX 運算式回傳的資料表。
expression	針對資料表每一列計算的 DAX 運算式，會回傳一純量數值。
value	（可選參數）用於回傳排名的 DAX 運算式。當此參數省略時，會用 expression 替代。
order	（可選參數）決定升冪或降冪排序： * 升冪排序：DESC、0、FALSE，為預設值。 * 降冪排序：ASC、1、TRUE。
ties	（可選參數）當排名相同時，呈現的方式： * SKIP：預設，稀疏排名。例如：當有 3 個數值排名平手都是第 5，則平手後的下一個數值排名將為 3+5=8。 * DENSE：稠密排名。例如：當有 3 個數值排名平手都是第 5，則平手後的下一個數值排名將為 6。

然後，我們察看圖 9-15 中呼叫 RANKX 函數的第 3 個引數是「**ASC,**」（圖中的橘色框）。比對上面的函數語法，可以看出 ASC 應該是傳入 RANKX 函數的第 4 個引數才對，也就是沒有傳入第 3 個參數 value 的引數值。雖然 value 可以省略，但是其後的逗號仍須保留，才能接第 4 個引數，於是發現到是逗號放錯位置了，「**ASC,**」應該修正成「**,ASC**」。

如此修正之後，錯誤警訊就會消失。然後，我們將此量值名稱改為「**top5Customers**」，如圖 9-17：

```
1  top5Customers = CONCATENATEX(
2      TOPN(                       6  ── 量值名稱改為
3          5,                          「top5Customers」。
4          VALUES(
5              'DIM_CUSTOMER'[CustomerName]
6          ),
7          RANKX(
8              ALL(
9                  'DIM_CUSTOMER'[CustomerName]
10             ),
11             CALCULATE(
12                 'FACT_SALES'[salesAmount]
13             ),
14             ,
15             ASC                5  ── 改正語法錯誤。
16
17         )
18     ),
19     'DIM_CUSTOMER'[CustomerName],
20     ", ",
21     CALCULATE(
22         'FACT_SALES'[salesAmount]
23     ),
24     DESC
25 )
```

圖 9-17 修正語法錯誤

您應該也有發現到，此例的 DAX 公式相當複雜，如果要自己從無到有寫出來確實是相當大的挑戰，但藉助 Copilot 的快速量值功能，就可以迅速獲得結果。

9.2.5 視覺化結果

我們接著要新增一個「資料表」視覺效果，請切換到「報表檢視」頁面，依序將以下幾項加入資料行中：

1. DIM_PRODUCT 資料表的 ProductName 資料行

2. FACT_SALES 資料表的 salesAmount 量值。

3. DIM_DATE 資料表的 isHighSales 量值。

4. DIM_CUSTOMER 資料表的 top5Customer 量值

如右所示：

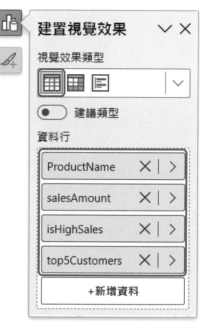

圖 9-18　視覺化 Copilot 產生的量值

如此一來，便可得到每一個產品的銷售額，該產品是否為高銷售額產品，以及各別的前五名高消費客戶為誰：

ProductName	salesAmount	isHighSales	top5Customers
Alpha Phone	13,264,372.52	high	Stephanie Jones, Jamie Harris, Victoria West, Kevin Barrett, Michael Johnson
Beta Camera	25,517,953.10	high	Robert Smith, Daniel Powell, John Gonzalez, John Jackson, Robert Williams
Delta Watch	6,287,784.40	low	Robert Obrien, Robert Kelly, John Lynn, Jenny Larson, Donna Jacobs
Epsilon Drone	22,759,394.94	high	Christina Yang, David Wilson, Justin Brown, Gina Fernandez, Michael Baker
Eta Speaker	6,693,649.40	low	Michael Johnson, Noah Weber, Brittany Ortiz, Jeffrey Wilson, Crystal Valenzuela
Gamma Headphones	7,764,174.43	low	Michael Johnson, Michael Kelly, Christopher Branch, Maureen Roberson, Rachel Moore
Iota Console	15,579,631.69	high	Robin Taylor, Michael Johnson, Mark Perkins, Megan Smith, Selena Thomas
Kappa E-reader	6,473,262.01	low	John Delgado, Elizabeth Brown, Paula Collins, Tracey Elliott, Alexander Phillips
Theta Tablet	10,694,683.67	high	Catherine Clark, Melissa Jones, Christina Jones, Christina Brown, Shannon Chambers
Zeta Notebook	10,212,861.16	high	Michael Wilson, Marcus Miller, Joseph Woods, Scott Smith, Oscar Miller
總計	**125,247,767.32**	**high**	**Michael Johnson, Elizabeth Brown, Daniel Powell, Brian Smith, Scott Smith**

圖 9-19　資料表視覺效果

Stark

無私分享

微軟官方一則文件有介紹利用 Copilot 建立快速量值的各種範例，從中可以學習如何問對 Copilot 能理解的問題。若讀者有興趣，可以由網址或以下 QR Code 前往閱讀。

網址：https://learn.microsoft.com/en-us/power-bi/
transform-model/quick-measure-suggestions

9.3 快速量值：使用範本

實作檔案參照

■ Power BI 起始操作檔：
Chapter9_9.3_starter.pbix

除了「使用 Copilot 的建議」以外，另外一種是使用「計算」範本。在 DAX 公式的計算中，有一些常見的計算已有規則可循，因此 **Power BI** 將其歸納為一個個的範本，方便我們直接取用。如圖 9-20 的「快速量值」窗格處，切換到「計算」並打開「選取計算」的下拉式選單，會發現有很多可以使用的範本。目前，**Power BI** 有提供的範本種類如右表。

在這些範本之中，時間智慧為常用且好用的範本之一。本節的範例將演示如何使用時間智慧範本建立多個快速量值，並視覺化為一個表格。

種類	種類下的範本
每個類別的彙總	每個類別的平均值 每個類別的變異數 每個類別的最大值 每個類別的最小值 每個類別的加權平均
篩選	篩選過的值 與篩選後值的差異 與篩選後值的百分比差異 來自新客戶的銷售量
時間智慧	年初迄今的總計 季初迄今的總計 月初迄今的總計 與去年相比的變化 與上季相比的變化 與上月相比的變化 移動平均
總計	計算加總 分類總計（套用篩選） 分類總計（不套用篩選）
算術運算	加法 減法 乘法 除法 差異百分比 相互關聯係數
文字	星級評等 值的串聯清單

9.3.1 年初、季初、月初迄今的總計

請使用課程所附的 **Chapter9_9.3_starter.pbix** 作為起始操作檔，該檔案已包含 salesAmount 量值（在 FACT_SALES 資料表中）。我們將利用快速量值的範本來建立年初至今的銷售額，詳細步驟如下所示：

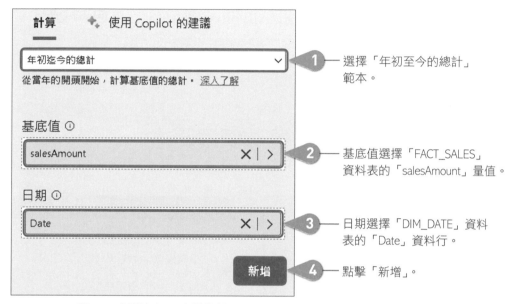

圖 9-20 新增年初至今銷售額

然後在 DIM_CUSTOMER 資料夾中就會出現「salesAmount 年初迄今」量值：

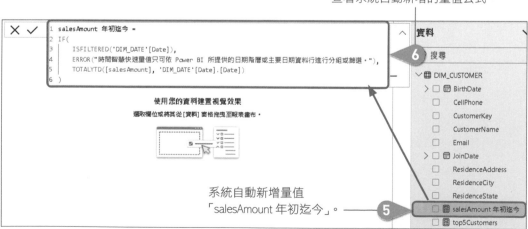

圖 9-21 已新增年初至今銷售額

利用範本新增量值要比自己手刻
DAX 公式省事得多。接下來，請讀
者自己試試看，在「快速量值」窗
格中的「選取計算」下拉式選單
中，分別選取「季初迄今的總計」
與「月初迄今的總計」。完成以後
應會在「DIM_CUSTOMER」資料表
內找到這三個量值：

圖 9-22　不同期間的累積銷售額量值

9.3.2　與去年、上季、上月相比的變化

請延續上面的檔案繼續操作。接下來，同樣以 salesAmount 量值為基底值，利用
快速量值的範本建立與去年相比的銷售額變化，詳細步驟如下所示：

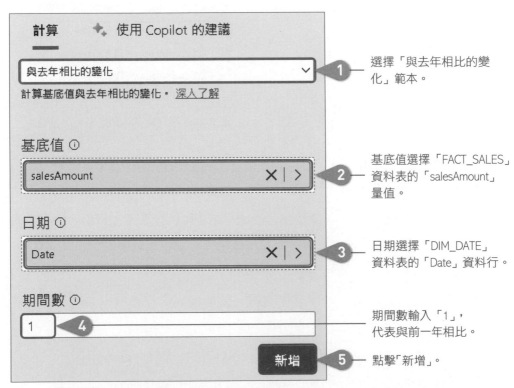

圖 9-23　新增銷售額與去年相比的變化量值

查看系統自動新增的量值公式。

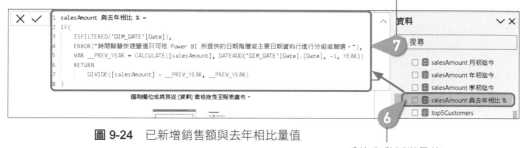

圖 9-24 已新增銷售額與去年相比量值

系統自動新增量值「salesAmount 與去年相比 %」。

請讀者用以上類似的操作方法，自行選擇「與上季相比的變化」、「與上月相比的變化」，完成以後應會在「FACT_SALES」資料表中看到這三個量值：

圖 9-25 不同期間的銷售額相比量值

9.3.3 視覺化結果

完成 9.3.1 與 9.3.2 小節的六個量值之後，本節要將這些量值視覺化。因為我們要呈現的包括年、季、月、日等多個維度的銷售狀況，這是屬於多維度的資料，我們要用「矩陣」視覺效果。

首先，我們要看以季為基準的銷售資料，請切換到「報表檢視」頁面。新增「矩陣」視覺效果，然後：

1. 在「資料列」的位置加入「DIM_DATE」資料表的「Date」資料行。

2. 在「值」的位置加入「DIM_CUSTOMER」資料表的「salesAmount」、「salesAmount 季初迄今」與「salesAmount 與上季相比 %」這三個量值。

如果我們要看以季度下每月的銷售額累加，請點開左邊矩陣的 ⊞ 號展開直到月份，如圖 9-26，就可以看到各月份的銷售額與累加數值。圖中橘色框表示累加後的結果範例、綠色框則為季度相比的結果範例：

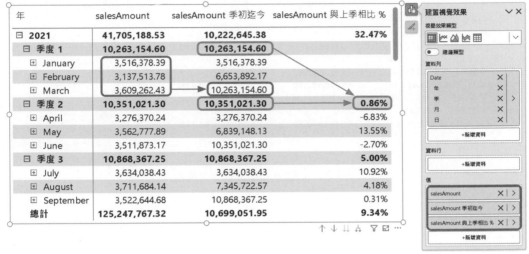

圖 9-26 視覺化以季為基準之量值

同樣地，一樣的視覺化方式也可以用於月份與年度的比較，如圖 9-27、9-28，只要調整「建置視覺效果」窗格中的「資料列」與「值」就可以做出來：

圖 9-27 視覺化以月為基準之量值

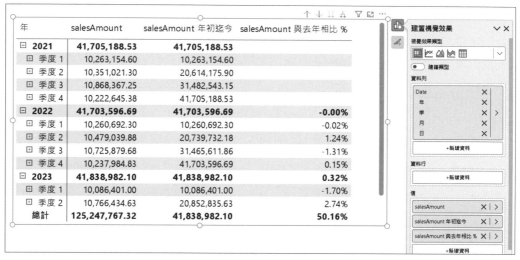

年	salesAmount	salesAmount 年初迄今	salesAmount 與去年相比 %
⊟ 2021	**41,705,188.53**	**41,705,188.53**	
⊞ 季度 1	10,263,154.60	10,263,154.60	
⊞ 季度 2	10,351,021.30	20,614,175.90	
⊞ 季度 3	10,868,367.25	31,482,543.15	
⊞ 季度 4	10,222,645.38	41,705,188.53	
⊟ 2022	**41,703,596.69**	**41,703,596.69**	**-0.00%**
⊞ 季度 1	10,260,692.30	10,260,692.30	-0.02%
⊞ 季度 2	10,479,039.88	20,739,732.18	1.24%
⊞ 季度 3	10,725,879.68	31,465,611.86	-1.31%
⊞ 季度 4	10,237,984.83	41,703,596.69	0.15%
⊟ 2023	**41,838,982.10**	**41,838,982.10**	**0.32%**
⊞ 季度 1	10,086,401.00	10,086,401.00	-1.70%
⊞ 季度 2	10,766,434.63	20,852,835.63	2.74%
總計	**125,247,767.32**	**41,838,982.10**	**50.16%**

建置視覺效果

視覺效果類型

建議類型

資料列
Date
年
季
月
日
+新增資料

資料行
+新增資料

值
salesAmount
salesAmount 年初迄今
salesAmount 與去年相比 %
+新增資料

圖 9-28 視覺化以年為基準之量值

本章我們學會利用 Copilot 與範本兩種自動且快速產生量值的方法,可以大幅節省我們撰寫 DAX 公式的時間。

MEMO

〈第四篇〉
資料視覺化－
製作吸引人的互動式報表

我們在前三篇介紹了 Power BI 基礎、資料清理與資料模型。在經過這麼多篇幅以後，我們現在要進入重頭戲：**資料視覺化**。本篇我們將實作一個人力資源監控報表，如圖 10-1 所示。該報表包含以下視覺效果的追蹤指標：

- **各項 KPI 卡片**：員工數量、年資、平均績效、平均招募天數、平均招募成本。
- **人員平均薪資**：採用樹狀圖。
- **缺勤數**：採用緞帶圖。
- **教育訓練成本分析**：採用折線與群組直條組合圖。
- **部門之平均招募天數**：採用動態橫條圖，可選取 X 軸與 Y 軸的動態指標。

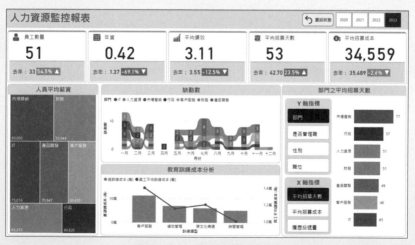

圖 10-1　人力資源監控報表

第 10 章將學習製作基本的功能，包括 KPI 卡片、人員平均薪資樹狀圖、缺勤數分析緞帶圖。到了第 11 章則會學習各項進階功能，並完成教育訓練成本分析折線與群組直條組合圖，以及平均招募天數的動態橫條圖。第 12 章則將學習其他進階技巧，如：鑽研、客製化工具提示、書籤。

第 **10** 章

製作 HR 監控報表
之基本功能

10.1 認識資料集

請使用課程所附的 `Chapter10_starter.pbix` 作為起始操作檔。

在正式開始製作各部分的圖型以前，我們需要先認識會用到的資料模型。圖 10-2 為第 10 到第 12 章會使用到的資料模型。此模型包含兩張維度資料表（橘框處），以及五張事實資料表（綠框處）。接下來將各別介紹這些資料表：

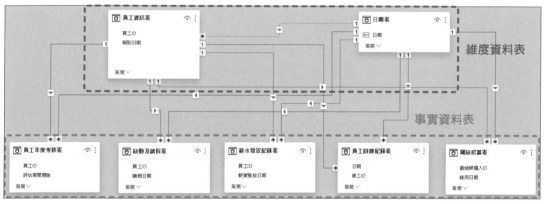

圖 10-2　人力資源監控報表用到的資料模型

Stark

無私小撇步

在圖 10-2 中，我習慣將維度資料表放在上方，事實資料表放在下方。雖然資料表的排列方式並無一套規則，但此種排列方式搭配兩種表之間的一對多關聯，可以一目瞭然知道資料表種類與關聯方向，進而能快速掌握資料模型。

開始動手製作報表之前，我們需要先對每個資料表的內容多一些瞭解，尤其當這些資料是從外部匯入時。

10.1.1　維度表：員工資訊表

圖 10-3 顯示記錄公司所有員工資訊的部分截圖。其中，員工 ID 為相異值，是表的主鍵；離職日期若為空白值代表尚在職，反之則會填入離職日期：

員工ID ▼	部門 ▼	職位 ▼	性別 ▼	生日 ▼	報到日期 ▼	離職日期 ▼
A001	人力資源	經理	女	1973年6月21日	2020年5月21日	
A002	人力資源	招聘專員	女	1987年4月13日	2023年3月14日	
A003	人力資源	人力資源業務夥伴	男	1985年8月13日	2023年12月25日	
A004	人力資源	人力資源業務夥伴	女	1994年7月23日	2021年9月13日	
A005	人力資源	招聘專員	男	1992年5月23日	2023年8月10日	

圖 10-3　員工資訊表部分樣貌

10.1.2　維度表：日期表

圖 10-4 顯示定義完整的日期表。產生的方式與 8.6.1 小節的方法相同。一個完整的日期表對資料模型相當重要。除了可以使用時間智慧相關函數，不同表之間的日期欄位也都會藉由日期表來控制與篩選：

日期 ▼	年 ▼	季度數字 ▼	季度 ▼	年-季度 ▼	月份起始日 ▼	月份結束日 ▼	月份天數 ▼	ISO 週數 ▼	週起始日 ▼	星期幾 ▼
2020年1月1日	2020	1	Q1	2020-Q1	2020年1月1日	2020年1月31日	31	1	2019年12月30日	星期三
2020年1月2日	2020	1	Q1	2020-Q1	2020年1月1日	2020年1月31日	31	1	2019年12月30日	星期四
2020年1月3日	2020	1	Q1	2020-Q1	2020年1月1日	2020年1月31日	31	1	2019年12月30日	星期五
2020年1月4日	2020	1	Q1	2020-Q1	2020年1月1日	2020年1月31日	31	1	2019年12月30日	星期六
2020年1月5日	2020	1	Q1	2020-Q1	2020年1月1日	2020年1月31日	31	1	2019年12月30日	星期日

圖 10-4　日期表部分樣貌

10.1.3　事實表：員工年度考核表

圖 10-5 顯示每位員工年度考核表的部分截圖。由於假定公司每一年執行一次績效考核，所以每位員工每年只會有一筆紀錄：

員工ID	評估期間開始	評估期間結束	績效評分	主要成就	發展領域	反饋意見	訓練需求	下次評估日期
A001	2020年5月21日	2020年12月31日	4	員工滿意度提升至47%	領導能力	在領導方面有顯著進步	創新思維	2021年12月31日
A001	2021年1月1日	2021年12月31日	4	員工留存率提升至46%	問題解決	表現出色	時間管理	2022年12月31日
A001	2022年1月1日	2022年12月31日	3	員工參與度提升至32%	技術技能	需要進一步提升	技術培訓	2023年12月31日
A001	2023年1月1日	2023年12月31日	4	員工參與度提升至20%	領導能力	需要進一步提升	創新思維	2024年12月31日
A002	2023年3月14日	2023年12月31日	4	員工參與度提升至46%	技術技能	需要進一步提升	時間管理	2024年12月31日

圖 **10-5** 　員工年度考核表部分樣貌

10.1.4　事實表：缺勤及請假表

圖 10-6 顯示每一位員工缺勤請假記錄的部分截圖：

員工ID	請假日期	請假類型	持續天數
A001	2021年4月30日	生理假	1
A001	2021年5月14日	家庭照顧假	1
A001	2021年2月4日	家庭照顧假	2
A001	2021年3月31日	生理假	1
A001	2021年2月8日	特別休假	2

圖 **10-6** 　缺勤及請假表部分樣貌

10.1.5　事實表：薪水發放紀錄表

圖 10-7 顯示每一位員工薪水發放紀錄的部分截圖。若新進員工不在當月 1 號入職，則薪水會隨比例給予：

員工ID	基本工資	獎金	稅金	淨薪資	薪資發放日期	薪資期間開始	薪資期間結束
A001	37658	0	1883	35775	2020年6月1日	2020年5月21日	2020年5月31日
A001	106127	0	5306	100821	2020年7月31日	2020年7月1日	2020年7月31日
A001	106127	0	5306	100821	2020年9月1日	2020年8月1日	2020年8月31日
A001	106127	0	5306	100821	2020年10月30日	2020年10月1日	2020年10月31日
A001	106127	0	5306	100821	2020年12月1日	2020年11月1日	2020年11月30日

圖 **10-7** 　薪水發放紀錄表部分樣貌

10.1.6　事實表：員工訓練紀錄表

圖 10-8 顯示每季度教育訓練課程紀錄的部分截圖。其中訓練成本為每位員工的課程費用：

訓練ID ▼	員工ID ▼	課程名稱 ▼	訓練類型 ▼	小時數 ▼	日期 ▼	訓練成本 ▼
T001	A001	領導力精進工作坊	領導力發展	10	2021年2月4日	15000
T001	A011	領導力精進工作坊	領導力發展	10	2021年2月4日	15000
T001	A030	領導力精進工作坊	領導力發展	10	2021年2月4日	15000
T001	A035	領導力精進工作坊	領導力發展	10	2021年2月4日	15000
T001	A048	領導力精進工作坊	領導力發展	10	2021年2月4日	15000

圖 10-8 員工訓練紀錄表部分樣貌

10.1.7 事實表：職缺招募表

圖 10-9 顯示每一職缺的招募狀況之部分截圖。其中職位狀態欄位若為 Filled 代表已成為員工，並且可以在最終候選人 ID 欄位找到對應的員工 ID：

職位ID ▼	部門 ▼	職位 ▼	發佈日期 ▼	截止日期 ▼	面試開始日期 ▼	面試結束日期 ▼	錄用日期 ▼	職位狀態 ▼	最歷投遞數量 ▼	最終候選人ID ▼	招聘成本 ▼
P001	人力資源	經理	2020年3月15日	2020年6月2日	2020年4月5日	2020年4月27日	2020年5月21日	Filled	5	A001	86280
P002	人力資源	招聘專員	2022年12月31日	2023年3月22日	2023年1月19日	2023年2月9日	2023年3月14日	Filled	74	A002	52851
P003	人力資源	人力資源業務夥伴	2023年11月10日	2024年1月5日	2023年12月5日	2023年12月18日	2023年12月25日	Filled	37	A003	26550
P004	人力資源	人力資源業務夥伴	2021年7月2日	2021年9月23日	2021年7月20日	2021年8月11日	2021年9月13日	Filled	26	A004	42880
P005	人力資源	招聘專員	2022年10月25日	2022年11月25日	2022年11月4日	2022年11月8日	2022年11月21日	Closed	38		18405
P065	人力資源	招聘專員	2023年7月2日	2023年8月20日	2023年7月19日	2023年7月26日	2023年8月10日	Filled	16	A005	16600

圖 10-9 職缺招募表部分樣貌

以上便是製作此報表會使用到的所有資料表。當然，我們假設這些資料表都已經過清理，才不至於在資料視覺化的過程中出現問題。

10.2 製作報表的標題

一張報表最重要的就是標題，讓人一眼就知道自己看的是什麼樣的報表。因此，第一步就是製作報表標題，也就是圖 10-1 最上方的文字與底色。

10.2.1 製作標題底色

請按照以下步驟操作：

首先，切換到「報表檢視」頁面後，
點擊「插入」頁籤。

點擊「圖案」。

點擊「矩形」。

圖 10-10 新增矩形元素

此時畫面上應會出現一個藍色的矩形，請以滑鼠左鍵點擊一下該矩形，再到右邊按下 圖示，開啟「格式」窗格：

按下「格式」窗格圖示

圖 10-11 打開格式窗格

接著在「格式」窗格中，請跟著以下步驟更改矩形的大小、位置與顏色：

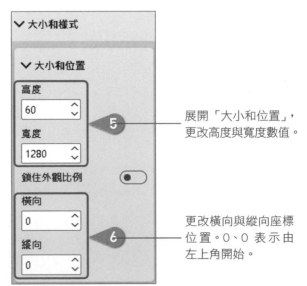

展開「大小和位置」，更改高度與寬度數值。

更改橫向與縱向座標位置。0、0 表示由左上角開始。

圖 10-12 更改矩形元素
大小與位置

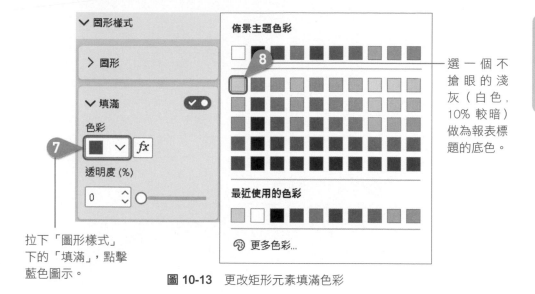

選一個不
搶眼的淺
灰（白色，
10% 較暗）
做為報表標
題的底色。

拉下「圖形樣式」
下的「填滿」，點擊
藍色圖示。

圖 10-13 更改矩形元素填滿色彩

此時，矩形底色變成淺灰，但邊界仍然是藍色，
我們可以關閉矩形的邊界，或者將邊界的藍色也
改為與底色相同的淺灰（白色，10% 較暗）。此
處我們直接關閉邊界：

將「圖形樣式」下的「邊界」
關閉。然後整條矩形都是淺灰。

圖 10-14 關閉矩形元素邊界

10.2.2 製作標題內容

完成標題底色以後，我們要來新增標題內容了，請按照以下步驟操作：

切換到「插入」頁籤。　　　　　點擊「文字方塊」。

圖 10-15 新增文字方塊

此時畫面上應會出現一個空白的文字方塊輸入框，如圖 10-16：

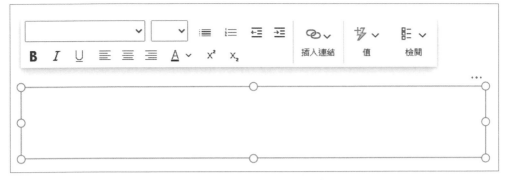

圖 10-16 空白的文字方塊

接著，我們要來輸入標題要出現的文字並更改樣式，請跟著以下步驟操作：

在文字方塊中輸入「人力資源監控報表」
後並反白選取文字。

選擇「24」號字大小。

選擇文字加粗。

選擇將文字置中，並調
整文字方塊的大小。

圖 10-17 輸入文字與更改樣式

點擊「A」字型色彩，
更改標題文字的顏色。

選擇深灰色
（黑色，40% 較淺）。

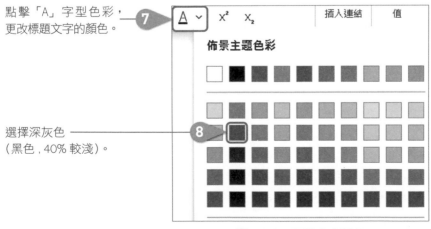

圖 10-18 更改文字顏色

此時，標題文字已更改為深灰色，但文字方塊的底色仍然是白色，我們要將標題文字的文字方塊與標題底色矩形放在一起，一般會將文字方塊的底色也改為淺灰色（白色，10% 較淺），不過此處我們可以學一招，就是關閉文字方塊的背景（也就是背景變成透明），這樣不論文字方塊放到哪裡都可以與背景融合：

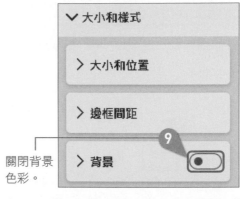

關閉背景色彩。

圖 10-19　關閉文字方塊的背景色彩

完成以上步驟以後，調整文字方塊的大小，並拖曳至報表左上角，完成後會如圖 10-20：

人力資源監控報表

圖 10-20　完成報表標題

10.3 製作年度篩選器

由於此報表要隨著每個年度做分析，因此我們打算在報表標題的右側放一個可以切換年度的篩選器，如下圖：

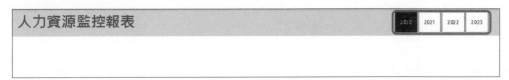

人力資源監控報表　　　2020　2021　2022　2023

圖 10-21　年度篩選器

新增交叉分析篩選器

我們要新增一個交叉分析篩選器，並設定為年度篩選。請跟著以下步驟製作這個年度篩選器：

圖 10-22　新增篩選器

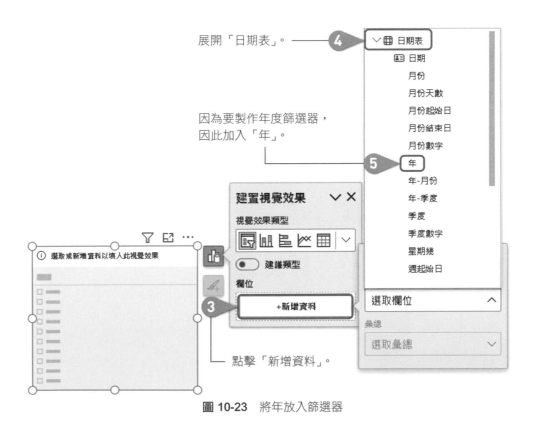

圖 10-23　將年放入篩選器

此時看到的篩選器是長成滑桿的樣式：

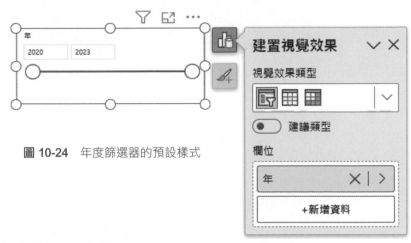

圖 10-24　年度篩選器的預設樣式

調整年度篩選器的樣式

接著，我們要調整此篩選器的樣式。請點擊右邊 ⏷ 圖示打開「格式」窗格，其中有一個「交叉分析篩選器設定」，將其向下打開：

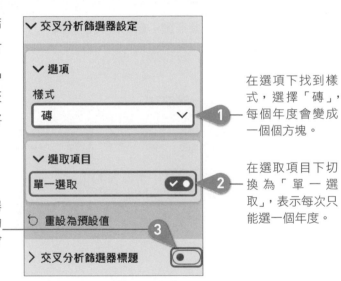

在選項下找到樣式，選擇「磚」，每個年度會變成一個個方塊。

在選取項目下切換為「單一選取」，表示每次只能選一個年度。

關閉「交叉分析篩選器標題」。如果沒關上的話，在篩選器左上方會出現「年」的標題。

圖 10-25　調整篩選器樣式

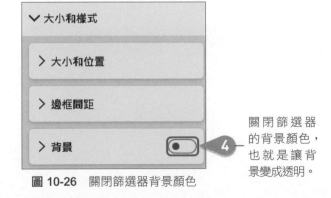

圖 10-26　關閉篩選器背景顏色

關閉篩選器的背景顏色，也就是讓背景變成透明。

完成以上步驟以後，請使用滑鼠左鍵調整篩選器大小，並拖曳到報表標題的右上角，就會如圖 10-21 一樣。

若您的篩選器中，年選項有出現空白，則可以翻至後面 12.1.3 小節，按照「基本篩選」的方式去除空白。

10.4 製作 KPI 卡片以追蹤指標

在這一節,我們要製作圖 10-1 上方的五個 KPI 卡片,包含:員工數量、年資、平均績效、平均招募天數、平均招募成本。這些卡片看似獨立,實則都是用同一個視覺效果完成,此視覺效果為「卡片 (新)」,為 2023 年 6 月新推出的視覺效果,並在同年 11 月進行了一次更新,加入了更多功能:

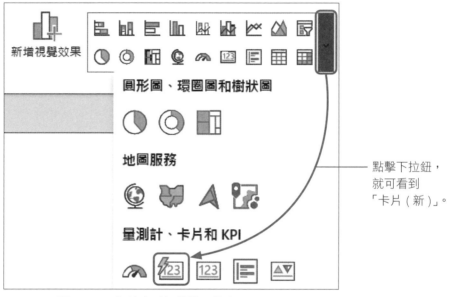

新增視覺效果

圓形圖、環圈圖和樹狀圖

地圖服務

點擊下拉鈕,
就可看到
「卡片 (新)」。

量測計、卡片和 KPI

圖 10-27 新的卡片視覺效果帶有閃電圖示

接下來,我們就要依序建立各個卡片。

10.4.1 製作員工數量卡片

圖 10-28 為員工數量卡片的組成元素示意圖。上方是主要資訊呈現區域,下方是附屬資訊呈現區域。在這張 KPI 卡片中,我們可以將當期數值、前期數值、成長率同時呈現,讓報表使用者一目瞭然看到員工數量與變化的資訊:

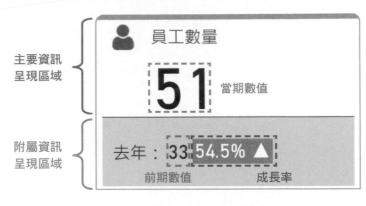

圖 10-28 員工數量卡片組成

為了完成圖 10-28 的卡片,我們需要算出以下三個量值:

1. 當期「員工數量」量值

2. 前一個年度的「員工數量(去年同期)」量值

3. 兩年相比的「員工數量成長率」量值

Stark
無私分享

在 KPI 卡片中,除了前期數值以外,在一些狀況中,您也可以選擇加入與追蹤指標有關聯的資訊。例如:若一張卡片顯示銷售額,主要資訊呈現當期數字,附屬資訊除了可以呈現銷售額的前期、前期成長率外,也可以呈現銷售數量的結果,因為其與銷售額有相依性。若銷售額有目標值,也可以將目標值放入附屬資訊中。

建立當期員工數量量值

請切換到「資料表檢視」頁面,我們要在「資料」窗格的「員工資訊表」下新增「員工數量」量值的 DAX 公式(忘記步驟可至 7.4.2 小節複習):

```
員工數量 =
CALCULATE (
    COUNTROWS ( '員工資訊表' ), ----------------------------------❶
    USERELATIONSHIP ( '員工資訊表'[報到日期], '日期表'[日期] ),--❷
    '員工資訊表'[離職日期] = BLANK (), ---------------------------❸
    '日期表'[日期] <= MAX ( '日期表'[日期] ) --------------------❹
)
```

圖 10-29 員工數量量值

以下說明此公式：

❶ 計算員工總數，藉由 COUNTROWS 函數計算資料表長度可得。

❷ 因員工資訊表與日期表兩者皆為維度表，利用 USERELATIONSHIP 函數開啟兩表的關聯。

❸ 篩選目前還在職的員工，也就是離職日期為空值。

❹ 篩選當前日期以前的所有員工。例如：我們報表有年度篩選器，當選擇 2022 時，則會從資料表過濾出 2022/12/31 之前加入的所有員工。

建立去年同期員工數量量值

請在「員工資訊表」下新增「員工數量（去年同期）」量值 DAX 公式，計算去年同期員工數量。在此，我們使用到在 8.6.2 小節介紹過的 SAMEPERIODLASTYEAR 函數：

```
員工數量 (去年同期) =
CALCULATE (
    [員工數量],
    SAMEPERIODLASTYEAR ( '日期表'[日期] )
)
```

圖 10-30 去年同期員工數量量值

建立員工數量成長率量值

請在「員工資訊表」下新增「員工數量成長率」量值的 DAX 公式。在此，我們使用到在 8.5.2 小節介紹過的 DIVIDE 函數，將［當期員工］－［員工數量（去年同期）］做為分子，［員工數量（去年同期）］做為分母，兩者相除即為成長率：

```
員工數量成長率 =
DIVIDE (
    [員工數量] - [員工數量 (去年同期)],
    [員工數量 (去年同期)]
)
```

圖 10-31　員工數量成長率量值

建立員工數量卡片

我們要開始建立員工數量卡片,其中會包括「**員工數量**」、「**員工數量(去年同期)**」、「**員工數量成長率**」這三個量值。因為我們要看 2023 與 2022 年的比較,因此請先將 10.3 節製作的年度篩選器選取 2023 年,如此我們才可以與前一個年度做比較。

請切換到「常用」頁籤下的視覺效果區域,點擊 ⌄ 後找到 ⃞ 圖示新增卡片。然後,我們就要依序新增當期、前期、成長率量值到這張卡片中。請按照以下步驟操作:

圖 10-32　員工數量量值

新增「員工數量」
量值的卡片,此為
當期員工數量。

由圖 10-28 可看出,「員工數量」量值是位於**主要資訊呈現區域**,而我們打算將「員工數量(去年同期)」與「員工數量成長率」這兩個量值放進卡片下方的**附屬資訊呈現區域**,這需要設定卡片的「參考標籤」。

請點擊右邊  圖示打開「格式」窗格。請向下捲動找到「參考標籤」,然後如下操作:

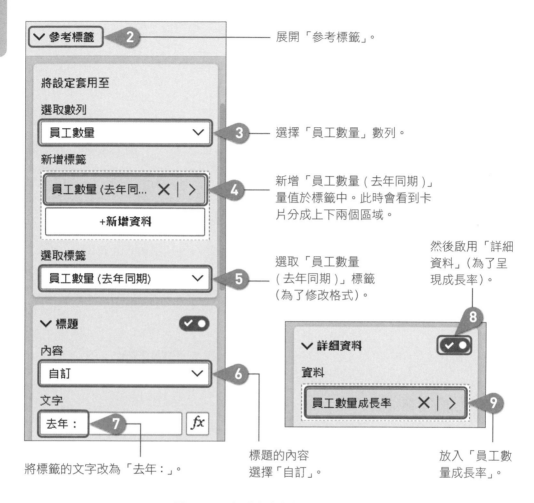

展開「參考標籤」。

選擇「員工數量」數列。

新增「員工數量(去年同期)」量值於標籤中。此時會看到卡片分成上下兩個區域。

選取「員工數量(去年同期)」標籤(為了修改格式)。

然後啟用「詳細資料」(為了呈現成長率)。

標題的內容選擇「自訂」。

放入「員工數量成長率」。

將標籤的文字改為「去年:」。

圖 10-33 新增參考標籤所需的量值

此時畫面中的卡片應如圖 10-34 所示。可看到去年同期員工數量(33)是正確的,然而,橘框處顯示的 1 顯然並非成長率的數值,因此我們要先設定好成長率量值的格式後再做修正:

員工數量

51

去年: 33 1

圖 10-34 新增完量值後的卡片預設狀態

修正成長率量值的顯示格式

在 Power BI 中，我們可以藉由 DAX 公式調整數值的顯示格式。請在「員工資訊表」下新增「格式化規則（員工數量成長率）」量值，用來控制成長率的顯示格式：

```
格式化規則 (員工數量成長率) =
SWITCH (
    TRUE (),
    [員工數量成長率] > 0, "0.0% ▲",
    [員工數量成長率] < 0, "0.0% ▼",
    "0.0%"
)
```

圖 10-35　用於控制格式的量值

此 DAX 公式中用到 SWITCH 函數（語法見 8-37 頁）判斷「員工數量成長率」量值是正數、負數或零。公式內的 **0.0%** 表示數值顯示到小數點後一位，並加上 **%** 符號。成長率若大於 0 則搭配 ▲ 符號，若小於 0 則搭配 ▼ 符號，若等於 0 則不加符號。如此一來，成長率就可以依照設定的格式化規則呈現。

新增「**格式化規則（員工數量成長率）**」量值以後，我們就要指定「**員工數量成長率**」量值的顯示格式要依照前者做格式化。請先點選卡片，並點右邊 🔲 圖示打開「格式」窗格，找到「參考標籤」下的「詳細資料」，按照以下步驟設定：

點擊 *fx* 開啟控制項。

因為要改成我們自訂的格式化規則，所以顯示單位選擇「自訂」。

圖 10-36　更改格式化的方式

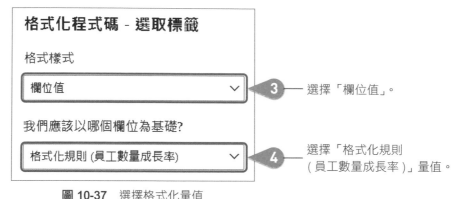

格式化程式碼 - 選取標籤

格式樣式

欄位值 ⌄ ③ —— 選擇「欄位值」。

我們應該以哪個欄位為基礎?

格式化規則 (員工數量成長率) ⌄ ④ —— 選擇「格式化規則
(員工數量成長率)」量值。

圖 10-37 選擇格式化量值

然後,請點擊右下角「確認」鈕。此時卡片會如圖 10-38 所示,成長率已套用我們指定的格式來呈現百分比的數值與箭頭:

員工數量

51

去年 : 33 54.5% ▲

圖 10-38 套用格式化後的成長率

設定規則以更改成長率底色

由圖 10-38 看起來,去年員工數量與今年成長率的數值太靠近了,因此我們打算讓**成長率能夠依據正負數分別改變底色為綠色或紅色**,如此可以做出更好的區別。這種**條件式地更改顏色,可以讓報表閱讀者一眼看出重點**,對於視覺化來說是相當重要的技巧與要點。

目前圖 10-38 已相當接近圖 10-28,只差為成長率依正負改變底色了。接下來,請點選卡片,並點右邊 ⬇ 圖示打開「格式」窗格,往下找到「參考標籤」下的「詳細資料」,然後按照以下步驟操作:

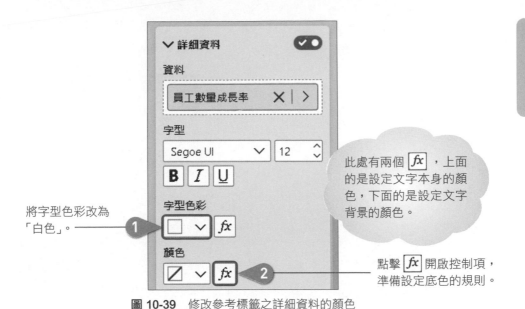

將字型色彩改為「白色」。 ①

此處有兩個 fx ，上面的是設定文字本身的顏色，下面的是設定文字背景的顏色。

點擊 fx 開啟控制項，準備設定底色的規則。 ②

圖 10-39 修改參考標籤之詳細資料的顏色

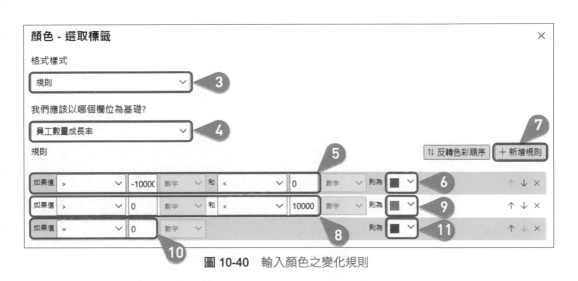

圖 10-40 輸入顏色之變化規則

③ 選擇「規則」，下面要設定用色規則。

④ 選擇「員工數量成長率」量值。

⑤ 設定成長率的值大於 -10000 和小於 0（即負成長）。

⑥ 負數的底色選擇紅色（#DD6B7F）。

⑦ 點擊「新增規則」，建立下一條規則。

⑧ 設定成長率的值大於 0 和小於 10000（即為正成長）。

⑨ 正數的底色選擇綠色（#DD6B7F），再按一次「新增規則」。

⑩ 設定成長率的值等於 0（即持平、無成長）。

⑪ 選擇深灰色（白色，60% 較暗），規則建立完成。

完成設定成長率的背景顏色規則以後，
請點擊右下角「確定」鈕，此時卡片應
如圖 10-41 所示：

圖 10-41 完成條件式更改顏色之卡片

新增卡片小圖示

我們還要為這張員工數量卡片加上一個視覺化的專屬圖示，使用的是本章 `KPI`
`卡片圖示` 資料夾內的 `01_員工數量.png` 圖檔（這是已去背的圖）。接下來，請點
選卡片，並點右邊 圖示打開「格式」窗格，向下捲動找到「影像」，並按照
以下步驟操作：

選擇「員工數量」數列。

開啟「影像」。

選擇「01_員工數量.png」圖檔。

選擇圖片位置靠「左」。

完成以後卡片應如圖 10-43 所示：

圖 10-42 新增卡片小圖示　　　　**圖 10-43** 新增小圖示的卡片

修改卡片外觀格式

到目前為止已經將該有的元素都放進卡片了，唯一的缺點就是外觀看起來還只是一個方方正正的方塊，為了更像一張卡片，我們要將此員工數量卡片做最後的格式調整。請點選卡片，並點右邊 🔱 圖示打開「格式」窗格，按照以下步驟操作：

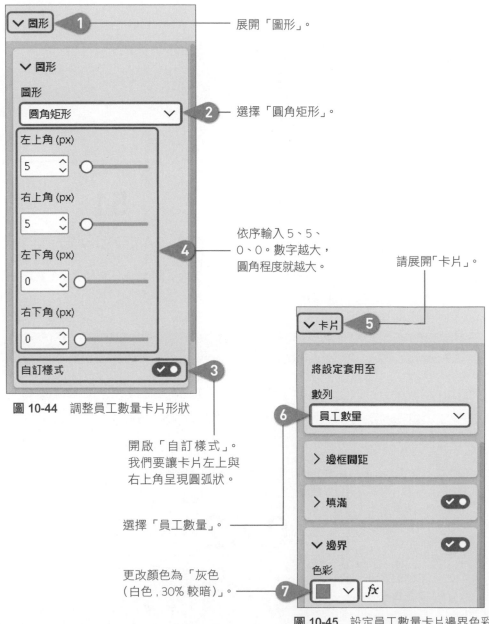

展開「圖形」。

選擇「圓角矩形」。

依序輸入 5、5、0、0。數字越大，圓角程度就越大。

請展開「卡片」。

圖 10-44　調整員工數量卡片形狀

開啟「自訂樣式」。我們要讓卡片左上與右上角呈現圓弧狀。

選擇「員工數量」。

更改顏色為「灰色（白色,30% 較暗）」。

圖 10-45　設定員工數量卡片邊界色彩

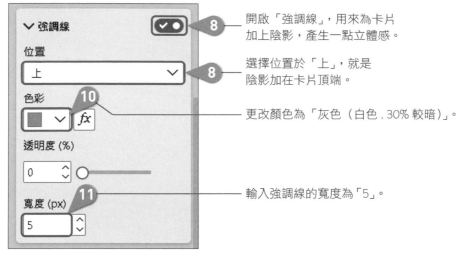

開啟「強調線」,用來為卡片
加上陰影,產生一點立體感。

選擇位置於「上」,就是
陰影加在卡片頂端。

更改顏色為「灰色(白色,30% 較暗)」。

輸入強調線的寬度為「5」。

圖 10-46 設定員工數量卡片強調線

完成以後,此時畫面上的卡片應如圖 10-47:

請注意!由於此視覺效果還很新,微軟可能會時常
更新。因此您所安裝 Power BI 版本中的新式卡片
視覺效果與書中的卡片版面可能不盡相同。您可以
藉由微調字體大小或是「參考標籤」下的「配置」
中的「間距」,以達到與書中近似的樣貌。

圖 10-47 完成的員工數量卡片

10.4.2 製作年資卡片

圖 10-48 為年資卡片的組成元素示意圖。與員工數量卡片類似,我們要在年資
卡片中放進當期、前期、成長率三個量值。除此之外,成長率也需要控制格式
(包括百分比符號與上下箭頭)的量值:

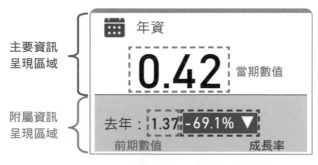

主要資訊
呈現區域

當期數值

附屬資訊
呈現區域

前期數值   成長率

圖 10-48 年資卡片組成

建立當期年資量值

請在「員工資訊表」用以下 DAX 公式，新增「年資」量值用以計算員工的年資，主要是藉由「員工資訊表」中的「報到日期」以及「離職日期」完成：

```
年資 =
CALCULATE (
    AVERAGEX (
        '員工資訊表',
        VAR endDate =
            IF (
                ISBLANK ( '員工資訊表'[離職日期] ),      ❶
                TODAY (),
                '員工資訊表'[離職日期]
            )
        RETURN
            DATEDIFF (
                '員工資訊表'[報到日期],
                endDate,                              ❷
                DAY
            ) / 365
    ),
    USERELATIONSHIP (
        '員工資訊表'[報到日期],                          ❸
        '日期表'[日期]
    )
)
```

CALCULATE 第一個參數

CALCULATE 第二個參數

圖 10-49 年資計算之 DAX 公式

雖然這個 DAX 公式看起來很可怕，但細看後也不過是利用 CALCULATE 函數搭配兩個參數完成。這兩個參數分別是 AVERAGEX 迭代函數計算彙總平均值（語法見下頁），以及用 USERELATIONSHIP 的篩選修改函數。

以下為圖 10-49 的公式說明：

❶ 由於員工資料表包含在職與離職員工，因此年資的結算日期會有所不同。在此用 VAR 宣告一個變數 endDate，若為在職員工，即 '員工資訊表'[離職日期] 為空白者，則年資結算日為今天日期。反之，為離職日期欄位值。

❷ 利用 DATEDIFF 函數計算報到日期與 endDate 之間的天數差，再除以 365 天換算成年。

❸ 利用 USERELATIONSHIP 函數啟用「員工資訊表」的「報到日期」資料行與「日期表」的「日期」資料行之間的關聯。

AVERAGEX 函數語法

語法

```
AVERAGEX( <table>, <expression> )
```

定義

根據資料表的每一列進行 <expression> 運算，將結果取算術平均數。

圖 10-50 AVERAGEX 函數語法與定義

其中 AVERAGEX 函數的參數為：

參數	說明
table	資料表，可以是資料模型中的實體資料表或是 DAX 運算式回傳的資料表。
expression	DAX 運算式。

Stark
無私分享

圖 10-49 的公式屬於稍微進階一點的 DAX 寫法。我們也可以因此得知，當迭代函數在迭代每一列時，可以依據需求新增迭代時的變數。以我們的例子而言就是 endDate。當然，若是涉及更複雜的計算，則甚至可以新增一個以上的變數，非常有彈性。

建立去年同期年資量值

請在「員工資訊表」下新增「年資（去年同期）」量值計算去年同期年資。在此，我們使用到在 8.6.2 小節介紹過的 SAMEPERIODLASTYEAR 函數：

```
年資 (去年同期) =
CALCULATE (
    [年資],
    SAMEPERIODLASTYEAR ( '日期表'[日期] )
)
```

圖 10-51　去年同期年資量值

建立年資成長率量值

請在「員工資訊表」下新增「年資成長率」量值。在此，我們使用到在 8.5.2 介紹過的 DIVIDE 函數：

```
年資成長率 =
DIVIDE (
    [年資] - [年資(去年同期)],
    [年資(去年同期)]
)
```

圖 10-52　年資成長率量值

建立格式化規則量值

如同在員工數量卡片時，我們需要建立一個格式化規則量值來更改百分比的顯示方式。請在「員工資訊表」下新增「格式化規則（年資成長率）」量值：

```
格式化規則 (年資成長率) =
SWITCH (
    TRUE (),
    [年資成長率] > 0, "0.0% ▲",
    [年資成長率] < 0, "0.0% ▼",
    "0.0%"
)
```

圖 10-53　用於控制年資成長率格式的量值

建立年資卡片

我們要將年資卡片放在與員工數量卡片的**同一個**視覺效果中。本卡片需要用到以下四個量值與一張卡片小圖示：

- **年資**：放在卡片的主要資訊呈現區域。

- **年資（去年同期）**：放在卡片的附屬資訊呈現區域。

- **年資成長率**：放在卡片的附屬資訊呈現區域。

- **格式化規則（年資成長率）**：用於調整成長率的顯示格式。

- 卡片小圖示：`KPI 卡片圖示` 資料夾內的 `02_年資.png` 圖檔。

製作年資卡片的方法與製作員工數量卡片的方法類似。不過此處要注意！我們要將這兩張卡片放在同一個**視覺效果**中（後面三張卡片之後也會放進來）。請點開「建置視覺效果」如下操作：

圖 10-54 在同一個視覺效果中新增第二張卡片

請您自行試試看，仿照 10.4.1 小節的方法，在**附屬資訊呈現區域**放入「年資（去年同期）」與「年資成長率」量值。其中，成長率需要套用「格式化規則（年資成長率）」量值。最後再加入 `02_年資.png` 圖檔。完成以後的卡片如圖 10-55 所示，現在我們有兩張卡片了：

圖 **10-55** 完成的員工數量與年資卡片

10.4.3 製作平均績效卡片

圖 10-56 為平均績效卡片的組成元素示意圖。在此卡片中我們同樣需要當期、前期、成長率三個呈現平均績效的量值。除此之外，成長率也需要控制格式（百分比符號與上下箭頭）的量值：

圖 **10-56** 平均績效卡片組成

建立卡片所需的量值

以下列出平均績效卡片所需的量值，請依序新增至「員工年度考核表」中：

■ 當期：平均績效

```
平均績效 =
AVERAGE（'員工年度考核表[績效評分]'）
```

圖 **10-57** 當期平均績效量值

■ 前期：平均績效（去年同期）

```
平均績效 (去年同期) =
CALCULATE (
    [平均績效],
    SAMEPERIODLASTYEAR ( '日期表'[日期] )
)
```

圖 10-58 前期平均績效量值

■ 平均績效成長率

```
平均績效成長率 =
DIVIDE (
    [平均績效] - [平均績效 (去年同期)],
    [平均績效 (去年同期)]
)
```

圖 10-59 平均績效成長率量值

■ 格式化規則（平均績效成長率）

```
格式化規則 (平均績效成長率) =
SWITCH (
    TRUE (),
    [平均績效成長率] > 0, "0.0% ▲",
    [平均績效成長率] < 0, "0.0% ▼",
    "0.0%"
)
```

圖 10-60 格式化規則量值

建立平均績效卡片

現在要建立平均績效卡片，需要用到以下四個量值與一張卡片小圖示：

● **平均績效量值**：放在卡片的主要資訊呈現區域。

● **平均績效（去年同期）**：放在卡片的附屬資訊呈現區域。

● **平均績效成長率**：放在卡片的附屬資訊呈現區域。

- **格式化規則（平均績效成長率）**：用於調整成長率的顯示格式。

- 卡片小圖示：`KPI 卡片圖示` 資料夾內的 `03_平均績效.png` 圖檔。

我們要將平均績效卡片與前面兩張卡片放在**同一個**視覺效果中，請點開「建置視覺效果」如下操作：

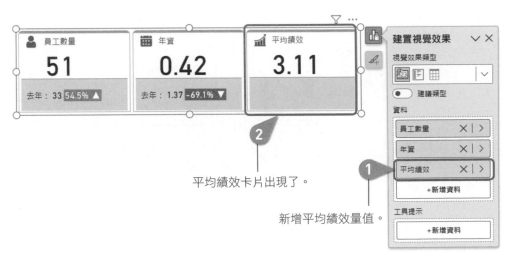

平均績效卡片出現了。

新增平均績效量值。

圖 10-61 在同一個視覺效果中新增第三張卡片

請您仿照 10.4.1 小節的作法，在**附屬資訊呈現區域**放入「平均績效（去年同期）」與「平均績效成長率」量值。其中，成長率需要套用「格式化規則（平均績效成長率）」量值。最後再加入 `03_平均績效.png` 圖檔。完成以後的卡片如圖 10-62 所示，現在我們有三張卡片了：

圖 10-62 完成的平均績效卡片與前面兩張卡片

10.4.4 製作平均招募天數卡片

圖 10-63 為平均招募天數卡片的組成元素示意圖。在卡片中我們同樣需要當期、前期、成長率三個量值。除此之外，成長率也需要控制格式（百分比符號與上下箭頭）的量值：

圖 10-63　平均招募天數卡片組成

建立卡片所需的量值

以下列出平均招募天數卡片所需的量值，請依序新增至「職缺招募表」中：

■ 當期：平均招募天數

```
平均招募天數 =
VAR filledRolesTbl =
    FILTER (
        '職缺招募表',
        '職缺招募表'[職位狀態] = "Filled"
    )                                              ❶
RETURN
    AVERAGEX (
        filledRolesTbl,
        DATEDIFF (
            '職缺招募表'[發佈日期],
            '職缺招募表'[錄用日期],               ❷
            DAY
        )
    )
```

圖 10-64　當期平均招募天數量值

平均招募天數的計算會基於「職缺招募表」。在該表中，若職缺狀態為 Filled，代表該職缺已成功招募到合適人選。以下為公式的說明：

❶ 建立變數 filledRolesTbl（這其實是一個虛擬資料表）用以在「職缺招募表」篩選出已成功找到人選的職位。

❷ 在 AVERAGEX 函數中迭代 filledRolesTbl 資料表，並計算已補職缺從招募「發佈日期」到「錄用日期」的天數差異，進而獲得平均招募天數。

■ 前期：平均招募天數（去年同期）

```
平均招募天數 (去年同期) =
CALCULATE (
    [平均招募天數],
    SAMEPERIODLASTYEAR ( '日期表'[日期] )
)
```

圖 10-65　前期平均招募天數量值

■ 平均招募天數成長率

```
平均招募天數成長率 =
DIVIDE (
    [平均招募天數] - [平均招募天數 (去年同期)],
    [平均招募天數 (去年同期)]
)
```

圖 10-66　平均招募天數成長率量值

■ 格式化規則（平均招募天數成長率）

```
格式化規則 (平均招募天數成長率) =
SWITCH (
    TRUE (),
    [平均招募天數成長率] > 0, "0.0% ▲",
    [平均招募天數成長率] < 0, "0.0% ▼",
    "0.0%"
)
```

圖 10-67　格式化規則量值

建立平均招募天數卡片

現在要建立平均招募天數卡片,需要用到以下四個量值與一張卡片小圖示:

● **平均招募天數**:放在卡片的主要資訊呈現區域。

● **平均招募天數(去年同期)**:放在卡片的附屬資訊呈現區域。

● **平均招募天數成長率**:放在卡片的附屬資訊呈現區域。

● **格式化規則(平均招募天數成長率)**:用於調整成長率的顯示格式。

● 卡片小圖示:KPI 卡片圖示 資料夾內的 **04_平均招募天數.png** 圖檔。

我們要將平均招募天數卡片與前面三張卡片放在**同一個**視覺效果中,請點開「建置視覺效果」,並新增「平均招募天數」量值,就會出現第四張卡片。

接著,請仿照 10.4.1 小節的作法,在**附屬資訊呈現區域**放入「平均招募天數(去年同期)」與「平均招募天數成長率」量值。其中,成長率需要套用「格式化規則(平均招募天數成長率)」量值。此處請注意!在設定成長率的底色時,要與前面幾張卡片的綠紅兩色相反(參考圖 10-40)。因為**平均招募天數比去年同期降低是好事,所以將負成長率設為綠色、正成長率設為紅色**。

最後再加入 **04_平均招募天數.png** 圖檔。完成以後的卡片如圖 10-68 所示,現在我們有四張卡片了:

圖 10-68 完成平均招募天數卡片與前面三張卡片

10.4.5 製作平均招募成本卡片

圖 10-69 為平均招募成本卡片的組成元素示意圖。在卡片中我們同樣需要當期、前期、成長率三個量值。除此之外,成長率也需要控制格式(百分比符號與上下箭頭)的量值:

圖 **10-69** 平均招募成本卡片組成

建立卡片所需的量值

以下列出平均招募成本卡片所需的量值，請依序新增至「職缺招募表」中：

■ 當期：平均招募成本

```
平均招募成本 =
AVERAGE（'職缺招募表[招聘成本]'）
```

圖 **10-70** 當期平均招募成本量值

■ 前期：平均招募成本（去年同期）

```
平均招募成本 (去年同期) =
CALCULATE（
    [平均招募成本],
     SAMEPERIODLASTYEAR（'日期表'[日期]）
）
```

圖 **10-71** 前期平均招募成本量值

■ 平均招募成本成長率

```
平均招募成本成長率 =
DIVIDE（
    [平均招募成本] - [平均招募成本 (去年同期)],
    [平均招募成本 (去年同期)]
）
```

圖 **10-72** 平均招募成本成長率量值

■ 格式化規則（平均招募成本成長率）

```
格式化規則（平均招募成本成長率）=
SWITCH (
    TRUE (),
    [平均招募成本成長率] > 0, "0.0% ▲",
    [平均招募成本成長率] < 0, "0.0% ▼",
    "0.0%"
)
```

圖 10-73 格式化規則量值

建立平均招募成本卡片

現在要建立平均招募成本卡片，需要用到以下四個量值與一張卡片小圖示：

● **平均招募成本**：放在卡片的主要資訊呈現區域。

● **平均招募成本（去年同期）**：放在卡片的附屬資訊呈現區域。

● **平均招募成本成長率**：放在卡片的附屬資訊呈現區域。

● **格式化規則（平均招募成本成長率）**：用於調整成長率的顯示格式。

● 卡片小圖示：KPI 卡片圖示 資料夾內的 05_平均招募成本.png 圖檔。

我們要將平均招募成本卡片與前面四張卡片放在**同一個**視覺效果中，請點開「建置視覺效果」，並新增「平均招募成本」量值，就會出現第五張卡片。

接著，請仿照 10.4.1 小節的作法，在**附屬資訊呈現區域**放入「平均招募成本（去年同期）」與「平均招募成本成長率」量值。其中，成長率需要套用「格式化規則（平均招募成本成長率）」量值。此處請注意！在設定成長率的底色時，**希望平均招募成本越低越好，因此負成長率設為綠色、正成長率設為紅色。**

完成這些步驟之後，再加入 05_平均招募成本.png 圖檔。平均招募成本卡片如圖 10-74，現在我們有五張卡片了：

圖 10-74 完成平均招募成本卡片，但不太滿意

不過,由上圖發現本期平均招募成本有小數位數,且去年同期的數字變成以千為單位(35.49 千),我們希望將這兩個量值都改用整數,而且將單位去掉(也就是不讓 Power BI 自動轉換數值單位)。請接著做以下的修改。

修正平均招募成本的呈現格式

我們先來修正「平均招募成本」量值的數值呈現格式。請先點選卡片,並開啟「格式」窗格找到「圖說文字」,然後按照下面的步驟修改:

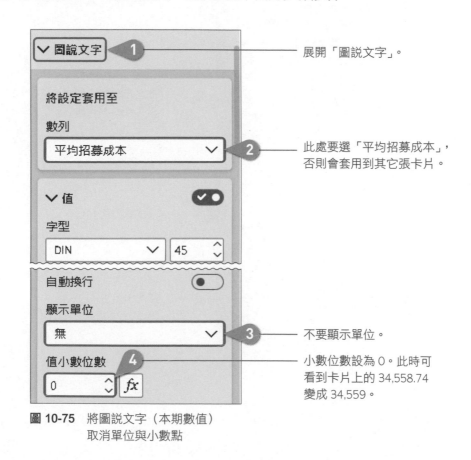

展開「圖說文字」。

此處要選「平均招募成本」,否則會套用到其它張卡片。

不要顯示單位。

小數位數設為 0。此時可看到卡片上的 34,558.74 變成 34,559。

圖 10-75 將圖說文字(本期數值)取消單位與小數點

修正平均招募成本(去年同期)的呈現格式

再來要修正「平均招募成本(去年同期)」量值的數值呈現格式。請點選卡片,在「格式」窗格找到「參考標籤」,然後按照下面的步驟修改:

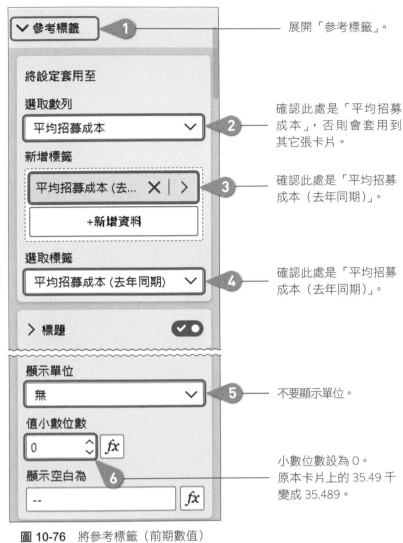

展開「參考標籤」。

確認此處是「平均招募成本」，否則會套用到其它張卡片。

確認此處是「平均招募成本（去年同期）」。

確認此處是「平均招募成本（去年同期）」。

不要顯示單位。

小數位數設為 0。
原本卡片上的 35.49 千變成 35,489。

圖 **10-76** 將參考標籤（前期數值）取消單位與小數點

完成五張 KPI 卡片後，搭配 10.2 節的報表標題以及 10.3 節的年度篩選器，便如圖 10-77 所示：

圖 **10-77** 完成報表標題、年度篩選器與 KPI 卡片

然後，您可以試著點擊年度篩選器的各個年度，卡片中的數值會跟著改變。不過請留意，因為我們的資料是從 2020 年開始，因此點選 2020 時，會因為沒有前期資料而出現空白。

10.5 製作人員平均薪資樹狀圖

樹狀圖（Treemap）適合用於展示數據的層次結構和比例。在樹狀圖中，每個項目都以矩形表示，其面積大小和顏色深淺可用來表達資料的不同維度，例如值的大小或類別的重要性。樹狀圖的主要特點包括：

● **層次展示**：可以展示資料的層次結構，如公司的部門、職位等。

● **面積表達大小**：矩形的面積代表資料的值，較大的矩形表示較大的值。

● **顏色區分**：不同的顏色可用於表示不同的類別或數值範圍，幫助用戶快速識別資料的差異。

樹狀圖適合用於展示類別型資料，並且在比較不同類別或子類別的相對大小時特別有效。例如，在我們的例子中，可以使用樹狀圖來展示不同部門或職位的平均薪資，分別如圖 10-78、10-79 所示：

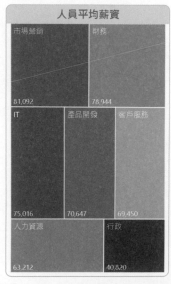

圖 10-78 不同部門之平均薪資

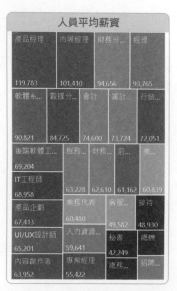

圖 10-79 不同職位之平均薪資

建立平均薪資量值

請將以下「平均薪資」量值新增至「薪水發放紀錄表」中。其中我們用到
AVERAGEX 迭代函數計算平均薪資：

```
平均薪資 =
AVERAGEX (
    '薪水發放紀錄表',
    '薪水發放紀錄表'[基本工資] + '薪水發放紀錄表'[獎金]
)
```

圖 10-80　平均薪資之 DAX 公式

由於員工薪水組成包含基本工資與獎金，因此將兩者相加才會是每月的薪水。

調整樹狀圖的視覺效果

請切換到「常用」頁籤下的視覺效果區域，並點擊 ☑ 後找到 ▥ 樹狀圖並新增
之。接著，請按照以下步驟操作：

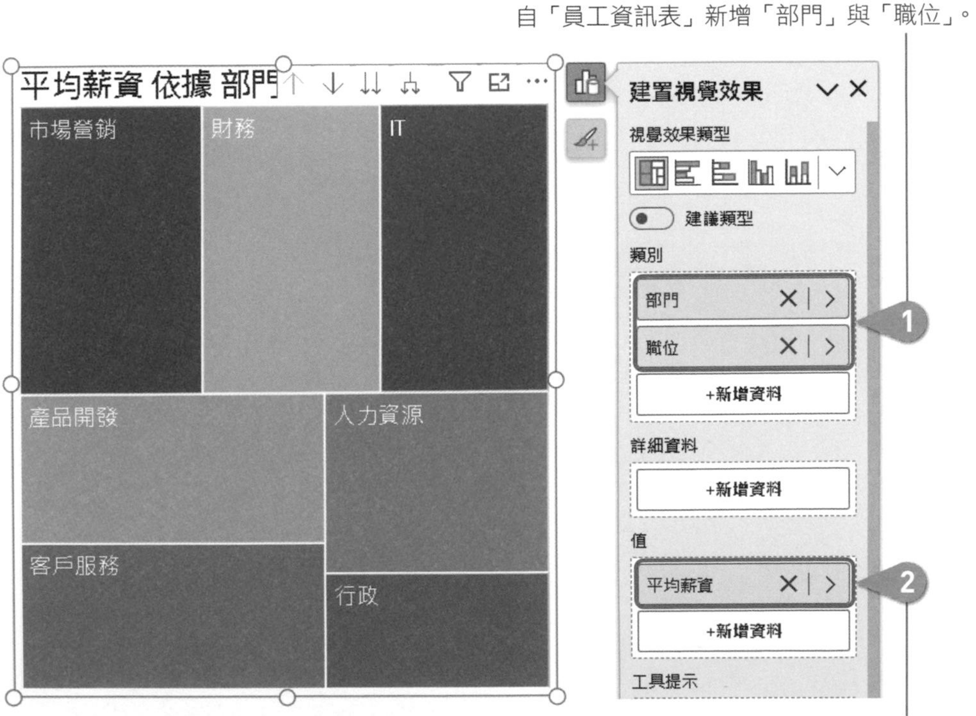

自「員工資訊表」新增「部門」與「職位」。

圖 10-81　平均薪資之樹狀圖

新增「平均薪資」量值。

請點選這張樹狀圖，再點右邊 ⬇ 圖示打開「格式」窗格，按照以下步驟操作來更改格式：

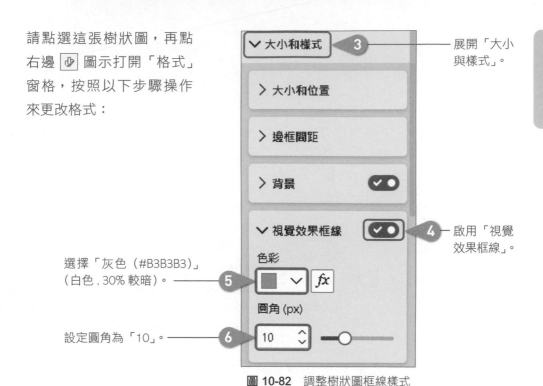

展開「大小與樣式」。

啟用「視覺效果框線」。

選擇「灰色（#B3B3B3）」（白色，30% 較暗）。

設定圓角為「10」。

圖 10-82 調整樹狀圖框線樣式

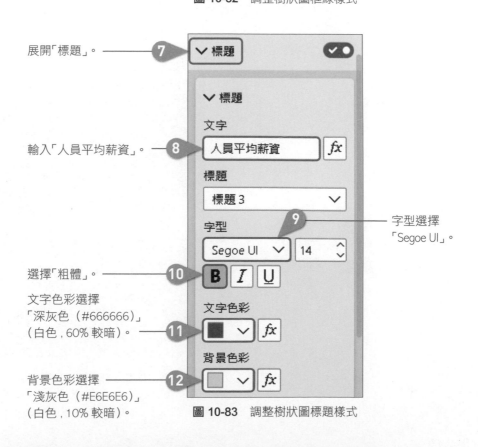

展開「標題」。

輸入「人員平均薪資」。

字型選擇「Segoe UI」。

選擇「粗體」。

文字色彩選擇「深灰色（#666666）」（白色，60% 較暗）。

背景色彩選擇「淺灰色（#E6E6E6）」（白色，10% 較暗）。

圖 10-83 調整樹狀圖標題樣式

啟用「資料標籤」。

顯示單位選擇「無」。

值小數位數輸入「0」。

圖 10-84 調整樹狀圖資料標籤樣式

完成以上步驟以後，樹狀圖應如圖 10-85 所示，以部門區分的人員平均薪資樹狀圖：

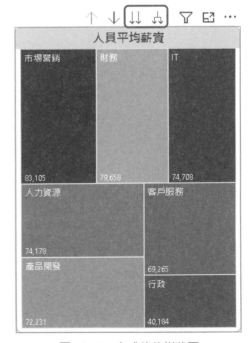

您也可以藉由點選右圖橘框處的箭頭符號更改資料層級，就可以切換到以職位區分的人員薪資樹狀圖（如圖 10-79）。

圖 10-85 完成後的樹狀圖

控制報表圖的顏色系統

雖然樹狀圖目前功能性皆已具備，但由於圖 10-1 中，人員平均薪資樹狀圖、缺勤數緞帶圖、平均招募天數橫條圖都出現「部門」這項資訊。**在資料視覺化時，若遇到相同的資訊，應在圖面上以同樣的顏色呈現之。**為了完成顏色控制，我們可以在「職缺招募表」中新增「部門色彩」量值的 DAX 公式，用來決定不同部門的顏色：

```
部門色彩 =
SWITCH (
    SELECTEDVALUE ( '員工資訊表'[部門] ),
    "IT", "#8B3D88",
    "人力資源", "#D4A003",
    "市場營銷", "#3257A8",
    "客戶服務", "#77C4A8",
    "財務", "#37A794",
    "行政", "#8F0D36",
    "產品開發", "#DD6B7F",
    "#6B91C9"
)
```

圖 10-86　決定部門色彩之 DAX 公式

完成以上量值以後請點擊樹狀圖，再到右邊「格式」窗格更改顏色設定，請按照以下方式操作：

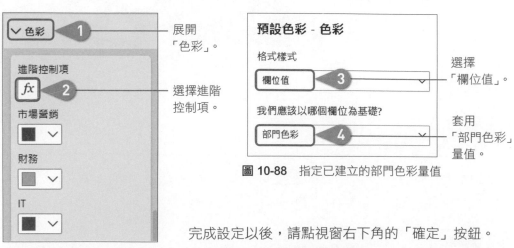

展開「色彩」。

選擇進階控制項。

選擇「欄位值」。

套用「部門色彩」量值。

圖 10-88　指定已建立的部門色彩量值

完成設定以後，請點視窗右下角的「確定」按鈕。此時畫面中的樹狀圖應會如圖 10-78、10-79 所示。

圖 10-87　設定各部門色彩

10.6 製作缺勤數分析緞帶圖

緞帶圖（Ribbon Chart）適合用於展示排名或數量隨時間變化的結果。緞帶圖的主要特徵包括：

● **時間軸**：緞帶圖通常沿著水平軸展示時間序列。

● **排名顯示**：每個類別以不同顏色的緞帶表示，緞帶的寬度和位置隨時間變化以顯示該類別的相對排名。

● **類別比較**：可以直觀地比較不同類別隨時間的表現和排名變化。

緞帶圖適用於展示資料的排名變化，特別是當需要比較多個類別在相同時間範圍內的表現時。例如，在我們的例子中，可以使用緞帶圖來展示不同部門請假缺勤的變化，如圖 10-89 所示：

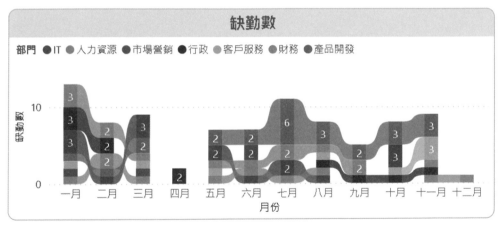

圖 10-89 缺勤分析緞帶圖

建立缺勤數量值

請將「缺勤數」量值的 DAX 公式新增至「缺勤及請假表」中，此公式用 COUNTROWS 函數計算有多少筆假單記錄：

```
缺勤數 =
COUNTROWS（'缺勤及請假表'）
```

圖 10-90 缺勤數之 DAX 公式

調整緞帶圖的視覺效果

我們想要看各部門依月份的缺勤狀況，請切換到「常用」頁籤下的視覺效果區域，並點開 ☑ 後找到 ⧩ 緞帶圖並新增之。接著請按照以下步驟操作：

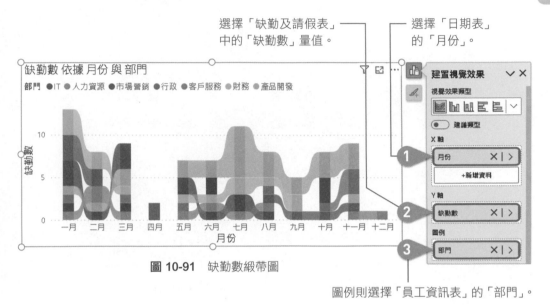

圖 10-91　缺勤數緞帶圖

我們打算將此缺勤數緞帶圖的視覺效果格式做成與人員平均薪資樹狀圖相同的格式，包括標題顏色、底色、外框等等。在 Power BI 中提供複製與套用格式的功能，可將前面樹狀圖設好的視覺效果格式套用過來。請依照以下方式操作：

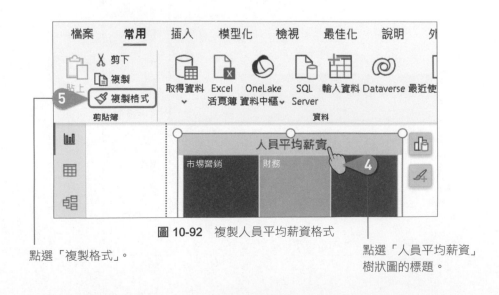

圖 10-92　複製人員平均薪資格式

點選「複製格式」。

點選「人員平均薪資」樹狀圖的標題。

將滑鼠移到緞帶圖上會出現筆刷圖示，
點滑鼠左鍵套用格式。

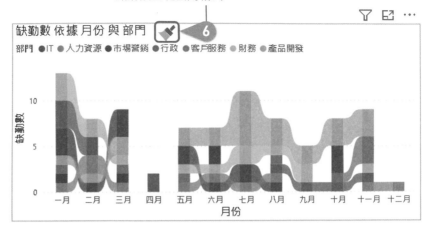

圖 10-93　將格式套用到緞帶圖

接著，我們要為緞帶圖的每一個部門緞帶
設定對應的顏色。由於緞帶圖視覺效果並
不像是樹狀圖可以使用量值來套用顏色，
因此需要一個一個緞帶設定。請點選緞帶
圖視覺效果後，再開啟「格式」窗格，並
按照以下步驟設定緞帶顏色：

展開「緞帶」。

依照下表設定部門
對應的色碼。

部門	HEX 色碼
IT	#8B3D88
人力資源	#D4A003
市場營銷	#3257A8
行政	#8F0D36
客戶服務	#77C4A8
財務	#37A794
產品開發	#DD6B7F

圖 10-94　設定緞帶的顏色

完成以上步驟以後，再將標題改為「缺勤數」，調整緞帶圖的大小並放在整張報
表的中間位置，就會如圖 10-95 所示：

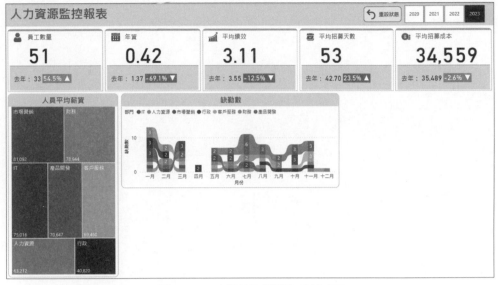

圖 10-95 缺勤數緞帶圖與目前頁面

我們在本章學會了製作報表標題、KPI 卡片組合、樹狀圖以及緞帶圖，這真是一
個不小的工程啊。雖然設定的過程相當繁雜，但操作的範圍蠻固定的，只要多
做幾次就可熟能生巧。先休息一下吧，下一章我們還要繼續製作圖 10-1 的其它
部分。

MEMO

善用 Power BI 進階技巧

升級 HR 報表 (1)

★★★ 學 習 目 標 ★★★

學會使用 Power Query 進行進階的操作，如：

● 製作折線與群組直條組合圖。

● 製作客製化的數值單位。

● 利用欄位參數(Field Parameter)製作動態參數。

● 製作新型交叉分析篩選器。

● 用 SWITCH 函數搭配篩選器動態回傳不同量值。

● 製作群組橫條圖。

● 建立不同視覺效果之間的連動。

我們在第 10 章完成了人力資源監控報表的多個視覺效果。在這一章將持續帶領您手把手完成另外兩個視覺效果。雖說只有兩個，但卻一點也不簡單。本章所教的功能都是我實戰中常見且較為進階的應用，可以說是滿滿的乾貨！就讓我們一起進行下去吧！

11.1 製作教育訓練成本分析

實作檔案參照

■ Power BI 起始操作檔：`Chapter11_starter.pbix`

您可以接續第 10 章的檔案操作，或選擇使用本章課程所附的 `Chapter11_starter.pbix` 作為起始操作檔。

本節我們要完成如圖 11-1 的教育訓練成本分析圖。此圖呈現的是公司的教育訓練成本，包含折線與群組直條組合圖。群組直條圖顯示每一種訓練類別的總訓練成本（金額對應左側縱軸）；折線圖則顯示每一種訓練類別的員工平均訓練成本（金額對應右側縱軸），而且還要將座標軸的金額改用「萬」為單位：

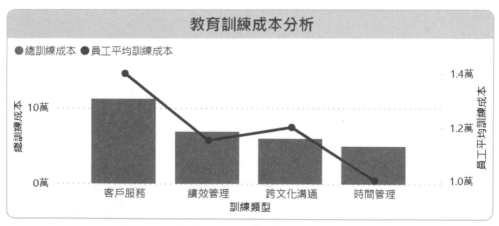

圖 11-1　教育訓練成本分析

11.1.1　新增教育訓練成本所需量值

教育訓練成本分析圖需要有兩個量值：總訓練成本量值、員工平均訓練成本量值。關於員工的教育訓練資訊都儲存在「員工訓練紀錄表」中，該表的「訓練成本」欄位記錄了每位員工參與每一期訓練課程的成本（可以參照圖 10-8）。

新增總訓練成本量值

首先，要算出所有訓練成本。請在「資料」窗格的「員工訓練紀錄表」下，新增以下「總訓練成本」量值，直接用 SUM 函數將「訓練成本」資料行做加總：

```
總訓練成本 =
SUM ( '員工訓練紀錄表'[訓練成本] )
```

圖 11-2　總訓練成本量值

新增員工平均訓練成本量值

再來，我們要算出總訓練成本平均花在每位員工身上有多少。同樣地，我們會需要用到「員工訓練紀錄表」的「訓練成本」資料行（欄位）。由於每位員工可能參與多項教育訓練，因此需要計算不重複的員工數，這時就可以使用DISTINCTCOUNT 函數（語法見下頁），然後再用總訓練成本除以員工數即可。請在該表新增「員工平均訓練成本」量值：

```
員工平均訓練成本 =
DIVIDE (
    SUM ( '員工訓練紀錄表'[訓練成本] ),
    DISTINCTCOUNT ( '員工訓練紀錄表'[員工ID] )
)
```

圖 11-3　員工平均訓練成本量值

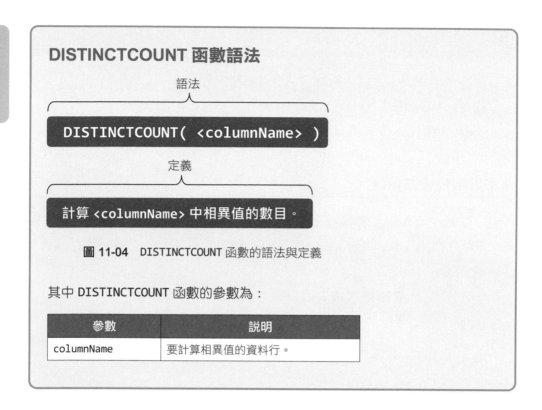

DISTINCTCOUNT 函數語法

語法

DISTINCTCOUNT(<columnName>)

定義

計算 <columnName> 中相異值的數目。

圖 11-04　DISTINCTCOUNT 函數的語法與定義

其中 DISTINCTCOUNT 函數的參數為：

參數	說明
columnName	要計算相異值的資料行。

11.1.2　建立折線與群組直條圖視覺效果

完成所需量值之後，就要來做視覺化報表了。我們打算將「總訓練成本」量值
用群組直條圖依照訓練類型做拆分，而「員工平均訓練成本」量值則用折線圖
呈現各訓練類型在每位員工的平均成本。

新增折線與群組直條圖

請切換到「常用」頁籤下的視覺效果區域，並點 ☑ 找到 📊 折線與群組直條
圖。新增此組合型的視覺效果後，請按照以下步驟操作：

將「總訓練成本」量值加入
資料行 y 軸（位於左側 Y 軸）。

將「員工訓練紀錄表」中的
「訓練類型」欄位加入 X 軸。

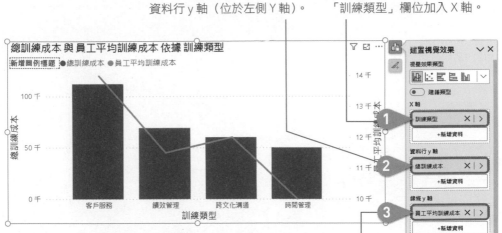

圖 11-5 訓練成本分析圖初步樣子

將「員工平均訓練成本」量值
加入線條 y 軸（位於右側 Y 軸）。

套用一致的外觀

我們希望此報表的外觀格式要與「人員平均薪資樹狀圖」（圖 10-78）以及「缺勤數」緞帶圖（圖 10-89）一致，因此可以在 Ribbon 的「常用」頁籤處找到 複製格式 按鈕，並按照 10.6 節的方式將樹狀圖或緞帶圖的格式複製到訓練成本分析圖上。套用完格式以後，標題樣式與圓角都會變得一致。然後再將標題文字改為「教育訓練成本分析」，並刪掉「新增圖例標題」。完成以後應如圖 11-6：

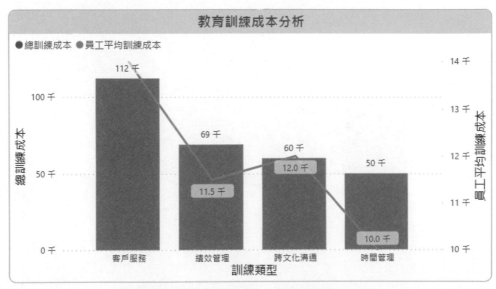

圖 11-6 套用完格式的訓練成本分析圖

調整直條圖與折線圖的顏色

接著,我們可以再調整顏色。請點選上圖,並點右邊 🖑 圖示打開「格式」窗格,按照以下步驟做一些修正:

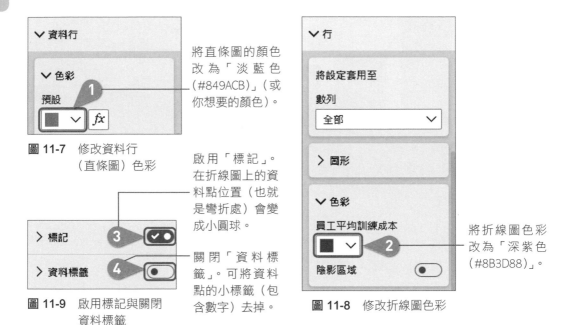

將直條圖的顏色改為「淡藍色(#849ACB)」(或你想要的顏色)。

圖 11-7 修改資料行(直條圖)色彩

啟用「標記」。在折線圖上的資料點位置(也就是彎折處)會變成小圓球。

關閉「資料標籤」。可將資料點的小標籤(包含數字)去掉。

圖 11-9 啟用標記與關閉資料標籤

將折線圖色彩改為「深紫色(#8B3D88)」。

圖 11-8 修改折線圖色彩

完成以上步驟以後,應如圖 11-10 所示。雖然已經與圖 11-1 非常接近,但是兩側的 Y 軸單位還需要修改。

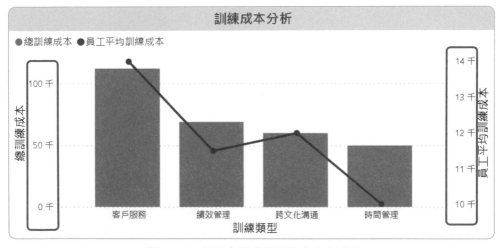

圖 11-10 更改完格式的訓練成本分析圖

Power BI 預設顯示的數字是以「XX 千」的方式呈現，這是因為直接翻譯自英文的「XX K」。在英文中，大數值通常會用 K、M 為單位，因此會出現「10 千、100 千」這種寫法。而在中文還是習慣用千、萬、十萬…等單位。在訓練成本分析圖中，最小值都是以萬起跳，因此我們會在 11.1.3 小節將兩側 Y 軸改為同樣是以「萬」為單位。

11.1.3　修改數值單位為「萬」

要修改數值的單位，只要將原數值除以各該單位的值即可，例如以萬為單位就除以 10,000，以百萬為單位就除以 1,000,000。至於小數為數要取到幾位，可以到顯示格式中設定。

新增以萬為單位的量值

請在「員工訓練紀錄表」新增以下兩個量值，各量值是基於原本的「總訓練成本」與「員工平均訓練成本」換算為「萬」之後的數值。至於要顯示到小數第幾位，稍後可以在格式的地方設定。在此，我們要修改為以「萬」為單位：

```
總訓練成本（萬）=
[總訓練成本] / 10000
```

圖 11-11　換算為萬的總訓練成本量值

```
員工平均訓練成本（萬）=
[員工平均訓練成本] / 10000
```

圖 11-12　換算為萬的員工訓練成本量值

調整數值的格式

接著，要更改這兩個量值的格式呈現方式由千改為萬，我們先來修改「總訓練成本（萬）」量值，請切換到「報表檢視」頁面，從最右側的「自訂窗格切換器」打開「資料」窗格，並按照以下步驟操作：

此時會由「量值」
變為「格式」。

切換到「量值工
具」，並將格式
改為「動態」。

輸入「#0.00 萬」，
代表顯示到小數點後
兩位，並加上「萬」。

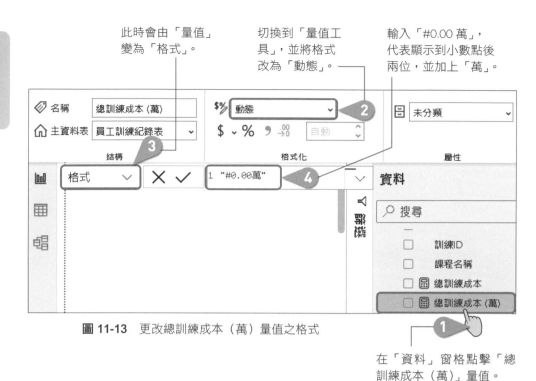

圖 11-13 更改總訓練成本（萬）量值之格式

在「資料」窗格點擊「總
訓練成本（萬）」量值。

同樣的方式也可以套用在「員工平均訓練成本（萬）」量值：

此時會由量值
變為格式。

切換到「量值工
具」，並將格式
改為「動態」。

輸入「#0.00 萬」，代
表呈現至小數點後兩位，
並加上「萬」字串。

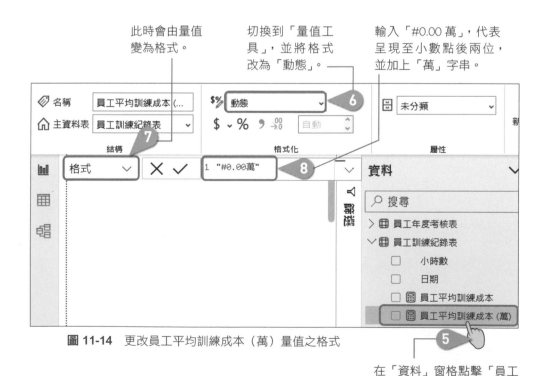

圖 11-14 更改員工平均訓練成本（萬）量值之格式

在「資料」窗格點擊「員工
平均訓練成本（萬）」量值。

完成以上量值格式以後，請將這兩個量值替換原本的教育訓練成本分析的量值，如圖 11-15 所示：

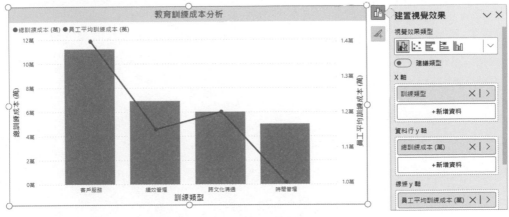

圖 11-15 　更改為以萬為基準之量值的訓練成本分析圖

注意！在把折線圖改成新量值後，折線的顏色可能會改變，請您再依照圖 11-8 改正顏色即可。

截至目前為止，整體畫面應如圖 11-16 所示：

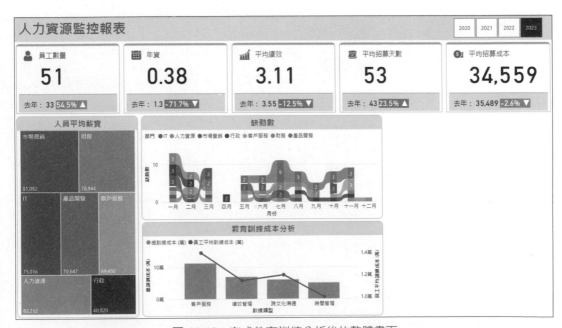

圖 11-16 　完成教育訓練分析後的整體畫面

11.2 製作動態分析群組橫條圖：Y 軸指標

當您有多種類別的資料需要依不同條件或維度比對時，動態群組橫條圖會是個不錯的選擇。這種視覺化方式，能夠清晰顯示不同類別間的差異，讓報表閱讀者更容易理解和做比較。使用情況通常有以下幾種：

● 比較不同類別之間的資料變化。

● 若包含時間維度，可觀察不同時間段的趨勢變化。

● 與其它視覺元素搭配使用，可以動態篩選要呈現的類別或範圍。

● 將資料做分類和組織，更容易理解和分析。

圖 11-17 是本節要製作的動態群組橫條圖。此圖可以藉由控制左邊篩選器的 Y 軸指標與 X 軸指標來動態改變右邊群組橫條圖，比起傳統的群組橫條圖更能彈性運用：

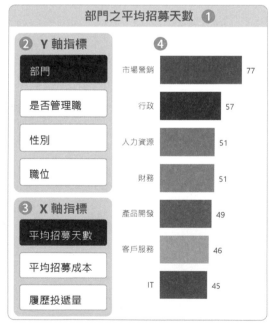

這張圖共包含以下幾個視覺效果：

❶ 作為標題與圖框的矩形圖案。

❷ 作為 Y 軸指標的篩選器。

❸ 作為 X 軸指標的篩選器。

❹ 視覺化資料的群組橫條圖。

本節就從 Y 軸指標開始製作。

圖 11-17 動態分析群組橫條圖

11.2.1　分析篩選器的功能與準備所需欄位

首先要製作的是 Y 軸指標篩選器。我們仔細觀察圖 11-17 的 Y 軸指標，其包含四個選項：「部門」、「是否管理職」、「性別」、「職位」。我們可從這四個維度查看資料，使右邊的群組橫條圖依照維度來呈現：

● 選擇「部門」時，右邊會依部門別展開。

● 選擇「是否管理職」時，右邊會依管理職與非管理職展開。

● 選擇「性別」時，右邊會依男女展開。

● 選擇「職位」時，右邊會依各職位名稱展開。

在此篩選器中，除了「是否管理職」選項以外，其它三個選項都是「員工資訊表」中既存的欄位名稱。因此，第一步我們要在「員工資訊表」新增「是否管理職」的計算資料行。此 DAX 公式是用 IF 函數做條件判斷，如果 [職位] = "經理" 則視為管理職，否則為非管理職：

```
是否管理職  =
IF (
    [職位] = "經理",
    "管理職",
    "非管理職"
)
```

圖 11-18　是否管理職計算資料行

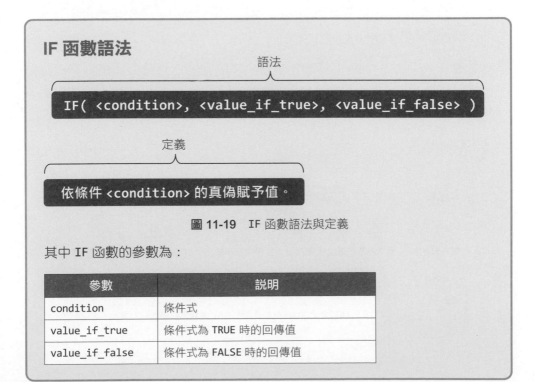

IF 函數語法

語法

```
IF( <condition>, <value_if_true>, <value_if_false> )
```

定義

依條件 <condition> 的真偽賦予值。

圖 11-19　IF 函數語法與定義

其中 IF 函數的參數為：

參數	說明
condition	條件式
value_if_true	條件式為 TRUE 時的回傳值
value_if_false	條件式為 FALSE 時的回傳值

新增「是否管理職」量值以後，在「資料表檢視」頁面，可以發現「員工資訊表」中，四個所需的欄位（部門、職位、性別、是否管理職）已準備完畢，如圖 11-20：

員工ID	部門	職位	性別	生日	報到日期	離職日期	是否管理職
A001	人力資源	經理	女	1973年6月21日	2020年5月21日		管理職
A002	人力資源	招聘專員	女	1987年4月13日	2023年3月14日		非管理職
A003	人力資源	人力資源業務夥伴	男	1985年8月13日	2023年12月25日		非管理職
A004	人力資源	人力資源業務夥伴	女	1994年7月23日	2021年9月13日		非管理職
A005	人力資源	招聘專員	男	1992年5月23日	2023年8月10日		非管理職
A006	人力資源	人力資源業務夥伴	男	1984年7月19日	2023年12月25日		非管理職
A007	人力資源	人力資源業務夥伴	男	1993年6月27日	2021年7月19日		非管理職
A008	人力資源	招聘專員	男	1995年12月2日	2023年11月22日		非管理職
A009	財務	經理	女	1966年3月24日	2022年5月27日		管理職
A010	財務	財務專員	女	1995年8月9日	2022年2月23日		非管理職

圖 11-20 完成 Y 軸指標篩選器所需的資料行

11.2.2 新增欄位參數與建立交叉分析篩選器

在 11.2.1 小節已經準備好「部門」、「職位」、「性別」、「是否管理職」這四個欄位，那麼要如何讓 Power BI 根據按下 Y 軸指標的選項來展開群組橫條圖呢？這就要用到**欄位參數（Field Parameter）**的功能。

欄位參數是 Power BI 中的一個重要功能，它能夠讓您更靈活地控制報表視覺化。欄位參數將一個或多個欄位的值視為參數，允許使用者藉由選擇不同的選項來篩選與呈現資料。請在「報表檢視」頁面跟著以下步驟新增欄位參數：

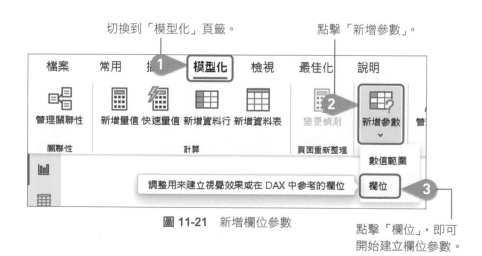

圖 11-21 新增欄位參數

取一個供識別用的欄位
參數名稱:「分析維度」。

確認所需欄位已加入。您可以用
滑鼠拖曳欄位名稱調整排列順序。

依次將資料欄位以
滑鼠左鍵點擊加入。

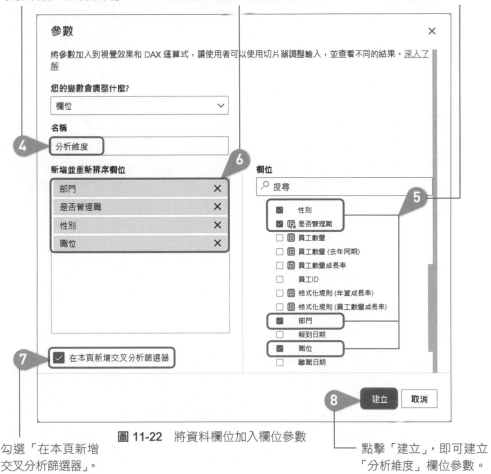

圖 11-22 將資料欄位加入欄位參數

勾選「在本頁新增
交叉分析篩選器」。

點擊「建立」,即可建立
「分析維度」欄位參數。

接著,您可以看見畫面上出現系統自動新增的交叉分析篩選器,如圖 11-23:

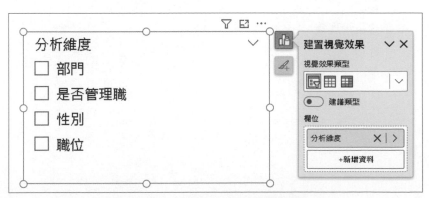

圖 11-23 產生分析維度的視覺效果

請切換到「資料表檢視」頁面，如圖 11-24，您會發現「資料」窗格中新增了一個基於欄位參數的資料表，以及其對應的 DAX 公式：

圖 11-24　產生分析維度欄位參數的資料表

上圖資料表的第一個欄位是「分析維度」，也就是在圖 11-23 中看到的。而第二欄表示欄位值是取自於哪一張資料表的某個欄位。而第三個欄位「分析維度 訂單」的翻譯有誤，應該是「分析維度 排序」才對，您可自行將欄位標頭改名。此外，第二、三欄預設是隱藏的（出現小眼睛被劃掉的圖示）。

11.2.3　修改 Y 軸指標的欄位參數篩選器

請切換到「報表檢視」頁面回到圖 11-23 分析維度視覺效果，我們想要將其做成圖 11-17 Y 軸指標的樣子，因此就要學習如何更改欄位參數篩選器的格式。我們在此選用 Power BI 新的交叉分析篩選器視覺效果。請跟著以下步驟操作：

圖 11-25　選用交叉分析篩選器（新增）

此時畫面上的篩選器應會變成如圖 11-26，每一個選項都是一個矩形按鈕，因此有人也稱此為「按鈕篩選器」（Button Slicer）：

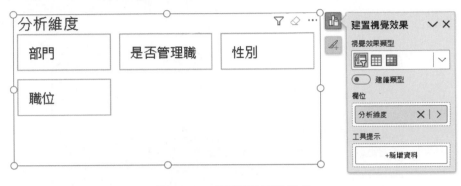

圖 11-26 篩選器的預設樣式

不過您可能會納悶：「這不是舊版的篩選器用『磚』就能呈現了嗎？（在 10.3 節用過）」答案是可以，但舊版的不能改格式，新版的可以改任意格式，下面就要來一一調整格式。

設定篩選器的背景色、框線與圓角

請點選上圖分析維度視覺效果，並點擊右邊 圖示打開「格式」窗格，按照以下步驟操作來更改此篩選器的格式：

展開「大小和樣式」。

啟用「背景」。

視覺效果的背景改為「淡灰色（#E6E6E6）」（白色，10% 較暗）。

啟用「視覺效果框線」。

視覺效果的框線改為「淡灰色（#E6E6E6）」（白色，10% 較暗）。

視覺效果的四個角都設為圓角「10」。

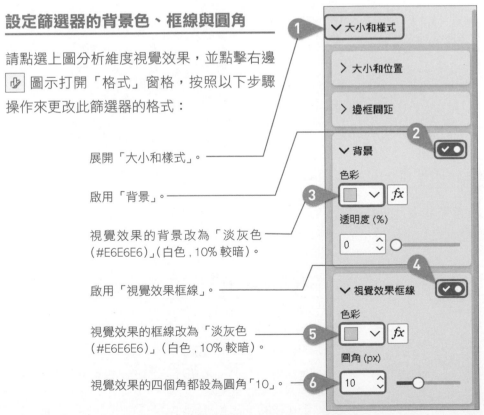

圖 11-27 修改背景與框線樣式

為篩選器設定標題

篩選器的標題原本是「分析維度」，我們可以將其標題改名為「Y 軸指標」，並設定標題樣式：

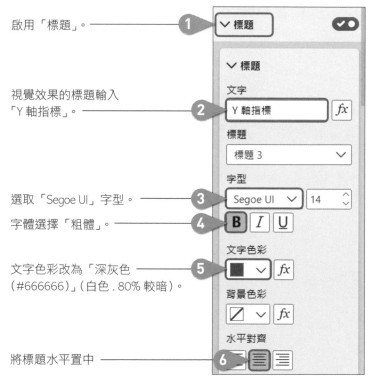

啟用「標題」。

視覺效果的標題輸入「Y 軸指標」。

選取「Segoe UI」字型。

字體選擇「粗體」。

文字色彩改為「深灰色（#666666）」(白色, 80% 較暗)。

將標題水平置中

圖 11-28 修改篩選器的標題與樣式

設定選項中預設有一個被選取

由於篩選器中有四個選項，我們設定其中第一個選項被強制選取，如此在右邊連動的群組橫條圖才會有資料顯示：

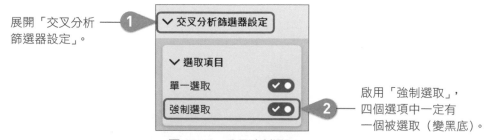

展開「交叉分析篩選器設定」。

啟用「強制選取」，四個選項中一定有一個被選取（變黑底）。

圖 11-29 啟用強制選取

設定選項的形狀

四個選項的磚塊預設是直角四方形，我們想要與篩選器的形狀搭配也設為圓角：

選取「圓角矩形」。

圓角輸入「10」。

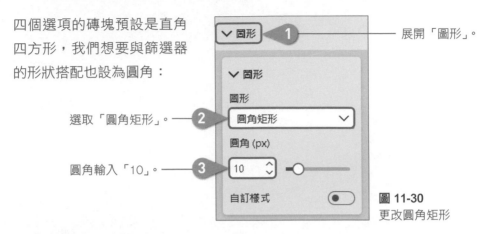

展開「圖形」。

圖 11-30
更改圓角矩形

設定選項的排列配置

接下來，我們要將這四個選項磚塊由上而下排成同一欄的四個列：

資料列輸入「4」，表示四個選項縱向排成四列。

將卡片間距拉近一點，設為「5」。

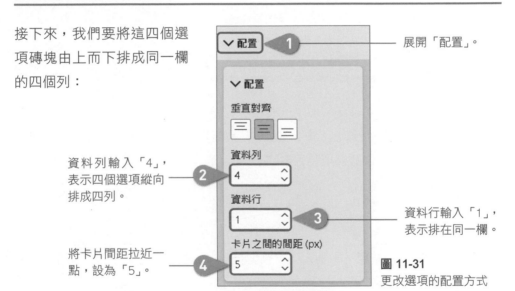

展開「配置」。

資料行輸入「1」，表示排在同一欄。

圖 11-31
更改選項的配置方式

當上面所有樣式都設定完成以後，篩選器應會如圖 11-32 所示：

圖 11-32
Y 軸指標篩選器

11.3 製作動態分析群組橫條圖：X 軸指標

本節我們要製作圖 11-17 的 X 軸指標篩選器。X 軸指標是選擇要分析的目標，包括以下三個選項：

- 平均招募天數。
- 平均招募成本。
- 履歷投遞量。

這三個選項的數值會隨 Y 軸指標而變動，並出現在群組橫條圖。例如圖 11-17 的 Y 軸指標選擇「部門」，而 X 指標選擇「平均招募天數」，則群組橫條圖就會出現各部門的平均招募天數，例如市場營銷部門的平均招募天數為 77 天。

11.3.1 準備篩選器需要的資料表

Y 軸篩選器的選項是來自資料表中的欄位（資料行），而 X 軸篩選器是選擇要分析的目標，同時也是量值的名稱。**由於量值並不能直接作為篩選器使用，我們必須建立一個包含篩選器選項的資料表：**

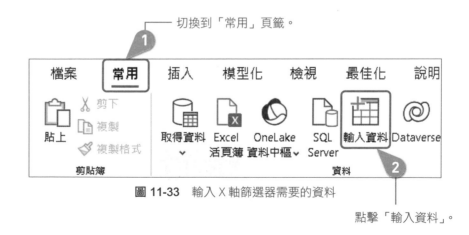

切換到「常用」頁籤。

圖 11-33　輸入 X 軸篩選器需要的資料

點擊「輸入資料」。

將欄位標頭改為「選項」，並一一填入三個選項名稱。

資料表名稱改為「分析目標」。

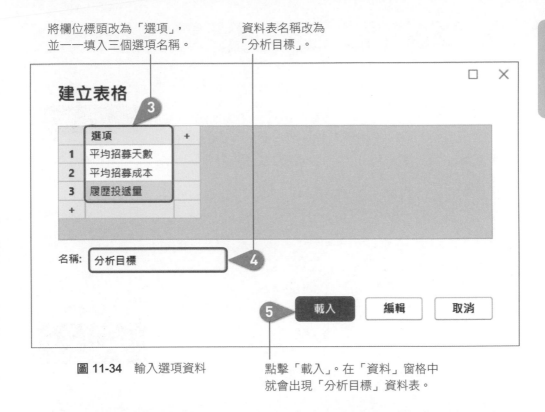

圖 11-34 輸入選項資料

點擊「載入」。在「資料」窗格中就會出現「分析目標」資料表。

11.3.2 建立交叉分析篩選器

接下來，我們就要利用新增的「分析目標」資料表做視覺化。請在 Ribbon「常用」頁籤下的視覺效果處找到 圖示並新增此一新式交叉分析篩選器，然後如下圖把「分析目標」資料表的「選項」欄位放入視覺效果：

圖 11-35 放入選項欄位的資料

11.3.3 套用篩選器的樣式

我們希望 X 軸篩選器的樣式要與 Y 軸指標篩選器的外觀樣式一致，因此請先點選 Y 軸指標視覺效果，再於 Ribbon 的「常用」頁籤按下 ✦複製格式 按鈕複製樣式，再將滑鼠移動到 X 軸篩選器上點一下，就可將樣式套用過來，如圖 11-36 所示：

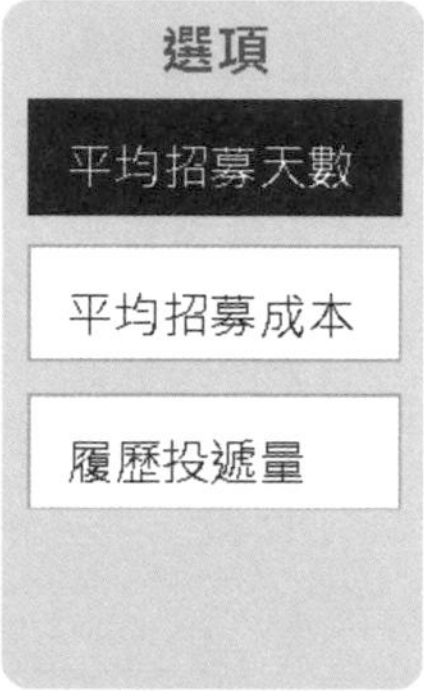

選項

平均招募天數

平均招募成本

履歷投遞量

圖 **11-36**
套用樣式後的視覺效果

目前還有幾處需要更改：

X 軸指標

平均招募天數

平均招募成本

履歷投遞量

1. 請參考圖 11-28，將標題修改為「X 軸指標」。

2. 請參考圖 11-30，將選項磚改為「圓角矩形」、「10」。

3. 請參考圖 11-31，將資料列改為「3」。

完成後即如圖 11-37 所示：

圖 **11-37**
X 軸指標篩選器

11.4 製作動態分析群組橫條圖：橫條圖

請您再回顧一下圖 11-17 右側，目前，X 軸指標與 Y 軸指標都已做好，接著就要來完成與前兩者連動的群組橫條圖。還記得前面 11.3.1 小節說過 X 軸指標中的三個選項都是量值嗎？其中「平均招募天數」與「平均招募成本」在 10.4.4、10.4.5 小節已經建好，接下來就是把「履歷投遞量」補齊。

11.4.1　新增履歷投遞量量值

首先，請在「職缺招募表」新增「履歷投遞量」量值。由於我們僅需計算最終有招到人的職缺收到多少履歷，因此在 DAX 公式中用 FILTER 函數篩選「最終候選人 ID」欄位不為空白的資料列，再用 SUMX 函數迭代加總有多少履歷：

```
履歷投遞量 =
SUMX (
    FILTER (
        '職缺招募表',
        '職缺招募表'[最終候選人ID] <> BLANK ()
    ),
    '職缺招募表'[履歷投遞數量]
)
```

圖 11-38　履歷投遞數量量值

11.4.2　建立動態指標量值

至此，X 軸指標需要的三個量值皆已具備。由於橫條圖的數值要跟著選取的 X 軸指標篩選器而變動，因此我們可以利用 SWITCH 函數搭配 SELECTEDVALUE 函數，以便根據所選結果動態地回傳不同的量值。請在「職缺招募表」中新增「招募指標」量值：

```
招募指標 =
SWITCH (
    SELECTEDVALUE ( '分析目標'[選項] ),----------------------①
    "平均招募天數", [平均招募天數],--------------------②
    "平均招募成本", [平均招募成本],--------------------③
    "履歷投遞量", [履歷投遞量]-------------------------④
)
```

圖 11-39　招募指標量值

以下就公式解釋：

❶ SELECTEDVALUE 函數可以回傳當前選取的選項（函數語法在下頁）。

❷ 若選項選到「平均招募天數」，則回傳 [平均招募天數] 量值。

❸ 若選項選到「平均招募成本」，則回傳 [平均招募成本] 量值。

❹ 若選項選到「履歷投遞量」，則回傳 [履歷投遞量] 量值。

SELECTEDVALUE 函數語法

語法

```
SELECTEDVALUE( <columnName>, [, <alternateResult> ] )
```

定義

當參數 <columnName> 已被篩選為剩下一個相異值時，回傳該值。否則回傳 <alternateResult>（若有指定）。

圖 11-40　SELECTEDVALUE 函數語法與定義

其中 SELECTEDVALUE 函數的參數為：

參數	說明
columnName	資料模型中存在的實體資料行名稱，不能是 DAX 運算式產生的資料行。
alternateResult	（可選參數）當 columnName 篩選後為零或是有多於一個相異值時，可以指定的回傳值。若此參數未指定，則回傳 BLANK()。

Stark
無私小撇步

利用「SELECTEDVALUE + SWITCH + 篩選器」的組合技，是報表開發中很好用也常見的技巧之一。讀者可以依據需求開發出動態篩選的報表。

11.4.3 新增群組橫條圖並產生連動效果

在 Ribbon「常用」頁籤下的視覺效果處找到 畐 群組橫條圖並新增之。接著,請按照以下步驟操作:

Y 軸指標選擇「部門」。

橫條圖的 Y 軸選擇「分析維度」表格的「分析維度」欄位。

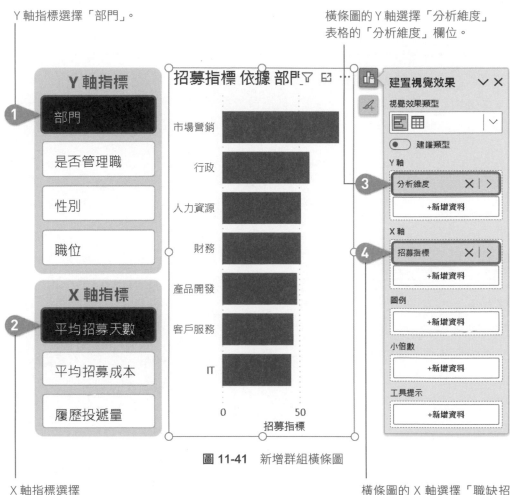

圖 11-41 新增群組橫條圖

X 軸指標選擇「平均招募天數」。

橫條圖的 X 軸選擇「職缺招募表」的「招募指標」量值。

如此一來,群組橫條圖的功能已大致完成,已經可以與 X 軸指標、Y 軸指標產生連動了。您可以試著用滑鼠點按這兩個指標的選項,就會看到群組橫條圖跟著動態變化。

11.4.4 修改群組橫條圖格式

接下來,要把群組橫條圖的格式做一些修改。請點選群組橫條圖視覺效果,並點右邊 ⟨♨⟩ 圖示打開「格式」窗格依序更改格式。您在跟著操作時,也請同時觀察群組橫條圖的變化。

關閉預設的標題

群組橫條圖預設的標題是「招募指標 依據 部門」,並且會隨著我們選取的 Y 軸指標選項而改變。其實,我們從 Y 軸指標就很清楚看到點選的指標是哪一個,因此不需要顯示這個標題。請在「格式」窗格中找到「標題」:

> 標題　　　　　　　●　————— 關閉橫條圖的標題

圖 11-42　關閉橫條圖的標題

設定 Y 軸文字空間

由於群組橫條圖顯示文字的空間不夠寬,若您點選 Y 軸指標的「職位」,就會發現橫條圖的職位名稱會被切斷,我們可以調整 Y 軸文字的寬度,使名稱完整出現(當然,文字空間變寬,橫條圖也會隨之縮短):

展開「Y軸」。————

將文字的寬度上限設為「50」。

① ∨ Y軸　　　⚠

∨ 值　　　　●

字型
Segoe UI ∨ | 9 ⌄

B　I　U

色彩
■ ∨ | fx

寬度上限 (%)
② 50 ⌄　　　　　○

切換軸位置　　●
串連標籤　　　●

圖 11-43　增加 Y 軸文字空間

取消 X 軸的座標值與標題

此時，我們發現群組橫條圖的下方還有數值的座標「0 千 50 千」以及「招募指標」的標題，這些都不需要，請取消之：

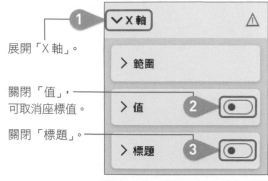

展開「X 軸」。

關閉「值」，可取消座標值。

關閉「標題」。

圖 11-44 關閉 X 軸的值與標題

套用部門色彩量值

接著，我們要修改各部門的橫條顏色，使其與樹狀圖及緞帶圖中的各部門顏色一致。幸運的是，我們可以將 10.5 節的圖 10-86 所建立的「部門色彩」量值套用過來。請如下操作：

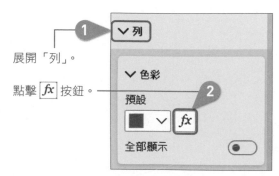

展開「列」。

點擊 *fx* 按鈕。

圖 11-45 修改各部門的橫條顏色

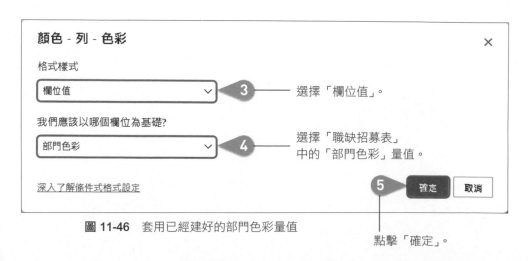

選擇「欄位值」。

選擇「職缺招募表」中的「部門色彩」量值。

點擊「確定」。

圖 11-46 套用已經建好的部門色彩量值

讓 X 軸指標量值出現在橫條圖

我們希望 X 軸指標的量值能夠與每一個橫條圖放在一起，因此只要打開「資料標籤」即可。如果您還想修改標籤的格式，可以字型展開「資料標籤」進行更細的設定：

> 資料標籤 —— 打開「資料標籤」。

圖 11-47 打開資料標籤

完成以上所有設定以後，畫面應如圖 11-48 所示。各部門均依據指定的顏色呈現了。

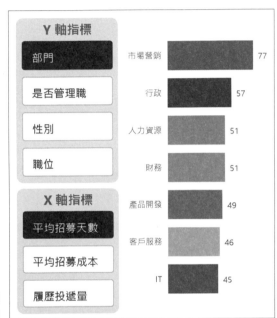

圖 11-48
修改完格式之群組橫條圖

11.5 建立圖所需的標題與外框

這一節我們要為 Y 軸指標、X 軸指標以及群組橫條圖這三個視覺效果建立標題與外框（請回顧圖 11-17）。由於圖 11-17 是由多個元素組成，不能直接利用群組橫條圖本身的標題外框。因此，我們需要為其製作一個專屬的標題與外框。本質上跟 10.2 節製作標題底色的矩形元素相同，只是格式不同而已。

11.5.1　製作動態標題所需的量值

首先,我們希望此視覺效果的標題,會依據所選的 X 軸與 Y 軸指標呈現對應的文字。例如:當使用者在 Y 軸指標選擇「部門」、X 軸指標選擇「平均招募天數」,標題就要顯示「部門之平均招募天數」。這種動態的標題顯示方式,可以藉由 SELECTEDCOLUMNS 與 SELECTEDVALUE 函數做到。請在「職缺招募表」新增「招募指標橫條圖標題」量值:

```
招募指標橫條圖標題 =
VAR selectedY =
    SELECTCOLUMNS (
        '分析維度',
        "@OPTION", '分析維度'[分析維度]
    )
RETURN
    selectedY & "之"
        & SELECTEDVALUE ( '分析目標'[選項] )
```

圖 11-49　招募指標橫條圖標題量值

這段 DAX 公式的用途很單純,就是將「Y 軸指標被選取的值」與「X 軸指標被選取的值」串接成一個標題字串。以下詳細說明:

1. 用 VAR 定義了一個 selectedY 變數。

2. 然後,SELECTCOLUMNS 函數(語法請見下頁說明)會建立一個虛擬資料表,並從「分析維度」資料表取出「分析維度」欄位的值(代表 Y 軸指標),並放進此虛擬資料表的 @OPTION 欄位中。然後,SELECTCOLUMNS 函數將此虛擬資料表回傳給 selectedY 變數。由於維度一次只會選一個選項,因此 @OPTION 欄位中也只會有一個值。

3. 您可能會納悶:「selectedY 何不直接像 11.4.2 小節一樣用 SELECTEDVALUE('分析維度'[分析維度])取得呢?」這是因為「分析維度」欄位已在欄位參數(見 11.2.2 小節)中使用,若此處再直接以 SELECTEDVALUE 取用則會報錯。因此,我們需要用繞道的寫法以獲取「分析維度」欄位的內容。

4. 接下來，將 selectedY 變數中被選取的維度（欄位值是一個字串），與用 SELECTEDVALUE 函數從「分析目標」資料表中「選項」欄位被選取的值（代表 X 軸指標），用「&」與「之」字串組合成標題字串，然後 RETURN 將此字串回傳，做為「招募指標橫條圖標題」。

5. 請注意：@OPTION 欄位前面的 @ 符號是表示虛擬資料表的慣例用法，不加也一樣。

SELECTCOLUMNS 函數語法

語法

```
SELECTCOLUMNS(
    <table>,
    <name>, <expression>
    [, <name>, <expression> ]
    [, ... ]
)
```

定義

回傳一張資料表，包含基於參數 <table> 中選取的資料行，或是由 DAX 運算式產生的資料行。

圖 11-50　SELECTCOLUMNS 函數語法與定義

其中 SELECTCOLUMNS 函數的參數為：

參數	説明
table	資料表，可以是資料模型中的實體資料表或是 DAX 運算式回傳的資料表。
name	資料行（欄位）名稱，以雙引號包夾。
expression	DAX 運算式。

11.5.2　為動態群組橫條圖加上標題與外框

現在要完成人力監控報表的最後一塊拼圖了，也就是將動態群組橫條圖用到的三個視覺效果組合起來，看起來才會有整體感。

建立矩形外框並啟用標題

我們打算用一個矩形圖案做為這三個視覺效果的外框，請按照以下步驟操作：

圖 11-51　新增矩形圖案

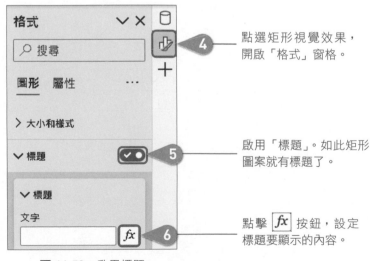

圖 11-52　啟用標題

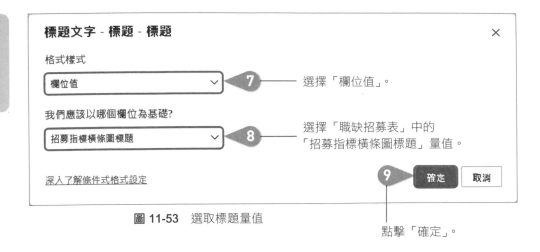

圖 11-53　選取標題量值

設定矩形圖案的標題格式

接下來，要調整矩形圖案的標題格式，包括標題字型、字的顏色與背景顏色：

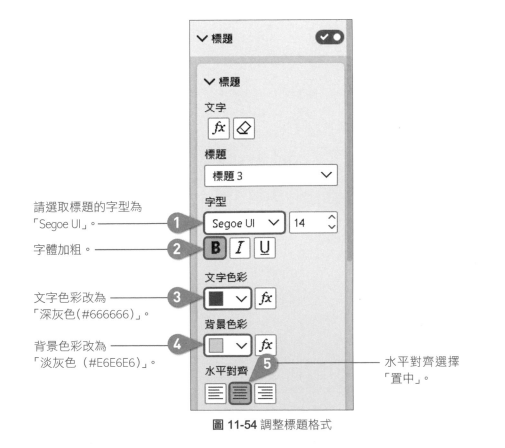

請選取標題的字型為「Segoe UI」。　**1**

字體加粗。　**2**

文字色彩改為「深灰色(#666666)」。　**3**

背景色彩改為「淡灰色（#E6E6E6）」。　**4**

水平對齊選擇「置中」。　**5**

圖 11-54 調整標題格式

調整矩形圖案的樣式

再來，要調整矩形圖案的樣式，包括框線與圖形樣式：

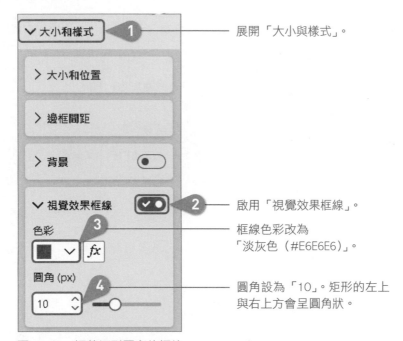

展開「大小與樣式」。

啟用「視覺效果框線」。

框線色彩改為
「淡灰色（#E6E6E6）」。

圓角設為「10」。矩形的左上
與右上方會呈圓角狀。

圖 11-55　調整矩形圖案的框線

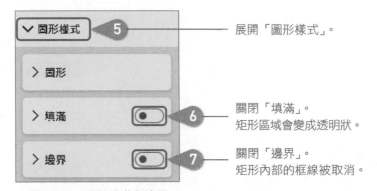

展開「圖形樣式」。

關閉「填滿」。
矩形區域會變成透明狀。

關閉「邊界」。
矩形內部的框線被取消。

圖 11-56　關閉填滿與邊界

調整矩形圖案的圖層順序

請用滑鼠將已經變成透明狀的矩形圖案調整大小與位置，剛好可以框住 Y 軸指標、X 軸指標與群組橫條圖這三個視覺效果。此時，您會發現用滑鼠按 Y 軸指標

或 X 軸指標篩選器都沒有作用,那是因為矩形雖然是透明的,但仍然擋在最上層,所以我們還要調整矩形的圖層順序:

切換到「格式」頁籤。

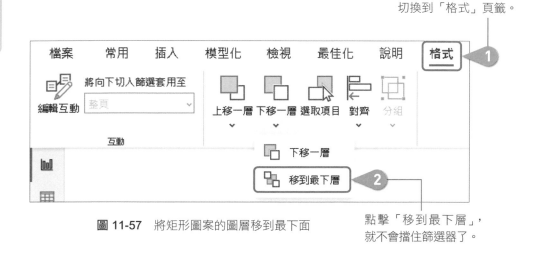

點擊「移到最下層」,就不會擋住篩選器了。

圖 11-57 將矩形圖案的圖層移到最下面

完成以上步驟與格式修改以後,整個人力資源監控報表就大功告成,如圖 11-58 所示:

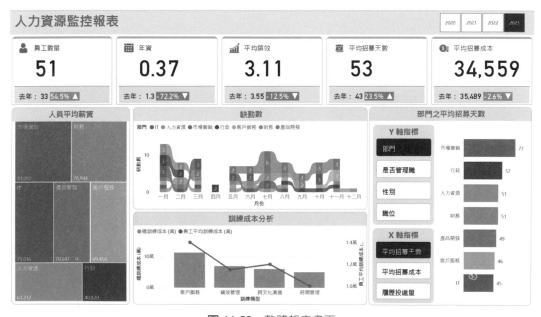

圖 11-58 整體報表畫面

我們基本上已經完成此報表所有視覺效果的功能與樣式。在第 12 章中,我還會教您其他進階技巧,讓報表變得更加厲害。

善用 Power BI 進階技巧
升級 HR 報表 (2)

★★★ **學 習 目 標** ★★★

- 利用鑽研(Drill Through)查看細部資料。
- 建立客製化工具提示(Tooltip)。
- 利用計算群組(Calculation Group)實現一個量值，
  多種計算。
- 利用書籤(Bookmark)記住報表狀態供往後使用。
- 篩選窗格的用途。

我們在第 10、11 這兩章完成了人力資源監控報表所有
的視覺效果。本章將學習各種進階功能繼續強化該報
表，使其功能更強、呈現更豐富的內容。

12.1 利用鑽研查看請假人員名單

實作檔案參照

■ Power BI 起始操作檔：`Chapter12_starter.pbix`

您可以接續第 11 章的檔案繼續操作，或選擇使用本章課程所附的 `Chapter12_starter.pbix` 作為起始操作檔。

圖 12-1 是我們在 10.6 節完成的缺勤數緞帶圖，再加上顯示請假名單的功能。假設需求為：「當報表使用者想繼續深入看到某部門某月份的缺勤名單時，希望藉由選擇緞帶上的數字，進而顯示名單」。例如：圖 12-1 的產品開發部門在七月時有六筆請假紀錄，使用者只要點選該區塊，就會顯示是哪六筆請假紀錄。

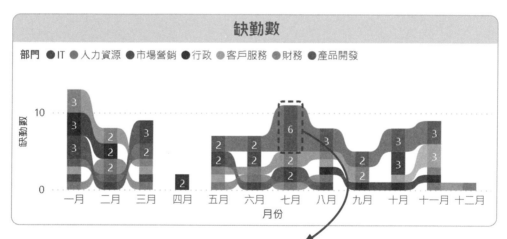

請假日期	部門	性別	員工ID	請假類型	持續天數
2023年7月13日	產品開發	男	A028	特別休假	2
2023年7月18日	產品開發	男	A028	事假	2
2023年7月24日	產品開發	女	A033	病假	1
2023年7月31日	產品開發	女	A029	生理假	1
2023年7月31日	產品開發	女	A029	家庭照顧假	1
2023年7月31日	產品開發	女	A033	生理假	1

圖 12-1 鑽研功能示意圖

此功能的術語稱為「鑽研（Drill Through）」，是 **Power BI** 內建的實用資料探索功能。它允許使用者**從一個視覺效果深入到另一個詳細的報表頁面**，從而更細緻地分析特定資料集。簡單來說，當您對 **Power BI** 報表上某個圖表或資料點感興趣時，就可以使用鑽研功能直接跳轉到另一個頁面，以展示與該資料點相關的更多詳細資訊。這種方法，可以幫助使用者更好地理解資料背後的故事。

12.1.1 製作鑽研頁面

在開始動手之前，必須先想好要鑽研哪些內容。由圖 12-1 可知要出現的六種資料分別來自於：

● 「缺勤及請假表」中的「請假日期」、「請假類型」與「持續天數」等三個欄位。

● 「員工資訊表」中的「員工 ID」、「部門」與「性別」等三個欄位。

「員工資訊表」與「缺勤及請假表」之間是透過「員工 ID」連接的一對多關聯（請自行切換到「模型檢視」頁面察看），因此只要將「缺勤及請假表」中的紀錄，透過「員工 ID」就可以查出對應的各該員工所屬部門與性別。

新增鑽研頁面

有了這個基本瞭解之後，我們就要動手製作鑽研所需的詳細資料頁面。請先切換到「報表檢視」頁面，整個報表都是放在同一個頁面，其左下方應該可以看到一個「第 1 頁」頁籤，然後請按照以下步驟操作：

圖 12-2　新增頁面

在畫面左下角找到 ➕ 新增第 2 個頁面。

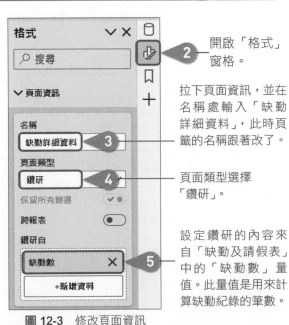

圖 12-3　修改頁面資訊

開啟「格式」窗格。

拉下頁面資訊，並在名稱處輸入「缺勤詳細資料」，此時頁籤的名稱跟著改了。

頁面類型選擇「鑽研」。

設定鑽研的內容來自「缺勤及請假表」中的「缺勤數」量值。此量值是用來計算缺勤紀錄的筆數。

完成以上步驟以後,您會在新增頁面的左上角看到系統自動新增了一個用於「回到上一頁」的按鈕,如圖 12-4 所示。因為鑽研頁面是由前一頁(通常是主報表)延伸出來的,當關閉鑽研頁面時,就必須能回到前一頁,只是目前還沒有功能:

圖 12-4　系統自動新增之回到上一頁按鈕

調整鑽研頁面的尺寸

接下來要為鑽研頁面設定擺放資料表範圍的畫布尺寸。請先將滑鼠焦點從回到上一頁按鈕移開,在空白頁面上點一下,回到「格式」窗格,然後請依照下面步驟操作:

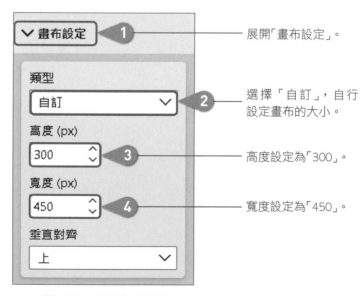

圖 12-5　修改畫布設定

在畫布中新增資料表與改變格式

接著，我們要在這個縮小的畫布中新增「資料表」視覺效果。請在「常用」頁籤下的視覺效果區域中點擊 ⊞ 新增一個資料表。請繼續如下操作：

圖 12-6　在資料表中放入要呈現的欄位

加入這六個欄位以後，可在畫布範圍內適當調整資料表大小，讓六個欄位都能出現。接著要更改資料表視覺效果的格式。請點選資料表視覺效果，並點右邊 ⬆ 圖示打開「格式」窗格，按照以下步驟來更改格式：

展開「格線」。

② ∨ 格線

> 水平格線　🔵⚪

> 垂直格線　⚪

∨ 邊界

區段

資料行標頭　∨　③

③　在「區段」選擇「資料行標頭」。

邊界位置
☑ 上
☐ 下　④
☑ 左
☑ 右

④　勾選「上」、「左」、「右」。會將六個欄位所在的標頭加上格線。

顏色
⬛ ∨　⑤

⑤　選擇格線的顏色「深藍色（#3257A8）」。

寬度
1　▲▼

圖 12-7
為資料行（欄位）
標頭加上格線

在資料表視覺效果中放入這些欄位：

● 請假日期：來自缺勤及請假表
● 部門：來自員工資訊表
● 性別：來自員工資訊表
● 員工 ID：來自員工資訊表
● 請假類型：來自缺勤及請假表
● 持續天數：來自缺勤及請假表

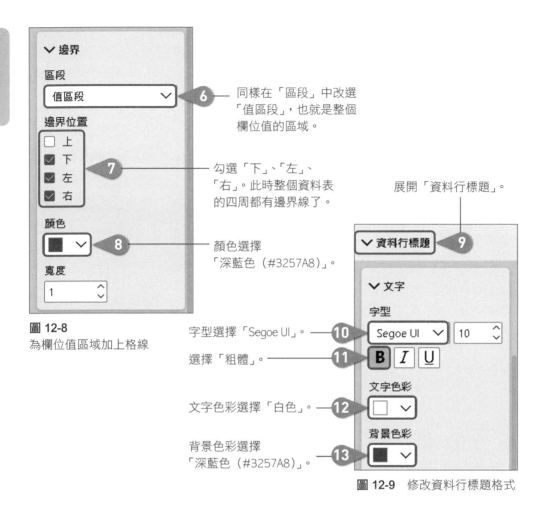

圖 12-8
為欄位值區域加上格線

同樣在「區段」中改選
「值區段」，也就是整個
欄位值的區域。

勾選「下」、「左」、
「右」。此時整個資料表
的四周都有邊界線了。

顏色選擇
「深藍色（#3257A8）」。

展開「資料行標題」。

字型選擇「Segoe UI」。

選擇「粗體」。

文字色彩選擇「白色」。

背景色彩選擇
「深藍色（#3257A8）」。

圖 12-9 修改資料行標題格式

此時，鑽研頁面會像這樣：

請假日期	部門	性別	員工ID	請假類型	持續天數
2023年2月28日	IT	女	A043	生理假	1
2023年2月28日	人力資源	女	A002	生理假	1
2023年2月28日	行政	女	A050	生理假	1
2023年2月28日	財務	女	A016	生理假	1
2023年2月28日	產品開發	女	A033	生理假	1
2023年3月16日	客戶服務	男	A034	事假	1

圖 12-10 鑽研頁面的資料表

設定回到上一頁按鈕的樣式

接著，請點擊圖 12-10 左上角的回到上一頁按鈕，打開「格式」窗格，我們要來更改它的樣式：

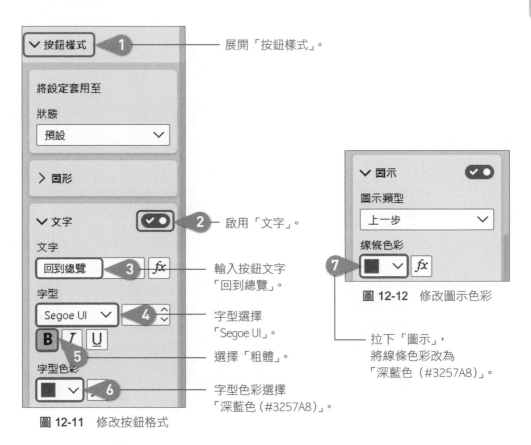

展開「按鈕樣式」。

啟用「文字」。

輸入按鈕文字「回到總覽」。

字型選擇「Segoe UI」。

選擇「粗體」。

字型色彩選擇「深藍色 (#3257A8)」。

圖 **12-11** 修改按鈕格式

圖 **12-12** 修改圖示色彩

拉下「圖示」，將線條色彩改為「深藍色 (#3257A8)」。

然後，回到上一頁按鈕就會如圖 12-13：

圖 **12-13** 改好的回到上一頁按鈕

修改主報表的頁籤名稱

由於主報表所在頁面的頁籤名稱預設是「第 1 頁」，為了更為明確一點，我們可將該頁籤改名為「總覽」：

圖 12-14
修改頁籤名稱

滑鼠左鍵雙擊頁籤，即可改名，請輸入「總覽」。

請假日期	部門	性別	員工ID	請假類型	持續天數
2021年1月21日	財務	女	A011	特別休假	2
2021年1月27日	行政	男	A048	病假	2
2021年2月4日	人力資源	女	A001	家庭照顧假	2
2021年2月8日	人力資源	女	A001	特別休假	2
2021年2月23日	行政	男	A048	病假	2
2021年3月11日	行政	男	A048	特別休假	2
2021年3月11日	客戶服務	女	A035	家庭照顧假	1
2021年3月31日	人力資源	女	A001	生理假	1
2021年3月31日	市場營銷	女	A024	生理假	1
2021年3月31日	客戶服務	女	A035	生理假	1
2021年3月31日	財務	女	A011	生理假	1

回到總覽

圖 12-15 製作完成之缺勤詳細資料頁面

12.1.2 操作鑽研功能

此處要教您如何使用 12.1.1 小節所做的鑽研功能。請在左下角切換回總覽的頁面。此時，請將滑鼠移到缺勤數的緞帶圖上，您會發現多了一行文字：「按右鍵以鑽研」，如圖 12-16 所示：

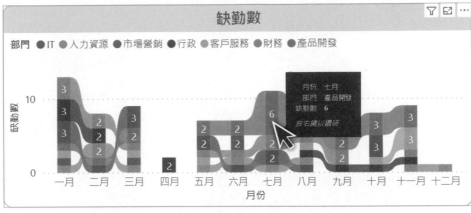

圖 12-16　總覽頁面出現可以鑽研的提示

以下將示範如何查看產品開發部門 2023 年 7 月的缺勤詳細名單。

在七月的數字「6」（代表產品開發部門的
缺勤數）資料上點擊滑鼠「右鍵」。

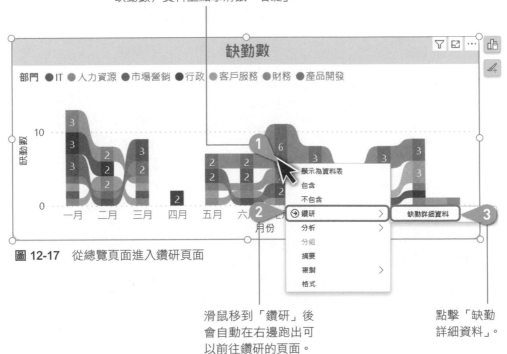

圖 12-17　從總覽頁面進入鑽研頁面

滑鼠移到「鑽研」後
會自動在右邊跑出可
以前往鑽研的頁面。

點擊「缺勤
詳細資料」。

看完以後可以按 Ctrl + 滑鼠左鍵回到
總覽頁面（若有 Power BI Service 時，
僅需按左鍵即可）。

跳轉到「缺勤詳細資料」頁面後，
會自動過濾出 2023 年 7 月產品開
發部門之請假名單。

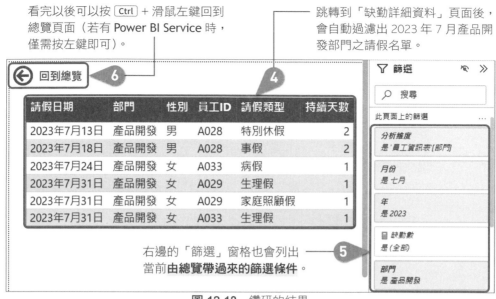

右邊的「篩選」窗格也會列出
當前**由總覽帶過來的篩選條件**。

圖 12-18　鑽研的結果

12.1.3　篩選窗格的用途

圖 12-18 右邊的「篩選」窗格，是 Power BI
報表中內建篩選的設定方式，讓報表開發者
能夠快速套用篩選，而不需額外撰寫 DAX 公
式。套用篩選的對象有以下 3 種：

❶ **此視覺效果上的篩選**：只有一個視覺效果
會套用篩選，需要點擊視覺效果後才會顯
示。

❷ **此頁面上的篩選**：同一個頁面的所有視覺
效果都會套用篩選。

❸ **所有頁面上的篩選**：同一個檔案的所有頁
面都會套用篩選。

而無論是哪一個對象，都可以大致歸納出三
種設定篩選的方式，以下一一說明。

圖 12-19　篩選窗格

基本篩選

基本篩選相當單純，窗格會顯示可用來做篩選的資料行依據，資料行的內容會顯示成一個清單，包含其內所有的「相異值」。我們可以藉由勾選的方式決定哪些條件要包含、哪些條件要捨棄。常見的使用場景是去除空值或空白值的時候。

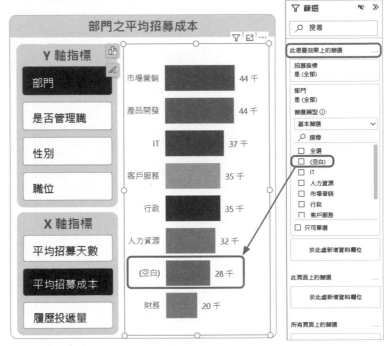

圖 12-20 篩選前，未排除空白值時出現一個（空白）橫條

圖 12-20 顯示未排除空白值的橫條圖結果（在 Power BI 中，全部沒選等於全選）。

圖 12-21 顯示將空白值排除後的結果：

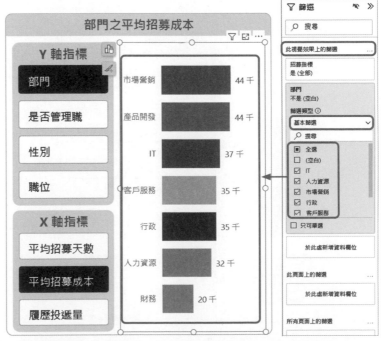

圖 12-21 取消勾選（空白）後，橫條圖上的空白值被排除了

進階篩選

進階篩選可針對資料行有一系列不同的條件來篩選，如圖 12-22 所示。除了常用的剔除／僅包含空白或空值以外，還能針對字串做判斷：

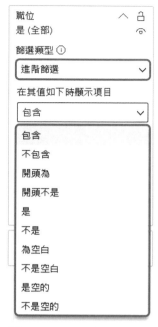

一個常用的情境是針對字串中的某些文字做排除。圖 12-23 為利用進階篩選濾出職位名稱中包含「工程師」字串的職位（Y 軸指標為職位、X 軸指標為平均招募成本）：

圖 12-22　進階篩選的規則

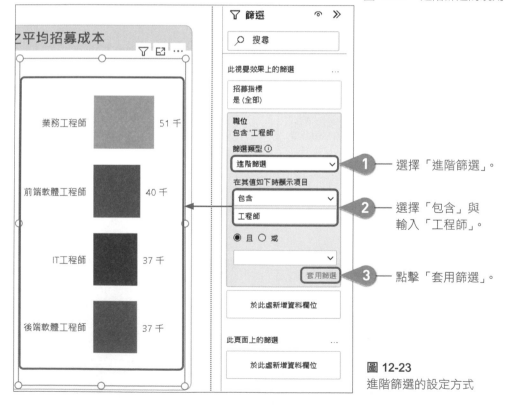

1 ── 選擇「進階篩選」。

2 ── 選擇「包含」與輸入「工程師」。

3 ── 點擊「套用篩選」。

圖 12-23
進階篩選的設定方式

前 N 項

前 N 項乍看以為只可以取前 N 個項目。但實則不然,其實也可以選後 N 個項目。

在 Power BI 中,我們可以藉由改變「顯示項目」的「上」或是「下」來決定要取前面數來 N 個或是後面數來 N 個項目,如圖 12-24:

職位
是 (全部)

篩選類型 ⓘ
前 N 項

顯示項目
上

上
下

料欄位

套用篩選

圖 12-24 前 N 項篩選

前 N 項篩選很有用,特別是當我們想知道 X 軸指標中各個項目的前幾名或後幾名時。例如,圖 12-25 顯示履歷投遞量前五大熱門職缺:

選擇「上」,代表由大到小數來。

選擇「前 N 項」。

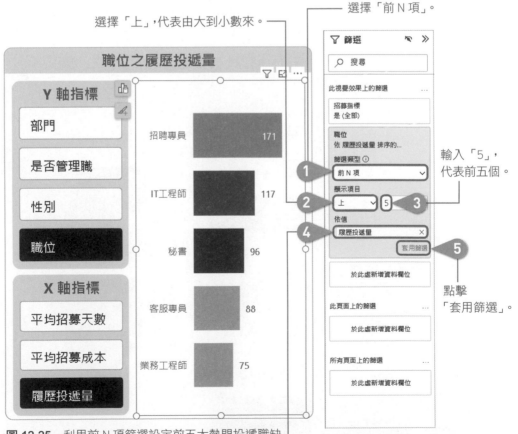

輸入「5」,代表前五個。

點擊「套用篩選」。

圖 12-25 利用前 N 項篩選設定前五大熱門投遞職缺

將「履歷投遞數量」量值放入。

12.2 利用客製化工具提示查看 成長率表

工具提示（Tooltip）是指當您將滑鼠懸停在圖表等視覺效果上時，會顯示的小型資訊框。工具提示提供了關於該特定資料點或元素的附加資訊，幫助使用者更好地理解和解讀資料。

工具提示的主要特點和用途包括：

● **顯示詳細資訊**：工具提示可以展示有關懸停元素的更多細節，如數值、百分比、說明文本等。

● **增強數據可讀性**：對於密集或複雜的圖表，工具提示可以幫助使用者專注於特定資料點，而無需查看整個資料集。

● **客製化顯示內容**：在 Power BI 中，您可以自定義工具提示的內容，包括添加或移除特定文字，甚至是使用一個完整的報表頁面作為工具提示（本節重點）。

● **互動性提升**：工具提示增加了報告的互動性，讓使用者在資料探索的過程中更加直觀且有趣。

預設的工具提示正如圖 12-26 所示，顯示的資訊較單一，內容也不夠詳細：

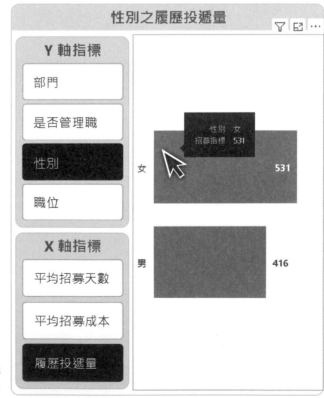

圖 12-26
預設的工具提示

但如果是**客製化**的工具提示（如圖 12-27）：當滑鼠移到橫條圖上時，會顯示與 X 軸、Y 軸指標有關的每月數值統計表，並且包含月度成長率以及年度成長率，顯然更有幫助：

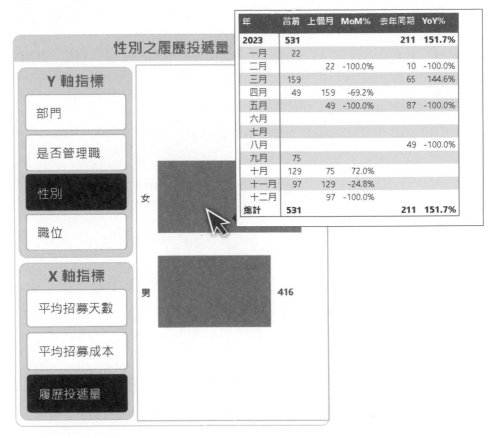

年	當前	上個月	MoM%	去年同期	YoY%
2023	**531**			**211**	**151.7%**
一月	22				
二月		22	-100.0%	10	-100.0%
三月	159			65	144.6%
四月	49	159	-69.2%		
五月		49	-100.0%	87	-100.0%
六月					
七月					
八月				49	-100.0%
九月	75				
十月	129	75	72.0%		
十一月	97	129	-24.8%		
十二月		97	-100.0%		
總計	**531**			**211**	**151.7%**

性別之履歷投遞量

Y 軸指標

部門

是否管理職

性別

職位

X 軸指標

平均招募天數

平均招募成本

履歷投遞量

女

男　　　416

圖 12-27 客製化工具提示

製作客製化工具提示的概念基本上相當簡單，**僅需要新增一個新頁面，並且利用該頁面作為工具提示之用即可。**

12.2.1 分析客製化工具提示所需的量值

觀察圖 12-27 的 X 軸指標總共有三個量值供選擇：平均招募天數、平均招募成本、履歷投遞量。接著，同張圖片滑鼠旁邊的工具提示表格共有五個欄位：當前、上個月、MoM%（月度成長率）、去年同期、YoY%（年度成長率）。

看到這裡，您可能會想：「該不會我需要針對這 3 個分析指標，各別建立 15 個量值吧！？這樣算來可是要建立 45 個（3 x 15）量值呀！」確實，早期的 **Power BI** 版本，在不用第三方軟體的狀況下，確實是得一個一個建立共 45 個量值。但在新版的 **Power BI** 中，已經可以利用「計算群組」功能完成了。

12.2.2 認識計算群組（Calculation Group）

微軟於 2023 年 10 月釋出「計算群組（Calculation Group）」為內建功能，同時這也是 **Power BI** 的一項進階功能，對於初學者而言，可以將其視為一種資料模型優化工具。這個功能允許報表開發者對多個相似邏輯的量值進行統一的計算管理，從而提高報告的效率和靈活性。計算群組特別適合那些需要對多個量值進行相同計算的情況，如時間智慧的相關計算。

在我們的例子中，圖 12-27 工具提示內的資料表總共包含五個不同計算邏輯：當前、上個月、MoM%（月度成長率）、去年同期、YoY%（年度成長率）。我們可以藉由計算群組為這五個邏輯設定計算項目，並將這五個計算項目套用於我們已經建立的三個量值：平均招募天數、平均招募成本、履歷投遞量。如此一來，我們僅需要五個計算項目＋三個基本量值就可以做到原本要建立四十五個量值的惡夢。

由於我們已經在第 10 章與第 11 章完成「平均招募天數」、「平均招募成本」、「履歷投遞量」這三個量值，下面會直接開始帶領讀者做出計算群組。

12.2.3 啟用模型檢視功能

計算群組在 **Power BI** 中是包含在「模型檢視（Model Explorer）」內，而模型檢視功能截至出版的當下（2024 年 2 月）還是預覽功能，需要自行從選項中啟用，請按照以下步驟操作：

於 Ribbon 處點擊「檔案」。

圖 12-28
開啟檔案頁籤

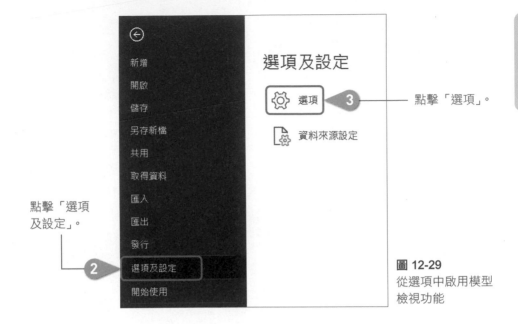

點擊「選項
及設定」。

點擊「選項」。

圖 12-29
從選項中啟用模型
檢視功能

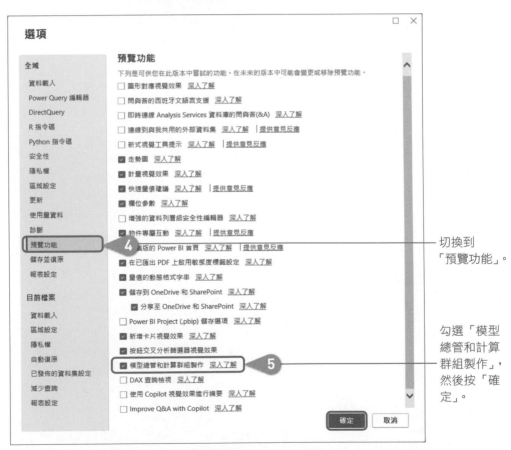

切換到
「預覽功能」。

勾選「模型
總管和計算
群組製作」,
然後按「確
定」。

圖 12-30 啟用模型總管和計算群組製作

接著，系統會要求重啟 Power BI。請您將目前專案存檔並關閉之後再重開 Power BI。打開檔案以後，請點左邊的 ⊞ 切換到「模型檢視」頁面。接著在右邊的「資料」窗格下就會看到一個「模型」分頁，如圖 12-31 所示，代表功能已成功啟用。

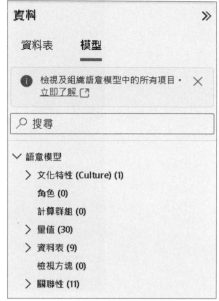

圖 12-31
模型檢視功能已啟用

12.2.4　製作五個計算項目於計算群組中

還記得在 12.2.2 小節説過，為了製作本節的客製化工具提示功能，我們總共需要五個計算項目＋三個基本量值。其中三個量值就是已經建好的「平均招募天數」、「平均招募成本」、「履歷投遞量」。而五個計算項目就是「當前」、「上個月」、「MoM%（月度成長率）」、「去年同期」、「YoY%（年度成長率）」。

在新增的計算群組中新增
第一個計算項目

我們要先新增計算群組，才能再新增那五個計算項目，請按照以下步驟操作：

點擊滑鼠「右鍵」。

點選「新增計算群組」。

圖 12-32　新增計算群組

此時系統會在右邊建立一個計算群組，除此之外，也會自動地建立該群組內第一個計算項目，如圖 12-33 所示，其中使用的是 SELECTEDMEASURE 函數，此函數能自動取得當前的量值。用在我們圖 12-27 的報表中，便是當使用者改變 X軸指標時，SELECTEDMEASURE 會自動對應到該量值，進而使用該量值。

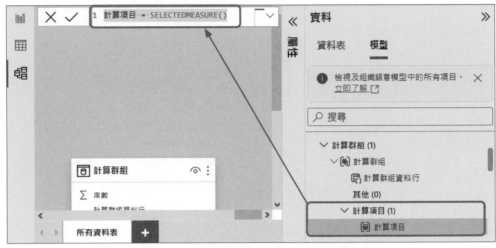

圖 12-33　一開始新增計算群組所產生的計算項目

將系統自動產生的計算項目名稱
改為「當前」，按下 Enter 。

圖 12-34　新增當前計算項目

出現「當前」
計算項目。

新增其餘四個計算項目

目前我們已經在計算群組中新增了「當前」計算項目。再來，就可以直接在計算項目中新增其餘四個計算項目，請按照以下步驟 1、2 依序新增計算項目的名稱與公式：

在「計算項目」上
點擊滑鼠「右鍵」。

選「新增計算項目」。

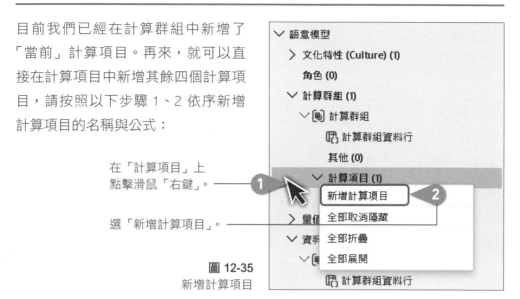

圖 12-35
新增計算項目

然後，依序將計算項目的公式改為下面這樣，並按 Enter 產生計算項目：

● 新增「上個月」計算項目：

```
上個月 =
CALCULATE (
    SELECTEDMEASURE (),
    PREVIOUSMONTH ( '日期表'[日期] )
)
```

圖 12-36
上個月 DAX 公式

● 新增「MoM%」計算項目：

```
MoM% =
VAR cur =
    SELECTEDMEASURE ()
VAR prev =
    CALCULATE (
        SELECTEDMEASURE (),
        PREVIOUSMONTH ( '日期表'[日期] )
    )
RETURN
    DIVIDE (
        cur - prev,
        prev
    )
```

圖 12-37
MoM% 計算項目 DAX 公式

● 新增「去年同期」計算項目：

```
去年同期 =
CALCULATE (
    SELECTEDMEASURE (),
    SAMEPERIODLASTYEAR ( '日期表'[日期] )
)
```

圖 12-38
去年同期計算項目
DAX 公式

● 新增「YoY%」計算項目：

```
YoY% =
VAR cur =
    SELECTEDMEASURE ()
VAR prev =
    CALCULATE (
        SELECTEDMEASURE (),
        SAMEPERIODLASTYEAR ( '日期表'[日期] )
    )
RETURN
    DIVIDE (
        cur - prev,
        prev
    )
```

圖 12-39
YoY% 計算項目 DAX 公式

然後，就可以看到新增的五個計算項目，如圖 12-40：

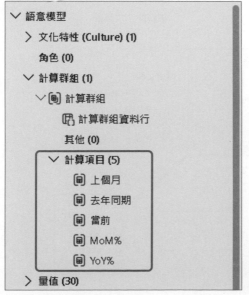

圖 12-40
新增完畢五個計算項目

調整各計算項目出現的順序

我們希望上圖的五個計算項目的排列順序要跟圖 12-27 相同，因此下面要來更改排序：

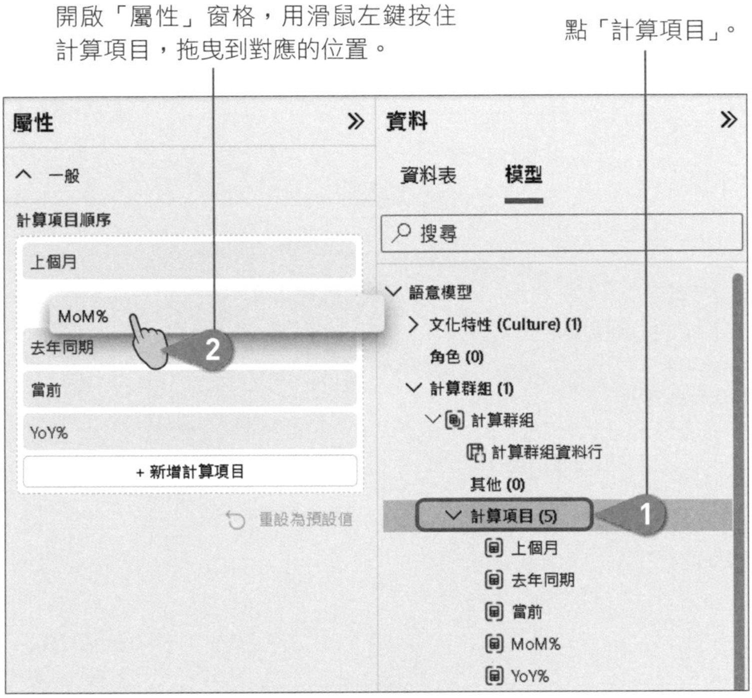

開啟「屬性」窗格，用滑鼠左鍵按住
計算項目，拖曳到對應的位置。

點「計算項目」。

圖 12-41　變更計算項目的排序

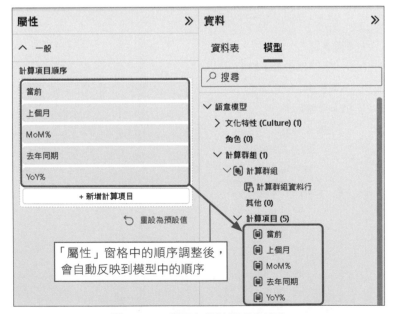

「屬性」窗格中的順序調整後，
會自動反映到模型中的順序

圖 12-42　變更完畢計算項目排序

Stark

無私分享

雖然此處我們只用到了五個與時間相關的計算，但若讀者未來在專案中，遇到多個量值都會用到其他種時間相關計算時（如：季度），也可以使用計算群組來建立計算項目。

12.2.5 新增客製化工具提示報表頁面

在完成了計算群組內的五個計算項目以後，我們便可著手製作客製化工具提示。請點擊左邊 📊 圖示切換到「報表檢視」頁面，並按照以下步驟操作：

圖 12-43 新增頁面

點擊 ➕ 新增頁面。

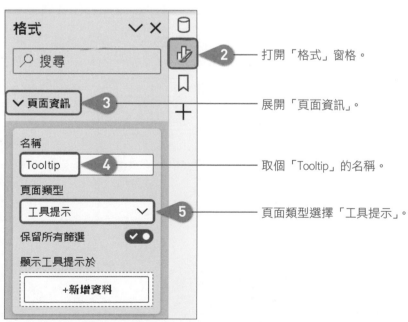

打開「格式」窗格。

展開「頁面資訊」。

取個「Tooltip」的名稱。

頁面類型選擇「工具提示」。

圖 12-44 修改頁面資訊

設定工具提示的畫布尺寸

工具提示頁面就如同鑽研頁面一樣可以設定畫布尺寸：

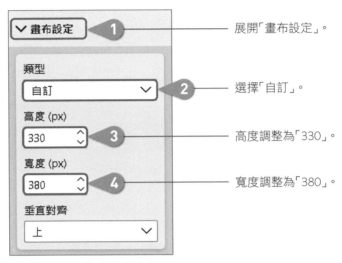

展開「畫布設定」。

選擇「自訂」。

高度調整為「330」。

寬度調整為「380」。

圖 12-45 修改畫布大小

切換到「檢視」頁籤。

點擊「整頁模式」。

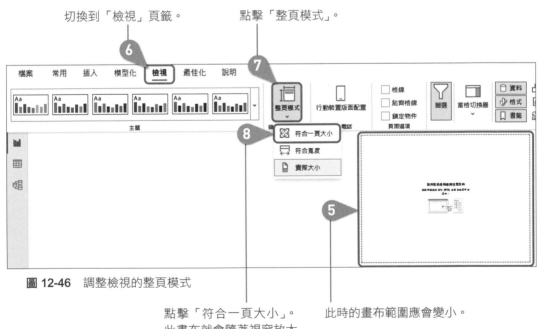

圖 12-46 調整檢視的整頁模式

點擊「符合一頁大小」。
此畫布就會隨著視窗放大
或縮小而自動依長寬比調
整大小。

此時的畫布範圍應會變小。

將要顯示的資料填入

完成畫布的調整以後，請在「常用」頁籤下，在視覺效果區域中找到 ▦ 矩陣視覺效果，並新增之：

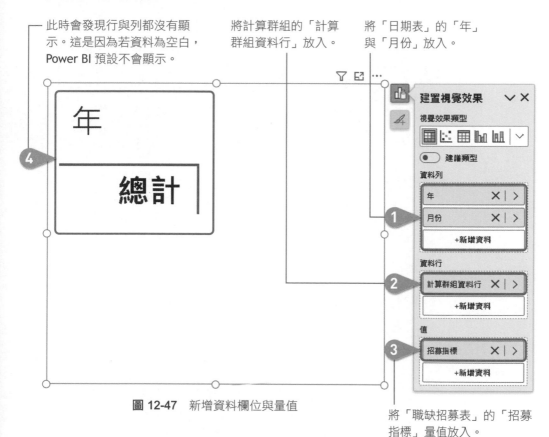

此時會發現行與列都沒有顯示。這是因為若資料為空白，Power BI 預設不會顯示。

將計算群組的「計算群組資料行」放入。

將「日期表」的「年」與「月份」放入。

圖 12-47　新增資料欄位與量值

將「職缺招募表」的「招募指標」量值放入。

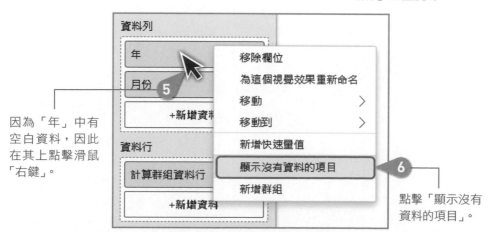

因為「年」中有空白資料，因此在其上點擊滑鼠「右鍵」。

點擊「顯示沒有資料的項目」。

圖 12-48　顯示沒有資料的項目

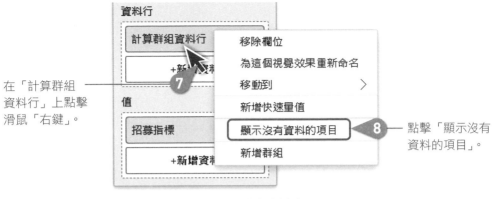

在「計算群組
資料行」上點擊
滑鼠「右鍵」。

點擊「顯示沒有
資料的項目」。

圖 12-49　顯示沒有資料的項目

完成以後，矩陣的行與列便會展開如圖 12-50 所示：

年	當前	上個月	MoM%	去年同期	YoY%
⊞					
⊞ 2020					
⊞ 2021					
⊞ 2022					
⊞ 2023					
總計					

圖 12-50
完成設定後的矩陣
視覺效果

請再點擊視覺效果右上方的 ⤓ 圖示展開到月層級，如圖 12-51 所示：

年	當前	上個月	MoM%	去年同期	YoY%
⊟					
⊟ **2020**					
一月					
二月					
三月					
四月					
五月					
六月					
七月					
八月					
九月					
十日					
總計					

圖 12-51
展開至月層級的矩陣
視覺效果

修改矩陣視覺效果的樣式

接著，我們要來修改其樣式。請點選視覺效果，並點右邊 圖示打開「格式」窗格，按照以下步驟操作來更改格式，方法與調整鑽研頁面的格式類似：

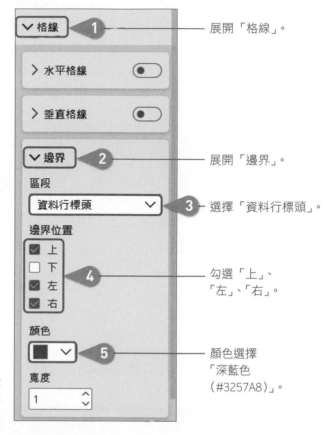

展開「格線」。

展開「邊界」。

選擇「資料行標頭」。

勾選「上」、「左」、「右」。

顏色選擇「深藍色 (#3257A8)」。

圖 12-52
修改資料行標題的邊界格線

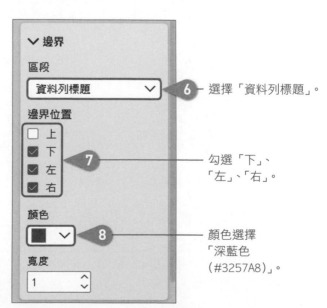

選擇「資料列標題」。

勾選「下」、「左」、「右」。

顏色選擇「深藍色 (#3257A8)」。

圖 12-53
修改資料列標題的邊界格線

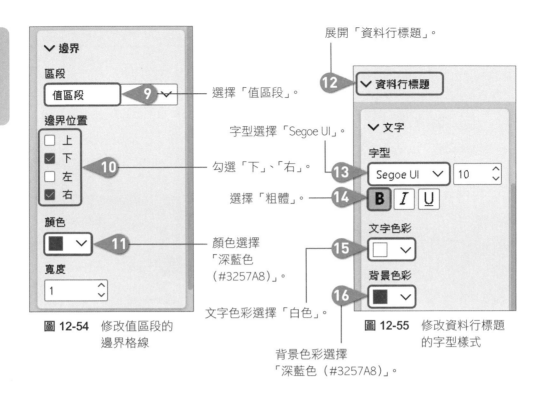

展開「資料行標題」。

選擇「值區段」。

字型選擇「Segoe UI」。

勾選「下」、「右」。

選擇「粗體」。

顏色選擇「深藍色（#3257A8）」。

文字色彩選擇「白色」。

圖 12-54　修改值區段的邊界格線

背景色彩選擇「深藍色（#3257A8）」。

圖 12-55　修改資料行標題的字型樣式

修改以上格式以後，矩陣應如圖 12-56 所示：

年	當前	上個月	MoM%	去年同期	YoY%
⊟					
⊟ **2020**					
一月					
二月					
三月					
四月					
五月					
六月					
七月					
八月					
九月					
十月					
總計					

圖 12-56　完成矩陣樣式修改

12.2.6 使用與測試客製化工具提示

在完成了工具提示要用的矩陣以後,請在視窗左下方回到「總覽」頁面,我們要為橫條圖加上客製化工具提示功能了。請如下操作:

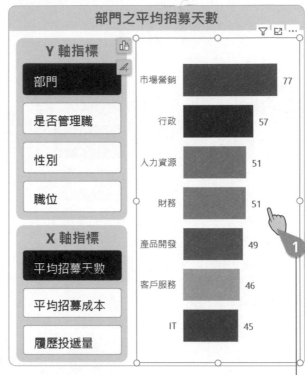

圖 12-57
選取橫條圖視覺效果

以滑鼠「左鍵」點選橫條圖。

圖 12-58
設定工具提示

開啟「格式」窗格。

切換到「屬性」。

類型選擇「報表頁面」。

頁面選擇「Tooltip」,
即圖 12-44 步驟 4 取的名稱。

完成以上設定以後,請將滑鼠移至橫條圖上,橫條圖即會根據當前的條件顯示矩陣數值,如圖 12-59 所示:

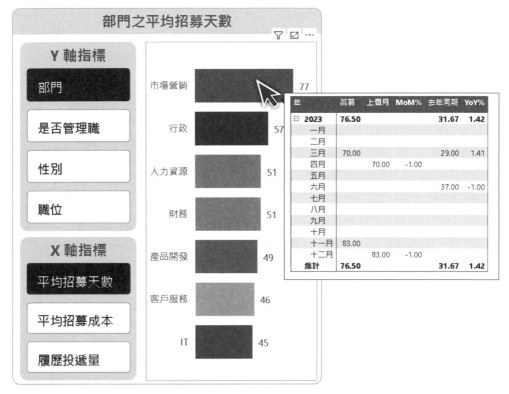

部門之平均招募天數

年	當前	上個月	MoM%	去年同期	YoY%
2023	76.50			31.67	1.42
一月					
二月					
三月	70.00			29.00	1.41
四月		70.00	-1.00		
五月					
六月				37.00	-1.00
七月					
八月					
九月					
十月					
十一月	83.00				
十二月		83.00	-1.00		
總計	76.50			31.67	1.42

圖 **12-59** 完成之客製化工具提示

Stark

無私小撇步

在 12.2.5 小節中,我們展示了如何利用矩陣來創建客製化工具提示。事實上,您可以使用任何視覺效果來打造之。換句話說,由於客製化工具提示是基於另一個報表頁面來設計的,因此任何能夠加入到報表中的元素(要適合呈現所需資料),都有潛力成為工具提示的一部分。

此外,並非所有 Power BI 的使用者都知道客製化工具提示的功能。很多情況下,使用者提出的需求其實可以通透過客製化工具提示來實現。因此,當您接收到相關需求時,不妨考慮將客製化工具提示與各種視覺效果結合,從而更好地滿足使用者的需求。

12.3　利用書籤記住報表的狀態

書籤（Bookmark）可以記錄報表頁面當前的狀態。這些狀態包含：交叉分析篩選器所選取的選項、篩選窗格的篩選、視覺效果內被強調（highlight）的資料點、資料排序…等等。

一個書籤常見的使用情境為：為報表設定初始狀態。圖 12-60 是我們完成的人力資源監控報表，還未經過任何操作的初始狀態：

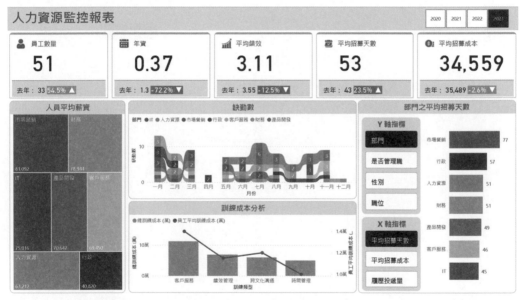

圖 12-60　人力資源監控報表初始狀態

可以預期的是，使用者經過一系列操作以後，報表可能變成像圖 12-61 的樣子，當他想要回到初始狀態時卻不知道該怎麼做。這時候，若能有一個按鈕，讓使用者一鍵恢復初始狀態就太方便了，而書籤便是協助我們完成這項任務的功能。

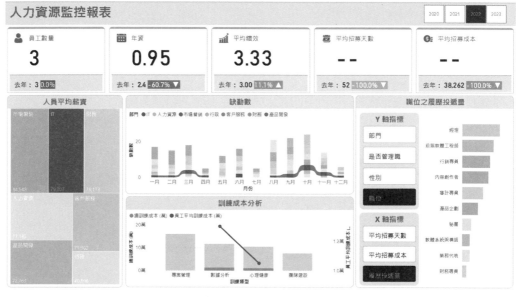

圖 12-61 報表經由使用者操作以後的狀態

12.3.1 新增書籤以記錄當前狀態

首先，請將報表確認已回到如圖 12-60 的狀態，然後按照以下步驟新增書籤：

① —— 切換到「檢視」頁籤。

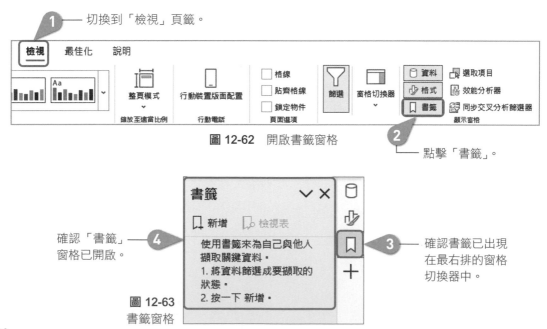

圖 12-62 開啟書籤窗格

② —— 點擊「書籤」。

確認「書籤」 ④ 窗格已開啟。

圖 12-63
書籤窗格

③ —— 確認書籤已出現在最右排的窗格切換器中。

點擊「新增」。 5

書籤 1 6 ···

系統新增一個「書籤 1」。
新增的當下，此書籤已記
錄報表的當前狀態。

圖 12-64　新增書籤

點擊「重新命名」。 8

點擊「書籤 1」
右邊的「···」。

圖 12-65　重新命名書籤

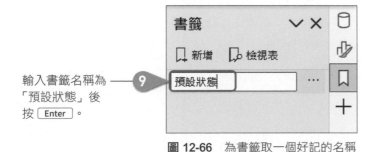

輸入書籤名稱為 9
「預設狀態」後
按 Enter 。

圖 12-66　為書籤取一個好記的名稱

完成以上步驟以後，書籤便已成功建立。接下來只需要新增一個按鈕，讓使用
者可從報表的任何狀態，立刻回到此書籤狀態的按鈕。

12.3.2 新增按鈕並連結到書籤

我們想要將這個快速回到報表初始狀態的按鈕，放在人力資源監控報表標題的年度篩選器旁邊。請按照以下步驟新增這個按鈕：

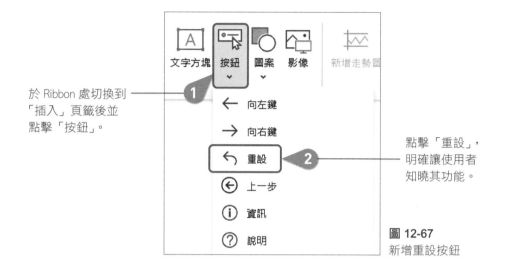

於 Ribbon 處切換到「插入」頁籤後並點擊「按鈕」。

點擊「重設」，明確讓使用者知曉其功能。

圖 12-67
新增重設按鈕

修改重設按鈕的樣式

此時畫面上會新增一個按鈕，請點擊該按鈕並點右邊 图示打開「格式」窗格，按照以下步驟操作來更改此按鈕格式：

在按鈕樣式下，圖形選擇「圓角矩形」。

圓角輸入「20」。

圖 12-68
修改按鈕形狀

文字輸入
「重設狀態」。

選擇「粗體」。

字型色彩選擇
「深灰色
(#605E5C)」。

字型選擇「Segoe UI」。

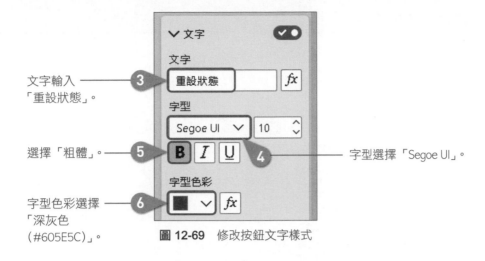

圖 **12-69** 修改按鈕文字樣式

色彩選擇
「白色」。

啟用「填滿」。

圖 **12-70** 修改按鈕填滿樣式

色彩選擇
「深灰色
(#605E5C)」。

寬度改為「1」。

啟用「邊界」。

圖 **12-71** 修改按鈕邊界樣式

設定按鈕的動作

接下來,要為此按鈕設定被按下時的動作,也就是要回到書籤紀錄的報表初始
狀態。要做到此功能,就必須讓按鈕建立與書籤的連結:

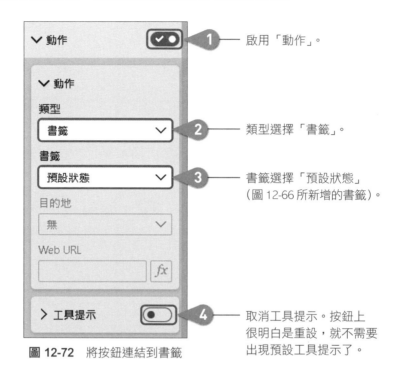

1 —— 啟用「動作」。

2 —— 類型選擇「書籤」。

3 —— 書籤選擇「預設狀態」
(圖 12-66 所新增的書籤)。

4 —— 取消工具提示。按鈕上
很明白是重設,就不需要
出現預設工具提示了。

圖 12-72 將按鈕連結到書籤

設定滑鼠移動到按鈕上的樣式

完成以上步驟以後,按鈕應如圖 12-73 所示。目前此按鈕已經具備功能且樣式
已具雛形,但我們還可以更優化之。我們希望當滑鼠移到按鈕上時,將按鈕變
更樣式(如圖 12-74),讓使用者了解按鈕可以被點選:

圖 12-73 按鈕樣式完成之外觀   圖 12-74 當滑鼠移到按鈕上時的樣式

我們要讓滑鼠移動到按鈕時,原本按鈕的文字換成白色,按鈕底色換成深灰
色。請依照以下步驟做最後的樣式調整:

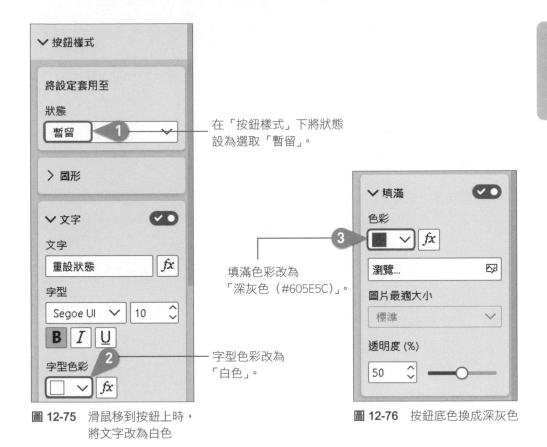

圖 12-75 滑鼠移到按鈕上時，
將文字改為白色

在「按鈕樣式」下將狀態
設為選取「暫留」。

填滿色彩改為
「深灰色（#605E5C）」。

字型色彩改為
「白色」。

圖 12-76 按鈕底色換成深灰色

完成以上步驟以後，請將按鈕移動到報表右上角的年度篩選器左邊。完成的整
體畫面會如圖 12-77 所示：

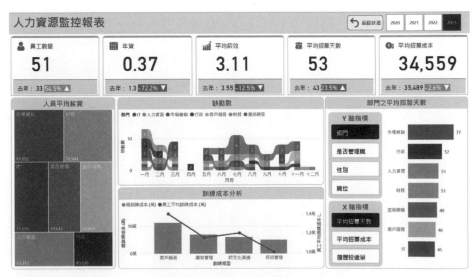

圖 12-77 完成的人力資源監控報表

您這時可以隨意操作畫面：更改篩選器的選項、選取任何視覺效果的資料點或區域，然後再用 `Ctrl` + 左鍵 點選「重設狀態」按鈕。此時，畫面便會回到原本的初始狀態：

Stark
無私分享

利用書籤來建立初始狀態非常好用。回想一下，我們在第 2 章曾經實作了一個銷售報表，該報表包含了多個篩選器：年度、洲別、國家、產品類別以及產品子類別。對於具有如此多篩選器的報表來說，使用者很可能在操作過程中使報表偏離初始狀態，難以回復。基於這個原因，我習慣為這樣的報表新增一個「重設狀態」的按鈕，它允許使用者迅速恢復到報表最初的狀態。

MEMO

〈第五篇〉

Power BI Service –
共享報表的雲端工具

當我們在**地端**（On-premises）使用 **Power BI Desktop** 製作完報表以後，該怎麼分享給他人觀看呢？您可能會想説直接把 .pbix 檔分享出去，請同事們在地端開啟。當然，這是一種方式，但這樣做也失去了 **Power BI 雲端**（Cloud）查看報表的意義。

而且，假若要查看報表的使用者有一百名，難不成就要分享一百次？因此，本篇將帶領您認識 **Power BI** 家族一款雲端服務：**Power BI Service**。利用此服務，我們就可以在網頁上輕鬆完成共享報表的目標。

Power BI Service
基礎功能

★★★ 學 習 目 標 ★★★

● 學會如何將地端報表發佈到雲端。

● 認識 Power BI Service 介面。

● 認識什麼是 Data Gateway 以及如何設定。

● 學會如何設定排程以自動刷新資料。

我們在本章會先認識 Power BI Service 的基礎功能，
到了下一章則會介紹進階功能。

13.1 發行地端報表至雲端服務中

> **實作檔案參照**
>
> ■ Power BI 起始操作檔：`Chapter13.pbix`

在地端中要將 Power BI Desktop 做好的報表分享到雲端中，總共有兩種方式：

1. 使用 Power BI Desktop 內建的發行按鈕。

2. 前往 Power BI Service 網站（https://app.powerbi.com/）將檔案上傳。

無論是以上何者，**都需要一組 Power BI 帳號**。因此，若您還沒有 Power BI 的帳號，請先至附錄「註冊 Power BI 帳號」中完成帳號開設。

13.1.1 在 Power BI Desktop 登入帳號

請使用課程所附的 `Chapter13.pbix` 作為操作檔。在開啟檔案後，應如圖 13-1 所示。眼尖的您，應該會發現這其實就是我們在第 2 章所完成的銷售報表：

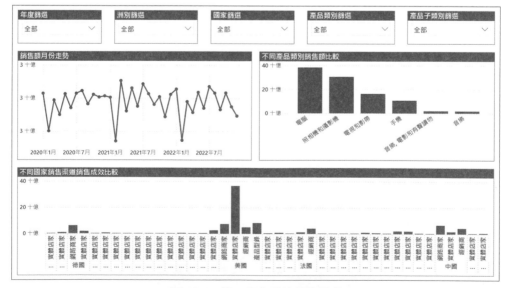

圖 13-1　第 2 章完成的銷售報表

現在，我們要將此銷售報表發行到 Power BI Service 上。在發行以前，我們需要先在 Power BI Desktop 中登入使用者帳號。請按照以下步驟操作：

點擊 Power BI Desktop 軟體
右上角的「登入」按鈕。

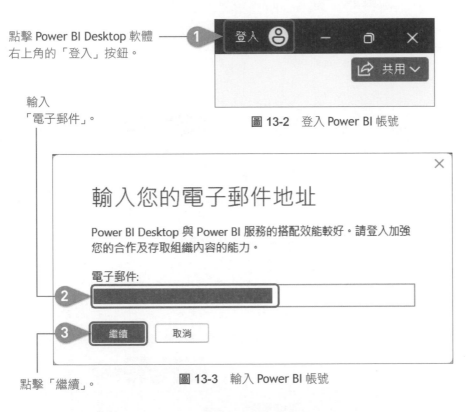

圖 13-2 登入 Power BI 帳號

輸入
「電子郵件」。

點擊「繼續」。

圖 13-3 輸入 Power BI 帳號

選擇「公司或學校帳戶」。

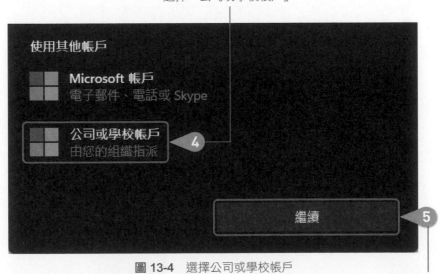

圖 13-4 選擇公司或學校帳戶

點擊「繼續」。

再輸入一次 —— 6
「電子信箱」。

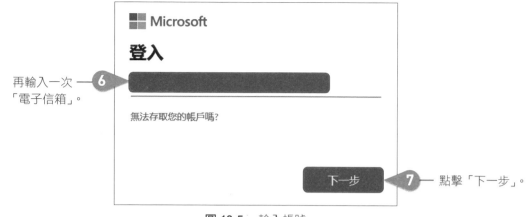

圖 13-5　輸入帳號

輸入「密碼」。8

點擊「登入」。9

圖 13-6　輸入密碼

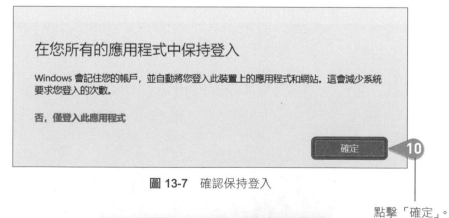

圖 13-7　確認保持登入

點擊「確定」。

成功登入以後 —— 11
會在右上角顯
示帳戶名稱。

　　　　圖 13-8　完成登入

13.1.2 從 Power BI Desktop 發行到雲端

完成登入以後，請在 Ribbon 處切換到「常用」頁籤，並找到 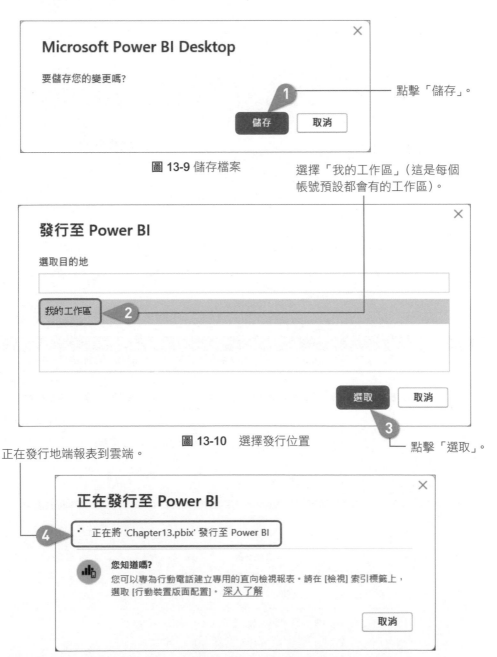「發行」按鈕，請點擊之。接著，請按照以下步驟操作：

圖 13-9 儲存檔案

圖 13-10 選擇發行位置

圖 13-11 正在發行中

發行成功，點擊此連結以在
Power BI Service 中開啟報表。

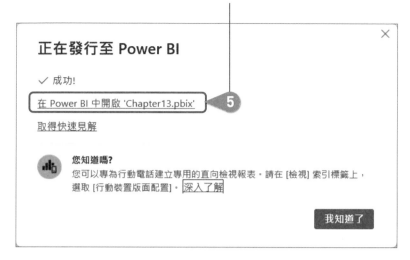

圖 13-12　前往 Power BI Service 瀏覽報表

接著，瀏覽器便會自動開啟並且導引到 Power BI Service 中，我們方才上傳的報表頁面，如圖 13-13：

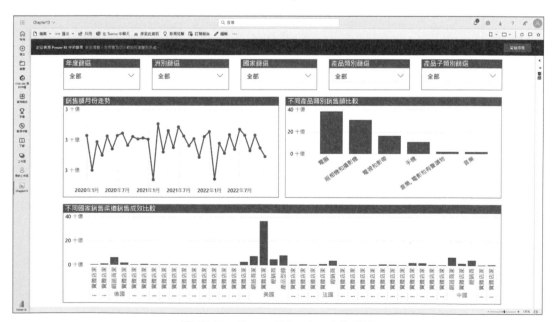

圖 13-13　Power BI Service 中的報表

接著，請您點擊畫面左邊的 ⊟ 我的工作區 按鈕，前往「我的工作區」查看。如圖 13-14，此時您可以在畫面中看到兩份檔案，一個類型是「報告」，另外一個是「語意模型」。報告是純粹包含視覺效果等元素的檔案，而語意模型為包含原始資料的檔案。**一份帶有資料的 `.pbix` 檔案發行到 Power BI Service 以後，會自動產生此兩份檔案。**

圖 13-14　Power BI Service 中的報告和語意模型

此外，在圖 13-14 中，也有一個「上傳」按鈕，該按鈕提供「從 Power BI Service 將地端 `.pbix` 檔案上傳的功能」，其能達成與從 Power BI Desktop 按 ⊞ 發行 「發行」按鈕相同的效果。一般來說，在開發完一份報表以後，直接在檔案內按「發行」按鈕會比較方便。

13.2　利用資料閘道實現資料刷新與排程管理

在將 Power BI 報表發行到 Power BI Service 以後，最重要的便是實現自動化更新。為了實現此目標，我們需要設定資料閘道以連線地端與雲端。

13.2.1　認識資料閘道

資料閘道（Data Gateway）是連接 Power BI Service 與各種資料來源的關鍵橋樑。它允許用戶安全地從本地資料庫、文件、雲端服務資料庫、其他資料來源，將資料傳輸到 Power BI Service。

資料閘道總共有三種：

- **內部部署資料閘道**（On-premises Data Gateway）：允許多位用戶要連接多個資料來源。大多適用於企業使用。

- **內部部署資料閘道（個人模式）**（On-premises Data Gateway，Personal Mode）：允許僅一位用戶連接資料來源，且資料來源不可分享予他人使用。適用於您為唯一開發者的情境。

- **虛擬網路資料閘道**（Virtual Network Data Gateway）：允許多位用戶要連接多個資料來源，且受到虛擬網路保護。此為微軟的服務，不需要額外安裝。

在以上的三種資料閘道中，我將以第一種「內部部署資料閘道」為例說明。主要原因為此是企業中最常見的配置。

13.2.2　下載並安裝內部部署資料閘道

首先，請您前往 https://go.microsoft.com/fwlink/?LinkId=2116849&clcid=0x409 網址下載內部部署資料閘道。下載以後，請按照以下步驟操作安裝：

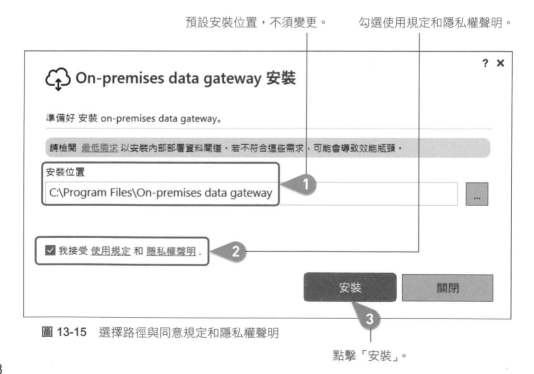

圖 13-15　選擇路徑與同意規定和隱私權聲明

輸入閘道使用的電子信箱，此可設為您登入 Power BI Service
的信箱。若為公司系統管理員，則為系統管理員使用之帳號。

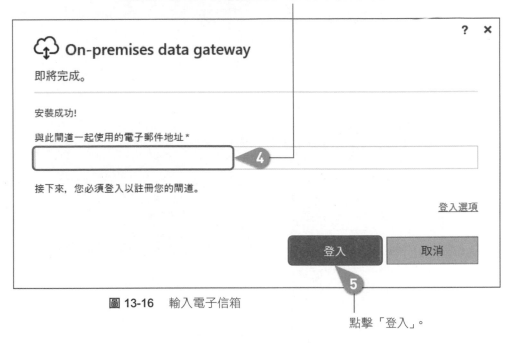

圖 13-16 輸入電子信箱

點擊「登入」。

之後會開始登入程序，您可以輸入帳號與密碼以後登入：

選擇「在此電腦上登入新的閘道」。

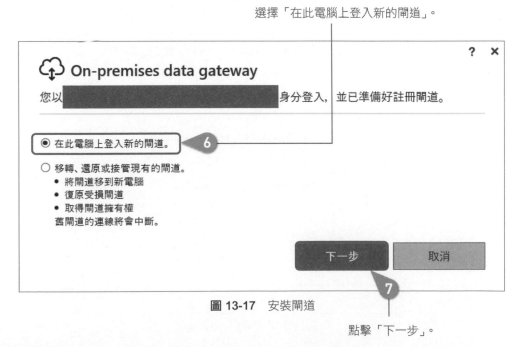

圖 13-17 安裝閘道

點擊「下一步」。

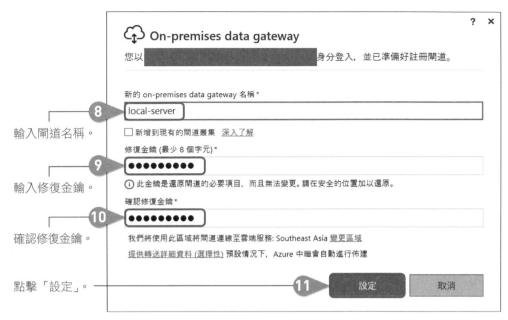

輸入閘道名稱。

輸入修復金鑰。

確認修復金鑰。

點擊「設定」。

圖 13-18 設定閘道名稱與修復金鑰

接著,便會開始資料閘道的安裝與設定程序,完成以後會如圖 13-19:

點擊「關閉」。
至此,我們的
資料閘道便設
定完成。

圖 13-19 閘道安裝完成

Stark

無私分享

若您是在公司內安裝資料閘道的話,請注意!安裝位置需要與您的資料來源在同一台主機上。若您是使用私人電腦操作練習的話,資料閘道安裝在私人電腦是沒有問題的。

另外,由於資料閘道的功能是定期從 Power BI Service 至資料來源抓資料以更新,強烈建議在正式專案中,資料來源千萬不要放在個人電腦中,因為這樣就算是安裝完資料閘道與完成資料刷新設定,只要個人電腦一關機,那麼 Power BI Service 上的資料就會刷新失敗。因此,資料來源應放在一台不會斷電的主機上,並在該台主機安裝資料閘道。

13.2.3 設定 Power BI Service 與資料來源溝通的帳號密碼

在完成了資料閘道的安裝以後,我們還需要在 Windows 作業系統中設定一組「地端使用者帳號密碼」,作為 Power BI Service 訪問資料來源主機時認證用。請點擊 Windows 系統的 ⊞ 開始鈕(我用的是 Windows 11),並輸入「電腦管理」後,按照以下步驟新增使用者:

點擊「新使用者(N)…」。

點擊滑鼠「右鍵」。

圖 13-20 新增使用者

設定帳號名稱。請記錄
下來，後面還會用到。

設定與確認密碼。請記錄
下來，後面還會用到。

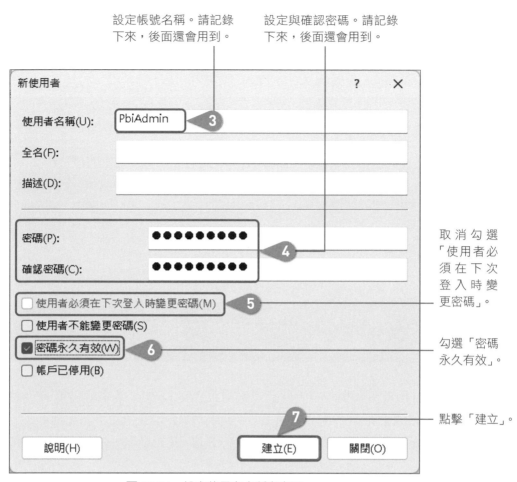

取消勾選
「使用者必
須在下次
登入時變
更密碼」。

勾選「密碼
永久有效」。

點擊「建立」。

圖 13-21　設定使用者名稱與密碼

確認使用者
已成功建立。

圖 13-22　成功新增使用者

Stark
無私分享

與安裝資料閘道相同，這組帳號同樣要建立在與資料來源同一台的主機上。

13.2.4　在 Power BI Service 設定連線

最後，我們需要再到 Power BI Service 中設定連線。請您進入到 Power BI Service 中以後，按照以下方式操作：

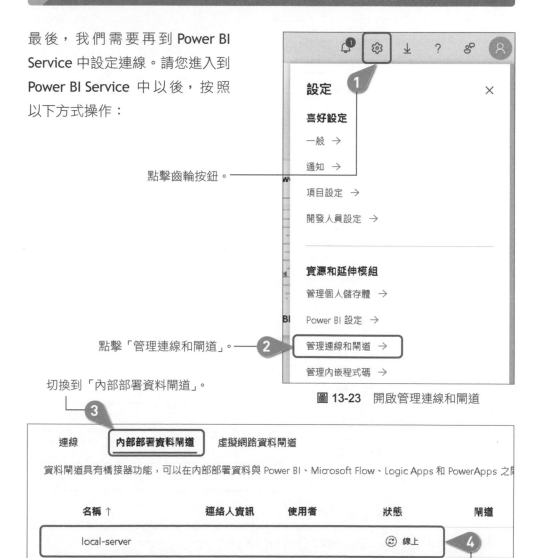

點擊齒輪按鈕。

設定　　　　　　　　×

喜好設定
一般 →
通知 →

項目設定 →

開發人員設定 →

資源和延伸模組

管理個人儲存體 →

Power BI 設定 →

點擊「管理連線和閘道」。　　管理連線和閘道 →

管理內嵌程式碼 →

圖 13-23　開啟管理連線和閘道

切換到「內部部署資料閘道」。

連線	**內部部署資料閘道**	虛擬網路資料閘道

資料閘道具有橋接器功能，可以在內部部署資料與 Power BI、Microsoft Flow、Logic Apps 和 PowerApps 之間

名稱 ↑	連絡人資訊	使用者	狀態	閘道
local-server			⟳ 線上	

圖 13-24　確認閘道連線正常

確認我們在 13.2.2 小節所設定的資料閘道有啟用。此處的名稱與圖 13-18 步驟 8 的設定名稱相同。

13-13

確認好我們設定的閘道正常運行以後，接下來就可以針對資料來源設定其連線。由於我們在 13.1.2 小節發行到 Power BI Service 的報表（`Chapter13.pbix`）背後的資料來源是基於一個 CSV（`sales_raw_data.csv`）檔案，因此在 Power BI Service 中，要針對該檔案設定其資料來源的連線：

點擊「＋新增」。 ⑥

切換到「連線」。 ⑤

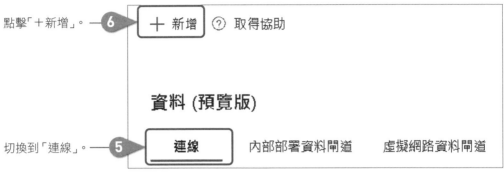

圖 13-25　新增連線

選擇「內部部署」。 ⑦

選擇「local-server」此一資料閘道。此處的名稱與圖 13-18 步驟 8 的設定名稱相同。 ⑧

輸入你覺得好辨別的連線名稱。 ⑨

因為是 CSV 檔，所以選擇「檔案」。 ⑩

請找到書附檔案的資料檔路徑。 ⑪

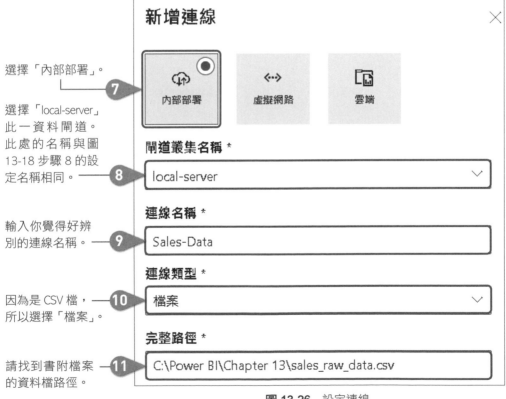

圖 13-26　設定連線

驗證方法選擇「Windows」。 ⑫

輸入 Windows 使用者名稱。請使用 13.2.3 小節設定的使用者名稱。 ⑬

輸入 Windows 密碼。請使用 13.2.3 小節設定的使用者密碼。 ⑭

點擊「建立」。 ⑮

圖 13-27　設定連線

滑到最上面發現成功建立的訊息。 ⑯

點擊「關閉」。 ⑰

圖 13-28　成功建立連線

完成以上步驟以後，您會發現畫面中多了我們方才建立的連線，狀態也顯示為「線上」，代表有連接成功（您可以點擊狀態欄下的綠色圖示來確認是否在線上）。至於第一列的「個人模式」連線則不必理會：

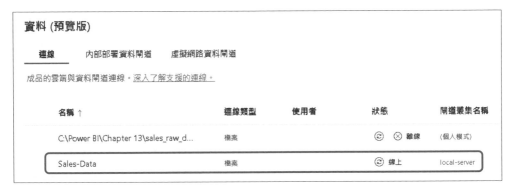

圖 13-29　成功建立連線

Stark
無私分享

若您的專案中，一份 .pbix 檔案有多個資料來源（例如有多個 CSV 檔），您就必須一一地重複上面的步驟為這些 CSV 檔設定各自的「連線」。

13.2.5　設定資料刷新與排程

最後，要在這個小節為我們在 Power BI Service 中的銷售報表建立資料刷新與排程。請您先在畫面的左邊行，找到 ![我的工作區] 並前往。到達「我的工作區」以後，由於是針對資料做更新，所以要從「語意模型」上去設定，請按照以下方式操作：

在語意模型旁邊點擊 ⋯ 。

圖 13-30　設定排程

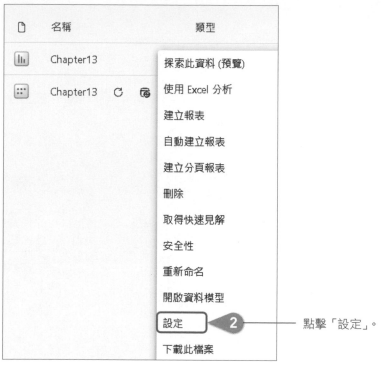

點擊「設定」。

圖 13-31 設定排程

展開「閘道和雲端連線」。

對應至選擇「Sales-Data」。此處應與圖
13-26 步驟 9 之名稱相同。代表將語意模
型內的 CSV 資料對應到我們設定的連線。

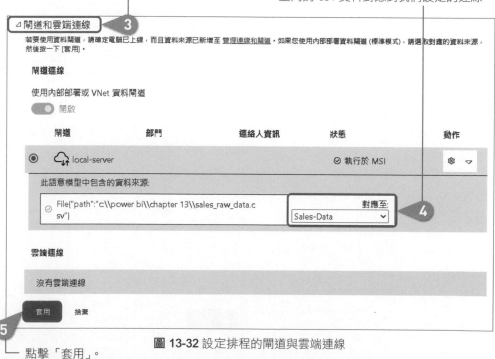

點擊「套用」。

圖 13-32 設定排程的閘道與雲端連線

展開「重新整理」。　　啟用「開啟」。

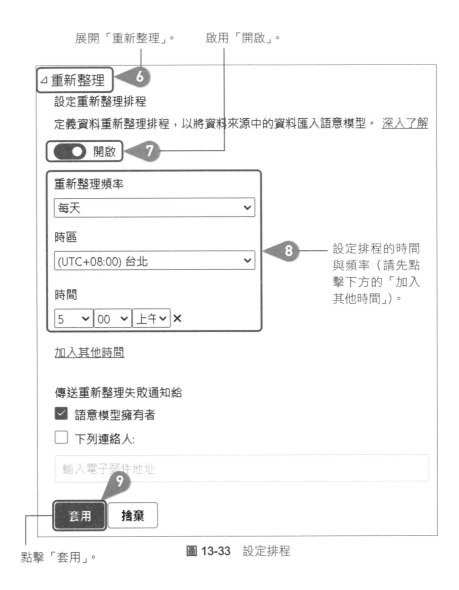

設定排程的時間
與頻率（請先點
擊下方的「加入
其他時間」）。

點擊「套用」。

圖 13-33 設定排程

完成以上設定以後，回到「我的工作區」測試一下，請按照以下步驟操作：

在語意模型
上點擊「立
即更新」。

圖 13-34 立即更新以測試

更新的過程會看到旋轉的小動畫。

圖 13-35　重新整理中

完成更新以後，語意模型
與報告檔都會更新時間。

下次重新整理時間為圖 13-33
步驟 8 所設定的排程時間。

🗋	名稱	類型	擁有者	已重新整理	下次重新整理
📊	Chapter13	報告		23/12/19 上午2:03:48	—
⠿	Chapter13	語意模型		23/12/19 上午2:03:48	23/12/19 上午5:00:00...

圖 13-36　完成重新整理

基本上，至此一份報表的發行到設定資料刷新排程就完成了。但是，我們目前
是將報表發行到「我的工作區」，這是個好辦法嗎？如果是只有您自己一人要使
用與觀看報表，那或許可以。但若是多人協作，或是要分享給許多人，該怎麼
辦呢？我將在第 14 章跟您分享實戰中的最佳實踐。

MEMO

Power BI Service
進階實踐

★★★ 學 習 目 標 ★★★

● 學會工作區劃分以及優點。

● 使用單一 Power BI 資料集作為多個報表的資料來源。

● 使用 Power BI App 整合一個工作區內的多個報表。

● 理解工作區的權限類別與設定並分享予他人。

本章將認識 Power BI Service 的進階功能,特別是多人協作或是多份報表時的最佳實踐。

14.1 多人協作或多報表開發的最佳實踐

在第 13 章是將報表發行至「我的工作區」中，依照此種方式，在只有自己會使用與觀看報表時是沒有問題。但只要牽涉到他人，如多人協作、予他人觀看報表，那便會有潛在的隱憂（請見下方的 Stark 無私分享）。

14.1.1 工作區（Workspace）的類型

工作區可以分為「我的工作區」，以及除了我的工作區以外的工作區。

首先，「我的工作區」是每一個 Power BI Service 帳號持有者登入雲端網站以後，都會有的一個工作區。我的工作區適用於**個人報表開發與測試**，此類型最適合用於個人資料探索和初步報表設計，尤其是在**還未準備好與他人共享之前**。

除了我的工作區以外的工作區，都需要額外創建，而**創建額外的工作區至少需要 Power BI Pro 授權**（本書使用的 Office 365 E5 授權已包含）。適用於需要**團隊合作或要在組織內部廣泛共享的報表**。這是正式發布和管理企業級報告的理想場所。

Stark
無私分享

在實戰中，我見過有人將正式報表發行至個人工作區再分享給他人觀看的狀況，非常不建議。主要是未來當此人離職或不再參與專案以後，該個人工作區內的報表勢必需要轉移出來，等於需要重做一次相關設定，例如資料刷新排程。為避免此種狀況，最好的方法是 14.1.2 節要介紹的建立獨立的工作區。

14.1.2 切割開發、測試與正式環境

在開發 Power BI 報表時,可以引用一般軟體開發中,區分開發、測試和正式環境的概念。將環境分割是確保資料質量和報表穩定性的關鍵。了解這三個環境的差異、優點,以及它們的適用情境,對於有效地管理 Power BI 報表相當重要。理想的工作流程是**從開發環境開始,經過測試環境的嚴格檢驗,最後部署到正式環境**。這種分階段的方法有助於早期識別和解決問題,減少正式環境中的問題發生。

開發、測試和正式環境介紹

● 開發環境(Development Environment)

在開發環境中,開發者可以自由地創建和修改 Power BI 報表。

優點:

- ◀ **創新自由**:開發者可以自由實驗新想法而不影響正式報表。
- ◀ **錯誤風險降低**:錯誤或問題不會直接影響到線上正式運營報表的環境。

● 測試環境(Testing Environment)

測試環境用於對開發中的報表進行測試,以確保它們在正式發行前的質量和穩定性符合使用者預期的需求。

優點:

- ◀ **質量控制**:提供一個安全的環境來檢測錯誤和問題。
- ◀ **使用者接受測試(User Acceptance Test,UAT)**:允許終端使用者測試並提供反饋,確保最終產品符合需求。

● 正式環境(Production Environment)

正式環境是最終用戶使用報表的地方。這裡的內容應該是經過充分測試,且穩定可靠的。

優點:

- ◀ **穩定性和可靠性**:提供穩定和準確的數據報表給最終用戶。
- ◀ **使用者體驗**:確保最終用戶獲得一致且高質量的數據分析體驗。

建立開發、測試和正式環境

接下來,我們便要在 Power BI Service 中建立這三個環境。首先是建立開發環境:

點擊
「工作區」。

點擊「＋新增
工作區」。

圖 14-1
建立開發環境
工作區

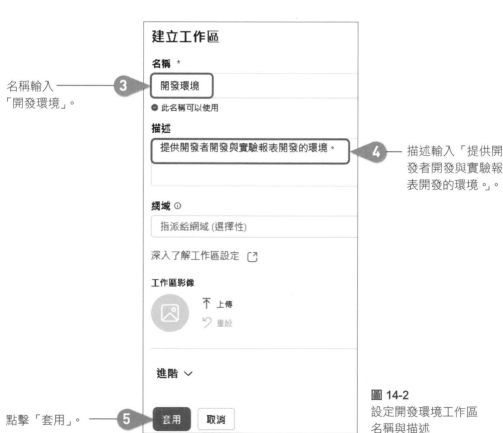

名稱輸入
「開發環境」。

描述輸入「提供開
發者開發與實驗報
表開發的環境。」。

點擊「套用」。

圖 14-2
設定開發環境工作區
名稱與描述

完成以上步驟以後，系統會開始建立工作區，完成以後便會自動跳轉到該新建的工作區。如圖 14-3 是我們新建的開發環境工作區，在左邊可以看見  的圖示，畫面上方也可以看見工作區名稱與描述：

圖 14-3 開發環境工作區完成建立

以上同樣的方法也可以用來建立測試環境與正式環境，建立過程所設定的名稱與描述可以如表 1 輸入：

表 1 測試環境與正式環境的名稱與描述

名稱	描述
測試環境	提供使用者進行新功能測試，以確保報表是否符合需求。
正式環境	提供使用者瀏覽已經經過全面測試的正式報表。

完成以後，您可以看到所有工作區已建立完畢，如圖 14-4：

圖 14-4
完成三個工作區的建立

Stark

無私分享

建立開發、測試與正式環境工作區時，建議使用額外建立的**管理者帳號**，該帳號主要可以用來管理整個 Power BI Service。如此一來，也不用擔心原先負責的同事離職以後，工作區無帳號可以登入管理的窘境。

14.1.3 將一個 Power BI 資料集用於多份 Power BI 報表

在使用 Power BI Pro 授權的狀況下，**每一份 .pbix 檔案的大小上限是 1GB**。如圖 14-5，假設一項專案中有許多報表，而每一份報表都包含相同的資料集（或稱語意模型，意同），如果每一份報表都使用最大上限 1GB，那豈不是最多只能有 10 份報表而已？

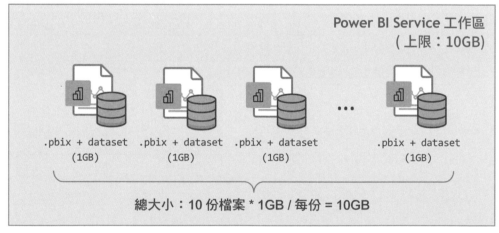

圖 14-5　未經優化的 Power BI 工作區

看到這裡，聰明的您可能已經想到，既然是基於同一份資料集所開發的，能不能單獨把資料集抽取出來讓所有報表共用呢？答案是可以的！

如圖 14-6 所示，我們可以把公用的資料集萃取出來，讓其餘的 .pbix 檔案都連接到該份資料集，如此一來，我們便可以省下許多空間：

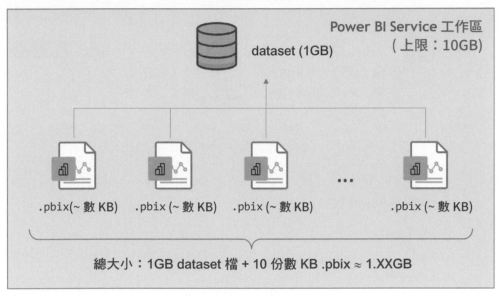

圖 14-6 優化的 Power BI 工作區

將範例資料集檔案發行到開發環境

實作檔案參照

■ Power BI 起始操作檔：Chapter14_01.pbix

接下來，我們要練習用一個資料集檔案，成為多個 .pbix 檔案的資料來源。一般來說，我們要先準備一個未來多個報表都會共同使用的資料集檔案。準備的方式其實就在 Power BI Desktop 中匯入各種會用到的資料，所以本質上也是一個 .pbix 檔案，但這個 .pbix 檔案本身帶有資料。而且**該檔案應只包含資料，不包含任何視覺效果，即「報告檢視」頁面為空白，「資料表檢視」頁面有資料**。

請使用課程所附的 Chapter14_01.pbix 作為操作檔，打開該檔案後，您會發現「報告檢視」頁面為空白，但「資料表檢視」頁面有資料（這份檔案其實就是我們在第 10~12 章所使用的資料模型）。再來，我們將其發行到 Power BI Service 中：

圖 14-7　將資料集檔案發行到 Power BI Service

圖 14-8　發行至開發環境工作區

選擇「開發環境」。

點擊「選取」。

上傳完成以後，我們到 Power BI Service 中的開發環境會發現檔案一樣被分為「報告」檔以及「語意模型」檔。這是正常的，如同 13.1.2 小節所說，**一份帶有資料的 .pbix 檔案發行到 Power BI Service 以後，會自動產生此兩份檔案。**

圖 14-9　資料集檔案發行到開發環境工作區後的樣子

與其他開發者共用此份資料集檔案

接下來，我們要模擬一個情境，假設其他開發者要基於此資料集開發新的報表，該如何做呢？其實相當簡單，請您在本地端開啟一份空白的 Power BI 檔案，並按照以下方式操作：

切換到「常用」頁籤。

點擊向下箭頭。

點擊「Power BI 資料集」。

選擇資料集（語意模型）檔案。

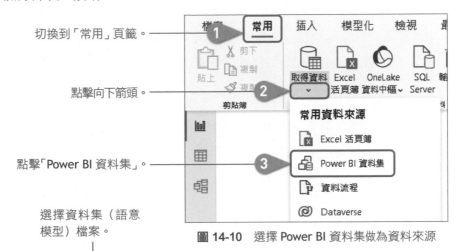

圖 14-10 選擇 Power BI 資料集做為資料來源

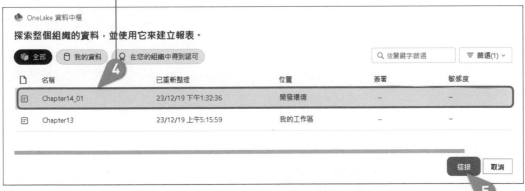

圖 14-11 選擇 Power BI Service 上的資料集

點擊「連接」。

完成資料載入以後，您可以在右邊的「資料」窗格看見資料表都成功被載入了，如圖 14-12：

圖 14-12
資料成功載入

接著，在左邊的檢視切換處，您會發現「資料表檢視」消失了。這是因為利用 Power BI Service 上的資料集做為資料來源，**本質上該資料是存在於 Power BI Service 上，不是在本機環境中**。也因此，此種方式**並不能新增資料表與計算資料行**，需要透過改動原始的資料集檔案才可以執行新增、修改、刪除。不過，單純地在此檔案中**新增量值是可行的**。

此外，若您切換到「模型檢視」頁面，如圖 14-13，會發現資料表圖案上面都帶有藍色橫條，此種顯示代表這些資料表在雲端，而不在本機，也可以從此處印證：

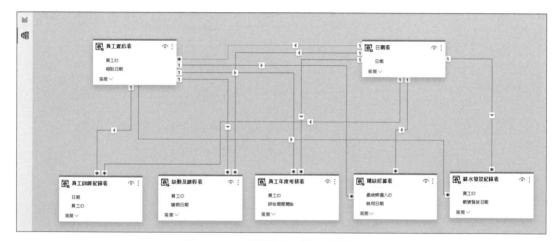

圖 14-13　檢視放在雲端的資料模型

完成連接以後，開發者就可以在此檔案上進行報表開發，完成後也可以將其發行到 Power BI Service 中。需要注意的是，由於此檔案僅包含視覺效果等元素，不包含資料本身，**檔案大小應會非常小（通常為幾 KB 而已）**。再者，發行到 Power BI Service 以後，**僅會包含「報告」類型的檔案，不會包含「語意模型」**。

14.2 利用 Power BI APP 整合數個報表

當一個工作區的報表越來越多時，儘管使用者可以進入工作區中一個個報表各別點開查看，但這種方式會導致使用者體驗不佳。比較好的做法是有一個統一的入口網站，作為查看同一個工作區內的報表使用。而 Power BI Service 中的 Power BI App 提供了此項功能，如圖 14-14 所示：

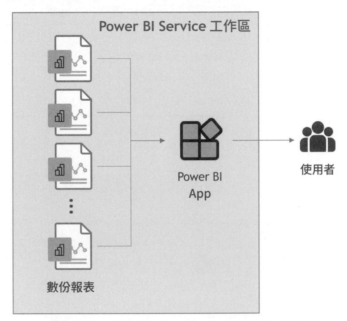

圖 14-14 利用 Power BI App 整合數份報表給使用者

14.2.1 建立應用程式

實作檔案參照

■ Power BI 起始操作檔：人力資源監控報表.pbix、銷售追蹤報表.pbix

接下來，我們要模擬一個工作區有多個報表的情形。請將書附檔案 人力資源監控報表.pbix 與 銷售追蹤報表.pbix 開啟後，因為兩報表已開發完成，所以我們

可以發行至 Power BI Service 中的「正式環境」中，發行完成以後到 Power BI Service 中會如圖 14-15 所示。假設上級管理階層想要查看這兩份報表，我們要為他們製作一個入口網站，請按照以下方式操作：

點擊「建立應用程式」。　　　　　　　確認報表均已發佈到工作區。

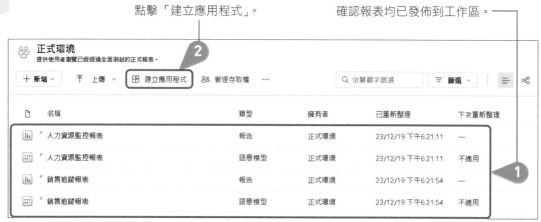

圖 14-15 發佈到正式環境的報表

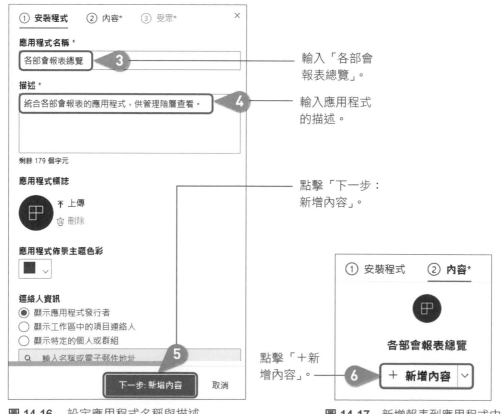

輸入「各部會報表總覽」。

輸入應用程式的描述。

點擊「下一步：新增內容」。

點擊「＋新增內容」。

圖 14-16 設定應用程式名稱與描述　　　　　**圖 14-17** 新增報表到應用程式中

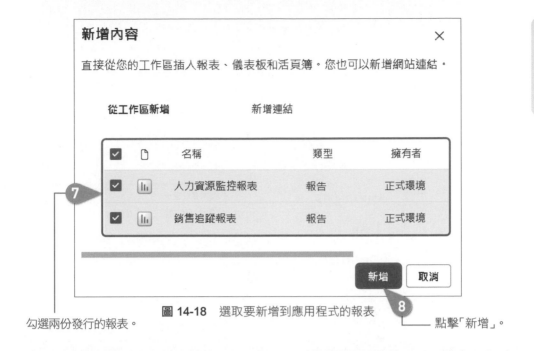

圖 14-18 選取要新增到應用程式的報表

勾選兩份發行的報表。

點擊「新增」。

14.2.2 設定受眾並發佈

我們已經將報表放進應用程式中，接下來就要設定可以使用的受眾，然後發佈給他們：

圖 14-19 確認報表已新增到應用程式中

確認報表成功加入
應用程式中。

點擊「下一步：
新增對象」。

將應用程式的權限
保持預設勾選，這
會讓有權限瀏覽工
作區的人都有權
限瀏覽應用程式
（14.3 節會介紹權
限控管）。

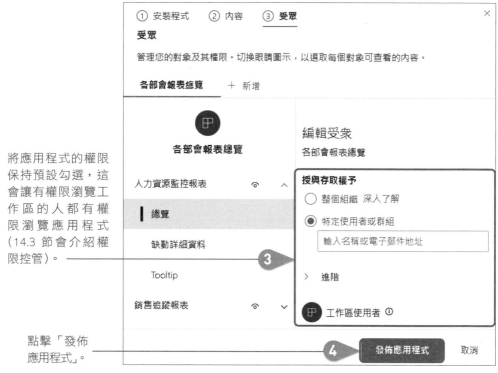

圖 14-20　確認應用程式的受眾

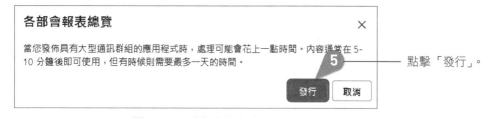

圖 14-21　發行應用程式

點擊「前往應用程式」則可以
前往應用程式頁面，請點擊之。

點擊「複製」以複製
連結給報表的使用者。

圖 14-22　應用程式已成功發行

導覽到應用程式頁面以後，您會在畫面的左邊看到每份報表，以及各自報表內的分頁名稱，如圖 14-23：

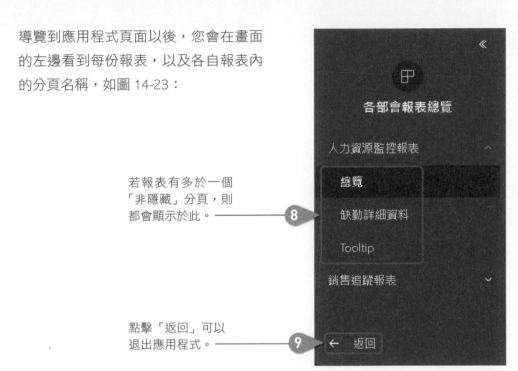

若報表有多於一個「非隱藏」分頁，則都會顯示於此。———— **8**

點擊「返回」可以退出應用程式。———— **9**

圖 14-23 應用程式內報表的編排

如果您還記得在第四篇的「人力資源監控報表」中，「缺勤詳細資料」是用於鑽研，「Tooltip」是用於工具提示，此二者並非屬於完整的報表頁面，而是額外提供的功能，不需要在 App 中看到，所以應該將其隱藏。下一小節將教您如何在 Power BI Service 上編輯與更新我們的應用程式。

14.2.3　修改報表並更新 Power BI App

在 Power BI Service 中，也提供開發者直接在雲端修改報表的功能。雖然功能並不如 Power BI Desktop 來得全面與方便，但修改如圖 14-23 將分頁隱藏還算是容易。因此，這個小節將介紹如何在 Power BI Service 上把一份報表進入修改模式，改完以後再回到 Power BI App 更新應用程式。

進入報表修改模式

首先，請您前往「正式環境」工作區，並按照以下步驟操作：

點擊「人力資源監控報表」以開啟之。

圖 14-24 開啟人力資源監控報表

點擊「編輯」。

圖 14-25 編輯人力資源監控報表

接著,畫面中的報表便會進入編輯模式。在 Power BI Service 中的報表編輯模式
還是保留舊版的介面,並無「物件上的互動」功能,但應該在不久的將來就會
正式啟用:

在「缺勤詳細資料」
分頁上按滑鼠「右鍵」。

點擊「隱藏」。

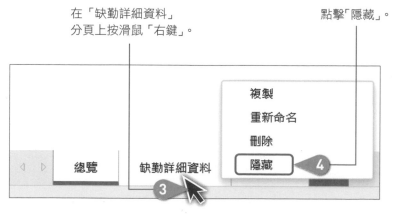

圖 14-26 隱藏缺勤詳細資料

同樣的方式請一樣用來隱藏「Tooltip」分頁，完成後應如圖 14-27 所示：

只保留總覽頁面，其他頁面隱藏。隱藏的頁面只是不會出現在圖 4-23 的應用程式中，並不影響其功能。

圖 14-27　完成頁面的隱藏

點擊「正在閱讀檢視」以退出編輯模式。退出以後您會發現所隱藏的分頁就不會出現了。

圖 14-28　退出編輯模式

點擊「儲存」。

圖 14-29　儲存變更

更新應用程式

接著請回到「正式環境」工作區中，我們要來更新應用程式：

點擊「更新應用程式」。

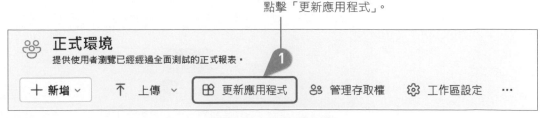

圖 14-30　更新應用程式

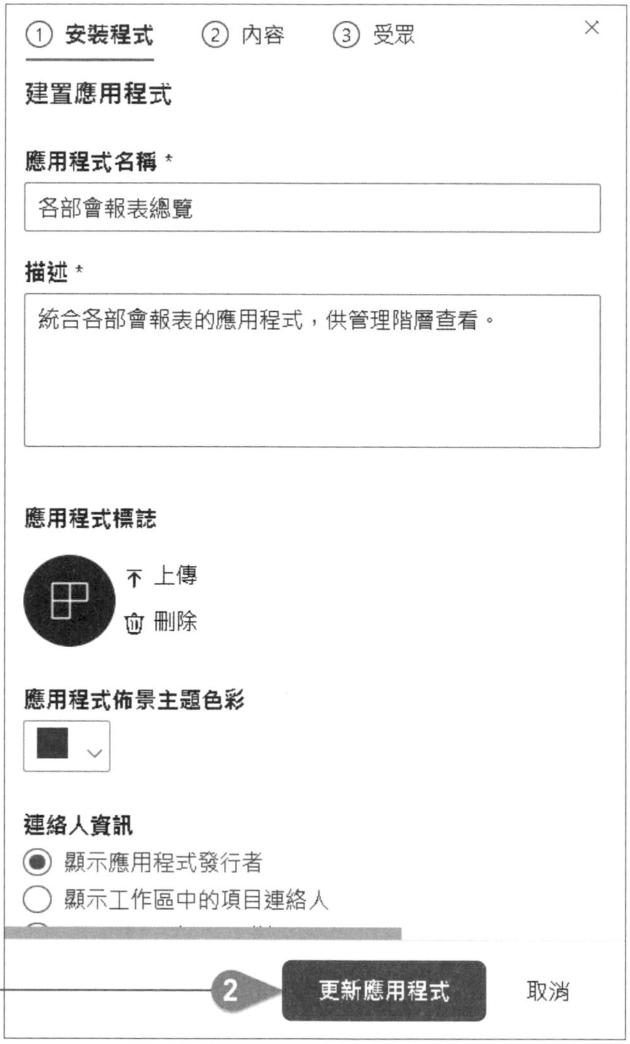

① **安裝程式**　② 內容　③ 受眾　　　　✕

建置應用程式

應用程式名稱 *

各部會報表總覽

描述 *

統合各部會報表的應用程式，供管理階層查看。

應用程式標誌

↑ 上傳

🗑 刪除

應用程式佈景主題色彩

▣ ⌄

連絡人資訊

◉ 顯示應用程式發行者

○ 顯示工作區中的項目連絡人

點擊「更新
應用程式」。　　　② 　更新應用程式　　取消

圖 14-31　更新應用程式

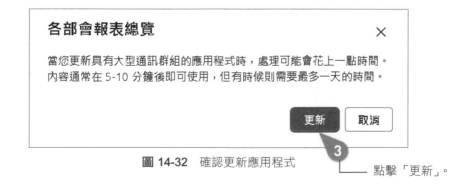

各部會報表總覽　　　　　　　　　　✕

當您更新具有大型通訊群組的應用程式時，處理可能會花上一點時間。
內容通常在 5-10 分鐘後即可使用，但有時候則需要最多一天的時間。

更新　　取消

③

圖 14-32　確認更新應用程式

點擊「更新」。

完成更新以後，請前往應用程式，您會發現所隱藏的分頁就不會出現了。

Stark

無私分享

請記得，報表有任何更動，一定要回到應用程式中更新，Power BI 並不會主動更新之。

14.3 權限控管與分享報表

在使用 Power BI Service 的過程中，妥善地控管權限與分享報表，是確保資料安全和提升團隊協作能力的關鍵。這個小節將引導您了解如何在 Power BI Service 中設定適當的權限，並分享報表。

14.3.1 工作區的權限種類

在使用 Power BI Service 時，常會以工作區與他人協作或分享報表。因此，認識工作區的權限種類相當重要。在此多使用者的情境中，確保只有授權使用者能夠訪問和修改敏感資料是至關重要的。權限控管不僅涉及誰可以查看特定報表，還包括誰能夠編輯、發佈或刪除這些報表。這需要對不同角色和責任進行細緻的考量，以確保每位使用者獲得必要的訪問權限，同時避免不當的資料泄露或濫用。

在工作區中，主要有四種權限角色可以被賦予給使用者：**系統管理員（Admin）**、**成員（Member）**、**參與者（Contributor）**、**檢視者（Viewer）**。表 2 列出四個角色的幾項重要權限：

表 2 Power BI Service 工作區四個角色與對應的權限

權限	系統管理員	成員	參與者	檢視者
更新與刪除工作區。	✓			
新增或刪除人員，含其他系統管理員。	✓			
允許「參與者」更新應用程式（Power BI App）。	✓			
發行、取消發行或修改應用程式權限。	✓	✓		
更新應用程式。	✓	✓	若系統管理員允許。	
管理語意模型的權限。	✓	✓		
新增、刪除、修改內容，如報表。	✓	✓	✓	
根據此工作區的語意模型建立報表在另一個工作區中。	✓	✓	✓	
複製報表。	✓	✓	✓	
修改資料閘道設定。	✓	✓	✓	
透過資料閘道建立資料排程。	✓	✓	✓	
檢視工作區的內容。	✓	✓	✓	✓

註：此表僅列出常用的權限，完整清單可以至微軟官方文件查詢：
https://learn.microsoft.com/zh-tw/power-bi/collaborate-share/service-roles-new-workspaces。

從表 2 中可以看到，檢視者的權限最低，僅能瀏覽報表，不具備新增、修改、刪除的能力。而系統管理員權限最大，所有權限均具備。在賦予使用者的權限時，應思考其角色，其是否純粹瀏覽報表而已？或是其為開發者？若為前者，給予「檢視者」角色應已足夠；反之，若為後者，則可能為「成員」或「參與者」，會依據狀況不同而異。另外，**請千萬不要為了方便，給予每位成員「系統管理員」的角色**。當所有人都有最高權限時，就失去權限控管的意義。

Stark
無私分享

我們在附錄「註冊 Power BI 帳號」所申請的「Office 365 E5」該組帳號本身即是預設的系統管理員，會擁有最大的權限。

14.3.2　指派工作區權限予使用者

這個小節要實作如何指派一個工作區的權限給使用者。案例中的情境是有位報表瀏覽者，只會觀看報表，而不會新增、刪除、修改報表。因此，我們可以給予其「檢視者」的角色權限。

在接下來的案例中，我有額外至「MS 365 Admin Center」開設一組帳號用來模擬檢視者的情境。由於在實戰中，您應該不會需要為公司使用者開設帳號，這通常是由資訊部管理者完成。若您有興趣瞭解如何在 MS 365 Admin Center 中開設帳號，請自行上網搜尋。

請到「正式環境」工作區後，按照以下方式操作：

點擊「管理存取權」。

圖 14-33　管理存取權

此處會列出目前工作區中所有有權限的人員。

點擊「＋新增人員或群組」。

輸入要賦予檢視者權限者的電子郵件信箱，然後按 ⌊Enter⌋。

點擊「新增」。

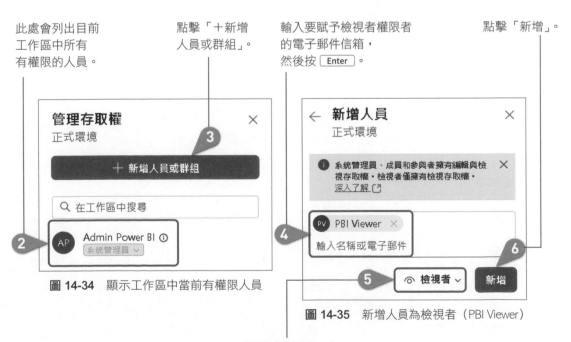

圖 14-34　顯示工作區中當前有權限人員

圖 14-35　新增人員為檢視者（PBI Viewer）

選擇「檢視者」。

檢視者帳號登入以後，請點右上方人像圖示，確認帳號為 Pro 授權。**必須是 Pro 授權才可以觀看他人的工作區內容。**

圖 14-36 檢視者帳號登入後確認為 Pro 授權

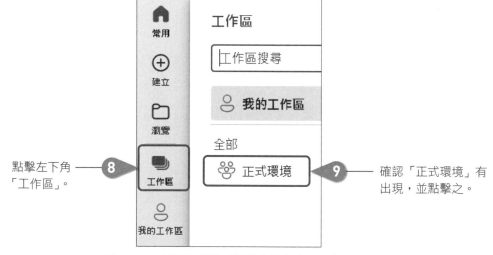

點擊左下角「工作區」。

確認「正式環境」有出現，並點擊之。

圖 14-37 檢視者帳號登入後確認有出現工作區

由於是被指派「檢視者」角色，因此只能看到「報告」類型的檔案。

圖 14-38 檢視者僅能在工作區中看見「報告」檔

14.3.3 指派單一報表權限給他人

14.3.1 與 14.3.2 小節介紹的是以整個工作區為單位的權限指派與報表分享。假設我們不想分享整個工作區，而僅想分享工作區中的某一份報表給他人可以嗎？答案是肯定的，而且做法相當地簡單，請按照以下方式操作：

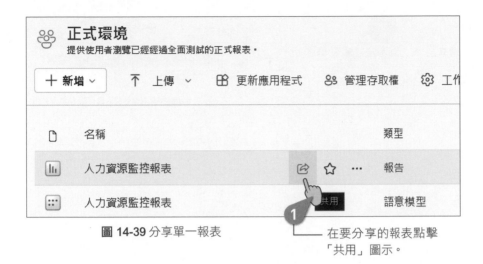

圖 **14-39** 分享單一報表 — 在要分享的報表點擊「共用」圖示。

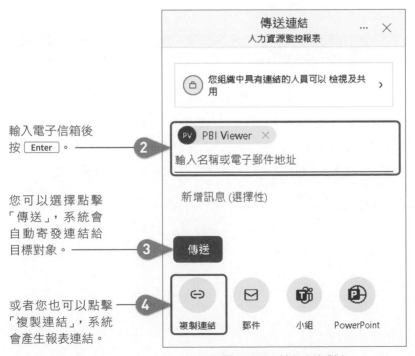

輸入電子信箱後按 Enter。

您可以選擇點擊「傳送」，系統會自動寄發連結給目標對象。

或者您也可以點擊「複製連結」，系統會產生報表連結。

圖 **14-40** 輸入分享對象

如果您選擇在圖 14-40 中點擊「傳送」，那麼系統會跳出如圖 14-41 的對話框，告訴我們連結已傳送。如果您選擇在圖 14-40 點擊「複製連結」，那麼系統會產生報表的分享連結如圖 14-41，我們可以將連結複製給分享對象：

圖 **14-41** 系統自動寄發連結至分享對象

圖 **14-42** 系統產生連結提供分享至對象

結語

隨著本書的閱讀落幕，我們以資料流的角度深入學習了當今商業智慧的強大工具 Power BI Desktop。從資料清理的 Power Query 到建立資料模型的技巧，再到資料視覺化的細節，以及最終在雲端透過 Power BI Service 分享報表。這一路上，我們亦接觸了 Copilot、ChatGPT 等前沿 AI 工具，協助我們解決問題。

本書的結束是一個新的開始，象徵著您將以全新的視角和工具探索商業智慧。希望本書不僅傳遞知識，還能啟發思考，為您在數據洞察和商業策略的路上提供指引。讓我們保持好奇心，持續探索，共同在商業智慧的領域裡取得進步。